图解安装工程工程量清单计算手册

第 2 版

张国栋　主编

机 械 工 业 出 版 社

本书根据《通用安装工程工程量计算规范》(GB 50856—2013),以一例一图一解的方式,对安装工程各分项的工程量计算方法作了较详细的解释说明。本书最大的特点是实际操作性强,便于读者解决实际工作中经常遇到的难点。

本书可供安装工程造价从业人员参考使用,也可作为安装工程预算及相关专业师生的随堂习题集,或平时练习算量使用。

图书在版编目(CIP)数据

图解安装工程工程量清单计算手册/张国栋主编. —2 版. —北京:机械工业出版社,2015.7

ISBN 978-7-111- 54212-4

Ⅰ.①图… Ⅱ.①张… Ⅲ.①建筑安装－工程造价－图解 Ⅳ.①TU723.3-64

中国版本图书馆 CIP 数据核字(2016)第 154807 号

机械工业出版社(北京市百万庄大街 22 号 邮政编码 100037)

策划编辑:汤 攀 责任编辑:汤 攀
封面设计:张 静 责任校对:孙成毅
责任印制:常天培
北京中兴印刷有限公司印刷
2016 年 8 月第 2 版·第 1 次印刷
184mm×260mm · 21 印张 · 515 千字
标准书号:ISBN 978-7-111-54212-4
定价:69.00 元

凡购本书,如有缺页、倒页、脱页,由本社发行部调换

电话服务	网络服务
服务咨询热线:(010)88361066	机 工 官 网:www.cmpbook.com
读者购书热线:(010)68326294	机 工 官 博:weibo.com/cmp1952
(010)88379203	教育服务网:www.cmpedu.com
封面无防伪标均为盗版	金 书 网:www.golden-book.com

编写人员名单

主　编　张国栋

参　编

张国选	王文芳	李　锦	荆玲敏	赵　帅	
吴云雷	赵小云	徐文金	胡　皓	王萌玉	
费英豪	李林青	洪　岩	寇卫越	石　国	
韩玉红	展满菊	程珍珍	马　波	徐琳琳	
随广广	王西方	齐晓晓	郑文乐	郭芳娜	
李晶晶	谈亚辉	石怀磊	张　惠	刘丽霞	
毛思远	张春艳	杨　柳	张扬扬	雒云萍	
刘书玲	刘　瀚	胡亚楠	陈金玲	梁照奇	
张　宇	刘　姣	陈艳平	任东莹	张梦蕾	
赵小杏	王希玲	毛丽楠	孔银红	赵	
李东阳	邓　磊				

前　言

为了推动《通用安装工程工程量计算规范》(GB 50856—2013)的实施,帮助造价工作者提高实际操作水平,我们特组织编写此书。

本书在编写时参考了《通用安装工程工程量计算规范》(GB 50856—2013),以实例阐述各分项工程的工程量计算方法,同时也简要说明了定额与清单计算方法的异同,其目的是帮助工作人员解决实际操作问题,提高工作效率。

本书在编写时,没有指出是定额工程量还是清单工程量的,均按照定额计量规则计算。

本书与同类书相比,其显著特点是:

(1)内容全面,针对性强,且项目划分明细,书中项目编码与《通用安装工程工程量计算规范》(GB 50856—2013)相对应,以便读者有针对性地学习。

(2)实际操作性强。书中主要以实例说明实际操作中的有关问题及解决方法,便于提高读者的实际操作水平。

本书在编写过程中得到了许多同行的支持与帮助,借此表示感谢。由于编者水平有限和时间的限制,书中难免有错误和不妥之处,望广大读者批评指正。如有疑问,请登录 www. gclqd. com(工程量清单计价网)或 www. jbjsys. com(基本建设预算网)或 www. jbjszj. com(基本建设造价网)或 www. gczjy. com(工程造价员培训网校)或发邮件至 dlwhgs@ tom. com 与编者联系。

编　者

目　录

第一章 电气设备安装工程

项目编码:030411004   项目名称:配线

【例1】 如图1-1所示层高3.0m,配电箱安装高度为1.5m,求管线工程量。

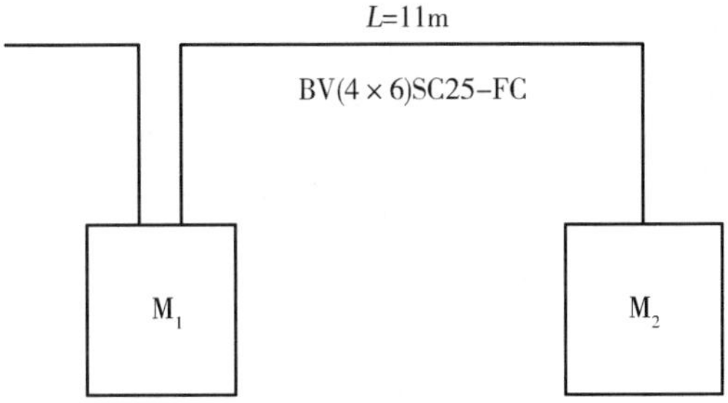

1. 清单工程量

【解】 SC25 工程量:$11 + (3.0 - 1.5) \times 3$ m

$$= (11 + 4.5) \text{m}$$

$$= 15.5 \text{m}$$

BV6 工程量:15.5×4 m $= 62$ m

注意:配电箱 M_1 有进出两根管,所以垂直部分共3根管。

清单工程量计算见表1-1。

L=11m

BV(4×6)SC25—FC

M_1 M_2

图1-1 配电箱

表1-1 清单工程量计算表

序号	项目编码	项目名称	项目特征描述	计量单位	工程量
1	030411001001	配管	SC25	m	15.50
2	030411004001	配线	BV6	m	62.00

2. 定额工程量

定额工程量同清单工程量。

项目编码:030411001   项目名称:配管

【例2】 如图1-2所示、某塔楼19层,层高3m,配电箱高0.7m,均为暗装且在平面同一位置,立管型号 SC32,求立管工程量。

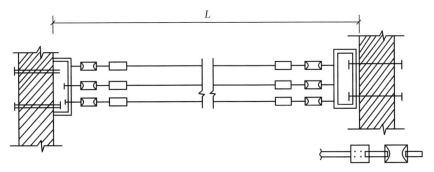

图1-2 母线工程量单根长度计算

1. 清单工程量

【解】 SC32 工程量:$(19 - 1) \times 3$ m $= 54$ m

【注释】 塔楼第一层的配电箱底部不设线管,最高层配电箱的上部不设线管,共为一层

1

的高度,所以需要减去1。

清单工程量计算见表1-2。

表1-2 清单工程量计算表

项目编码	项目名称	项目特征描述	计量单位	工程量
030411001001	配管	SC32	m	54.00

附注:"针式绝缘子导线安装"定额工程量是按单根延长米计算的,实际为多少根,工程量就乘以多少倍。"车间带形母线安装"相线是按三相延长米计算的,已考虑高空作业,计算工程量按单根长度计算,不用乘以3倍。工作零母线定额采用钢母线,按单根编制,各种母线工程量计算时从固定支架一端计算到另一端,也就是两墙内侧净跨度,如图1-2所示。

2. 定额工程量

定额工程量同清单工程量。

项目编码:030109012 项目名称:其他泵

项目编码:030304005 项目名称:加热器制作安装

【例3】 某发电厂锅炉点火燃油系统如图1-3所示,计算其安装工程量。

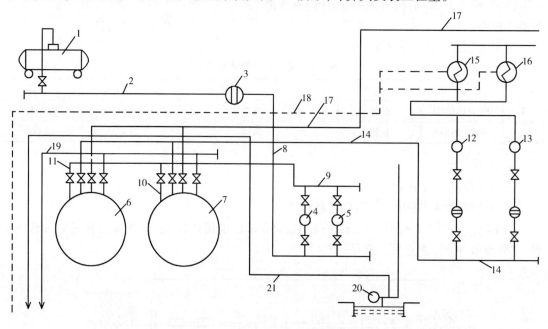

图1-3 某发电厂锅炉点火燃油系统图

1—油罐车 2—卸油管 3—过滤器 4、5—卸油泵 6、7—油罐 8—过滤器至卸油泵
9—向油罐输入油管 10、11—进入油罐分管 12、13—供油泵 14—自油罐输出油管
15、16—燃油加热器 17—锅炉房回油管 18—加热器疏水管 19—油罐脱水管
20—排油泵 21—油泵房污油管

【解】 1. 清单工程量

(1)统计设备型号规格、数量如下(不计算油罐):

1)供油泵(包括电动机) 65Y−50×9 单台重0.5t 2台

2)卸油泵(包括电动机) 100Y−60B 单台重0.15t 2台

3)排油泵(包括电动机) 2BA−6型 100m³/h 单台重0.1t 1台

2

4）过滤器		DN100	100 孔/cm^2		3 台
5）燃油加热器		30m^2		单台重 0.1t	2 台

（2）填写清单工程量计算表，见表 1-3。

表 1-3　清单工程量计算表

序号	项目编码	项目名称	项目特征描述	计量单位	工程量
1	030109012001	其他泵	供油泵,65Y－50×9,单台重 0.5t	台	2
2	030109012002	其他泵	卸油泵,100Y－60B,单台重 0.15t	台	2
3	030109012003	其他泵	排油泵,2BA－6 型,100m^3/h,单台重 0.1t	台	1
4	030113015001	过滤器	DN100,100 孔/cm^2	台	3
5	030304005001	加热器制作安装	燃油加热器,30m^2,单台重 0.1t	台	2

2. 定额工程量

定额工程量同清单工程量。

项目编码:030408003　　　项目名称:电缆保护管

【例 4】　全长 250m 的电力电缆直埋工程,单根埋设时下口宽 0.4m,深 1.3m。现若同沟并排埋设 5 根电缆。问

（1）挖填土方量多少?

（2）若直埋的 5 根电缆横向穿过混凝土铺设的公路,已知路面宽 28m,混凝土路面厚 200mm,电缆保护管为 SC80,埋设深度为 1.5m,计算路面开挖工程量。

计算见表 1-4。

表 1-4　直埋电缆挖土(石)方量计算表

项目	电缆根数	
	1~2 根	每增加 1 根
每米沟长挖填土方量/(m^3)	0.45	0.153

注:1. 两根以内电缆沟,按上口宽 0.6、下口宽 0.4、深 0.9m 计算常规土方量。

　　2. 每增加 1 根电缆,其沟宽增加 0.17m。

【解】　1. 清单工程量

（1）挖填土方量计算

按表 1-4,标准电缆沟下口宽 $a=0.4$m,上口宽 $b=0.6$m,沟深 $h=0.9$m,则电缆沟边放坡系数为:$\zeta=(0.1/0.9)=0.11$

题中已知下口宽 $a=0.4$m,沟深 $h'=1.3$m,所以上口宽为

$$b'=a'+2\zeta h'=(0.4+2\times0.11\times1.3)\text{m}=0.69\text{m}$$

根据表 1-4 及注可知同沟并排 5 根电缆,其电缆上下口宽度均增加 $0.17\times3=0.51$m,则挖填土方量为

$$V_1=[(0.69+0.51+0.4+0.51)\times1.3/2]\times250\text{m}^3=342.88\text{m}^3$$

【注释】　式中(0.69+0.51)为电缆沟上口宽,(0.4+0.51)为电缆沟下口宽,1.3 为电缆沟的高,(0.69+0.68+0.4+0.68)×1.3/2 为电缆沟横截面的面积,250m 为深沟的全长。

（2）路面开挖填土方量计算

按设计图示以管道中心线长度计算,工程量=28.00m

（3）电缆保护管工程量计算

按设计尺寸以长度计算,工程量 $= 28 \times 5\mathrm{m} = 140\mathrm{m}$

清单工程量计算见表1-5。

表1-5 清单工程量计算表

序号	项目编码	项目名称	项目特征描述	计量单位	工程量
1	010101002001	挖一般土方	电缆保护管 SC80,深度 1.3m	m³	342.88
2	010101007001	管沟土方	深 1.5m	m	28.00
3	030408003001	电缆保护管	SC80	m	140.00

2. 定额工程量

（1）挖填土方量计算同清单工程量。

（2）路面开挖填土方量计算

已知电缆保护管为 SC80,根据电缆过路保护管埋地敷设土方量及计算规则求得电缆沟下口宽度为:

$$a_1 = \left[(0.08 + 0.003 \times 2) \times 5 + 0.3 \times 2 \right]\mathrm{m} = 1.03\mathrm{m}$$

【注释】 $(0.08 + 0.003 \times 2) \times 5$ 为5根电缆的横截面总长,0.3×2 为两边工作面的总宽度。

缆沟边放坡系数 $\zeta = 0.11$,则电缆沟上口宽度为

$$b_1 = a_1 + 2\zeta h' = (1.03 + 2 \times 0.11 \times 1.5)\mathrm{m} = 1.36\mathrm{m}$$

其中人工挖路面厚度为200mm,宽度28m的路面工程量为

$$S = b_1 B = 1.36 \times 28\mathrm{m}^2 = 38.08\mathrm{m}^2$$

据有关规定,电缆保护管横穿道路时,按路基宽度两端各增加2m,则保护管 SC80 总长度为:

$$L = (28 + 2 \times 2) \times 5\mathrm{m} = 160\mathrm{m}$$

则路面开挖填土方量为

$$V = \left\{ \left[(1.03 + 1.36) \times 1.5/2 \right] \times 32 - 38.08 \times 0.2 \right\}\mathrm{m}^3 = 49.74\mathrm{m}^3$$

【注释】 式中 $(1.03 + 1.36) \times 1.5/2$ 是电缆沟的截面积,32 由 $(28 + 2 \times 2)$ 所得,是需要开挖的电缆沟的长度,38.08×0.2 是上面混凝土层所需开挖的土方量,必须减去。

（3）电缆保护管工程量计算

$$L = (28 + 2 \times 2) \times 5\mathrm{m} = 160\mathrm{m}$$

项目编码:030605004 项目名称:分析柜、室

【例5】 一套 CENTUMEXL 桌散系统,硬件配置如图 1-4 所示,整套系统由双重化现场控制站、现场监视站、主副操作站、通用操作站、打印机、彩色硬拷贝及一些专用机柜组成。求其工程量（定额）并汇总。

【解】 图 1-4 中:现场监视站　　　　　　1 台 132 点（套）

双重化控制站　　　　　　8 台（套）

端子板及信号转换柜　　　10 台

高性能操作主站　　　　　2 台（套）

高性能操作副站　　　　　4 台（套）

通用操作站　　　　　　　4 台（套）

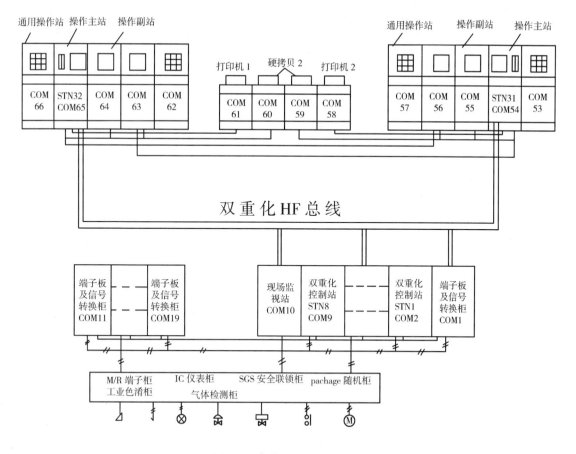

图 1-4　桌散系统硬件配置图

打印机　　　　　　　　　　　　2 台

彩色硬拷贝　　　　　　　　　　2 台(套)

1. 项目特征

(1)过程 I/O 点共 3684:

其中　模拟量输入　876 点　　⎤
　　　模拟量输出　294 点　　⎦—1170 点

　　　数字量输入点　1630 点　⎤
　　　数字量输出点　884 点　　⎦—2514 点

(2)控制回路数是控制站模拟量输出点数,可以计算出回路数应大于 32 回路,取 50 回路。

2. 工程量计算

数字量单位为 8 点,所需数量:(1630 + 884)/8 ≈ 315

标准机柜数:8 + 1 + 2 + 4 + 4 = 19

操作台柜数:2 + 4 + 4 = 10

3. 定额工程量汇总

根据《全国统一安装工程预算定额》第十册,自动化控制仪表安装工程 GYD – 210 – 2000,列定额工程量汇总表见表 1-6。

表 1-6   定额工程量汇总表

序号	定额编号	项目名称	计量单位	工程量
1	10－452	标准机柜安装	台	19
2	10－454	操作台柜安装	台	10
3	10－461	打印机安装	8点	2
4	10－462	彩色硬拷贝装置安装	套	2
5	10－464	便拐式编程器	台	1
6	10－518	双重化控制站	套	8
7	10－522	过程监视站	套	1
8	10－525	高性能操作主站	套	2
9	10－524	高性能操作副站	套	4
10	10－523	通用操作站	套	4
11	10－557	现场总线	套	1
12	10－545	过程输入输出模拟量	点	1170
13	10－546	数字量 2514点	8点	315

清单工程量计算见表 1-7。

表 1-7   清单工程量计算表

序号	项目编码	项目名称	项目特征描述	计量单位	工程量
1	030608001001	工业计算机柜台	标准机柜19台,非标准机柜10台	台	29
2	030608002001	工业计算机外部设备	打印机	台	2
3	030608002002	工业计算机外部设备	硬拷贝	台	2
4	030608007001	工业计算机系统	大规模集散控制系统(DCS)大于32 回路	点	1
5	030608009001	现场总线	操作站(FCS),高性能操作主站	套	2
6	030608009002	现场总线	操作站(FCS),高性能操作副站	套	4
7	030608009003	现场总线	操作站(FCS),通用操作站	套	4
8	030608003001	组件	过程 I/O 组件,模拟量1170点,数字量2514点	个	3684
9	030608009004	现场总线(FCS)	双重化 HF 总线	套	1

项目编码:030904001   项目名称:点型探测器

项目编码:030411001、030411004   项目名称:配管、配线

【例6】 有一局部总线性火灾自动报警工程,工程量统计为智能离子感烟探测器25只,智能感温探测器4只,总线报警控制器1台,回路总线采用 RVS－2×1.5 塑料绝缘软双绞铜导线,共计125m,选用线管 SC15 砖混结构暗敷,共计115m,隔离模块1只,手动报警按钮4只,监视模块6只,控制模块4只,试计算工程量并套用清单。

【解】 根据《通用安装工程工程量清单计算规范》(GB 50856—2013):

清单工程量计算见表 1-8。

表 1-8　清单工程量计算表

序号	项目编码	项目名称	项目特征描述	计量单位	工程量
1	030904001001	点型探测器	点型探测器,智能离子感烟探测器,JTY－GD/LD300E	个	25
2	030904001002	点型探测器	智能感温架测器　JTW－2D/LD3300E	个	4
3	030904008001	模块(模块箱)	监视模块 LD4400E－1	个	6
4	030904008002	模块(模块箱)	控制模块 LD6800E－1	个	4
5	030904008003	模块(模块箱)	隔离模块 LD3600E	个	1
6	030904003001	按钮	总线制 J－SA P－W－LD2000	个	4
7	030904009001	区域报警控制箱	总线制 JB－QB/LD128E　(Q)－32C	台	1
8	030411001001	配管	电气配管,SC15,砖混结构暗敷设	m	115.00
9	030411004001	配线	电气配线,RVS－2×1.5	m	125.00
10	030905001001	自动报警系统装置调试	自动报警系统装置调试	系统	1

项目编码:030404004　　项目名称:低压开关柜

项目编码:030408001　　项目名称:电力电缆

项目编码:030411004　　项目名称:电气配线

项目编码:031002002　　项目名称:电缆支架

【例 7】　某水泵站电气安装工程如图 1-5 所示,图的说明如下:

(1)配电室内设有 5 台 PGL 型低压开关柜,其尺寸(宽×高×厚)为 1000mm×2000mm×600mm,安装在 10#基础槽钢上。

(2)电缆沟内设 15 个电缆支架,尺寸如支架详图所示。

(3)三台水泵动力电缆 D1、D2、D3 分别由 PGL2、PGL3、PGL4 低压开关柜引出,沿电缆沟内支架敷设,出电缆沟再改穿埋地钢管(钢管埋地深度为 0.2m)配至 1#、2#、3#水泵动力电动机,水泵管口距地面 1m。其中:D1、D2、D3 回路,沟内电缆水平长度分别为 2m、3m、4m;配管长度分别为 15m、14m、13m。连接水泵电动机处电缆预留长度按 0.1m 计。

(4)嵌装式照明配电箱 MX,其尺寸(宽×高×厚)为 500mm×400mm×220mm(箱底标高＝1.40m)。

(5)水泵房内设吸顶式工厂罩灯,由配电箱 MX 集中控制,BV2.5mm^2 穿 ϕ15mm 塑料管,顶板暗配。顶管敷管标高为＋3.00m。

(6)配管水平长度见图示括号内数字,单位为 m。

要求:(1)依据《全国统一安装工程量计算规则》,计算分部分项(定额)工程量。

　　　(2)依据《通用安装工程工程量清单计算规范》,计算其清单工程量。

【解】　1. 清单工程量

(1)由图 1-5 可知,低压配电柜 PGL 为 5 台,照明配电箱 MX 为 1 台,工厂灯罩为 3 套。

(2)钢管暗配 $DN$50 为 15m(题中知配管长 15m)

(3)钢管暗配 $DN$32 为 27m(14m＋13m＝27m 配管长相加)

(4)导线穿管敷设 BV－2.5 为:[(6＋8＋8)＋(3－1.4－0.4)]m＝23.2m

【注释】　(6＋8＋8)是图中给出 BV－2.5 的水平距离,用顶管的敷设标高 3 减去配电箱的箱底标高 1.4 和箱体的高度 0.4,即为导线在配电箱上方的垂直长度。

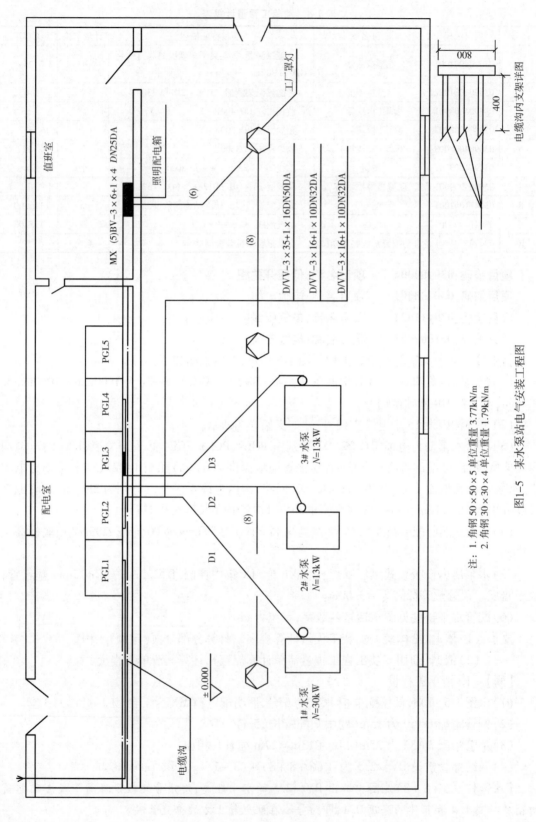

图1-5 某水泵站电气安装工程图

注：1. 角钢 50×50×5 单位重量 3.77kN/m
    2. 角钢 30×30×4 单位重量 1.79kN/m

值班室

配电室

电缆沟

PGL1　PGL2　PGL3　PGL4　PGL5

1# 水泵
N=30kW

2# 水泵
N=13kW

3# 水泵
N=13kW

D1　D2　D3

(8)

±0.000

工厂罩灯

照明配电箱

MX　(5)BV-3×6+1×4 DN25DA

(6)

(8)

D/VV-3×35+1×16DN50DA

D/VV-3×16+1×10DN32DA

D/VV-3×16+1×10DN32DA

008

400

电缆沟内支架详图

8

(5)$\phi15$塑料管为$(3-1.4-0.4+6+8+8)\text{m}=23.2\text{m}$

【注释】 同上。

(6)电缆敷设$\text{VV}-3\times16+1\times10$:$(3+14+4+13+0.2\times2+1\times2)\text{m}=36.4\text{m}$

$$(36.4+0.1\times2)\text{m}=36.6\text{m}$$

(7)电缆敷设$\text{VV}-3\times35+1\times16$:$(2+15+0.2+1+0.1)\text{m}=18.3\text{m}$

(8)电缆支架:$(0.4\times3\times1.79+0.8\times3.77)\times15\text{kg}=77.46\text{kg}$

清单工程量计算见表1-9。

表1-9 清单工程量计算表

序号	项目编码	项目名称	项目特征描述	计量单位	工程量
1	030404004001	低压开关柜	PGL型、低压开关柜,(宽×高×厚)1000mm×2000mm×600mm	台	5
2	031002002001	电缆支架	角钢电缆支架	t	0.08
3	030408001001	电力电缆	电缆敷设$\text{VV}-3\times16+1\times10$	m	36.60
4	030408001002	电力电缆	电缆穿管敷设$\text{VV}-3\times35+1\times16$	m	18.30
5	030404017001	配电箱	嵌装式照明配电箱MX,(宽×高×厚)500mm×400mm×220mm	台	1
6	030412002001	工厂灯	吸顶式工厂灯罩	套	3
7	030411001001	电缆保护管	钢管暗配$DN50$	m	15.00
8	030411001002	电缆保护管	钢管暗配$DN32$	m	27.00
9	030411004001	电气配线	导线穿管敷设$\text{BV}-2.5$	m	23.20
10	030411001003	电气配管	$\phi15$塑料管暗配	m	23.20

2. 定额工程量

(1)由图1-5可知:低压配电柜PGL为5台,照明配电箱MX为1台,工厂罩灯为3套。

(2)基础槽钢10#:$[(1+0.6)\times2]\times5\text{m}=16\text{m}$

(3)钢管暗配同清单工程量中计算。

$DN50$为15m;$DN32$为27m;

(4)电缆敷设计算,根据计算规则,高压开关柜及低压配电盘、箱需预留2.0m,入缆沟需预留1.5m,及题中要求进出各实物的预留长度,计算如下:

$$\text{VV}-3\times16+1\times10:[(2+0.1+0.2+1.5+1)\times2+3+4+14+13]\times(1+2.5/100)\text{m}$$
$$=44.69\text{m}$$

$$\text{VV}-3\times35+1\times16:(2+0.1+0.2+1.5+1+15+2)\times(1+2.5/100)\text{m}=22.35\text{m}$$

(5)塑料管暗配$\phi15$:$(3.0-1.4-0.4+6+8+8)\text{m}=23.2\text{m}$

(6)导线穿管敷设$\text{BV}-2.5$:$(3.0-1.4-0.4+6+8+8+0.5+0.4)\text{m}=24.1\text{m}$

【注释】 导线在配电箱中需预留的长度为配电箱的半周长即$(0.5+0.4)$。

(7)电缆支架重同清单工程量中计算

项目编码:030410003 **项目名称:导线架设**

项目编码:030410001 **项目名称:电杆组立**

项目编码:030414009 **项目名称:避雷器**

【例8】 有一新建工厂需架设380V/220V三相四线线路,导线使用裸铝绞线($3\times120+$

1×70),10m 高水泥杆 8 根,杆上铁横担水平安装一根,末根杆上有阀型避雷器四组,试计算其工程量。

【解】 1. 清单工程量

(1)横担安装:$8 \times 1 = 8$(根)

(2)120mm² 导线:$L = 3 \times 7 \times 50m = 1050m$

  70mm² 导线:$L = 1 \times 7 \times 50m = 350m$

(3)避雷器安装:4 组

(4)电杆组立:8 根

清单工程量计算见表 1-10。

表 1-10 清单工程量计算表

序号	项目编码	项目名称	项目特征描述	计量单位	工程量
1	030410001001	电杆组立	水泥电杆	根	8
2	030410003001	导线架设	380V/220V,裸铝绞线,120mm²	km	1.05
3	030410003002	导线架设	380V/220V,裸铝绞线,70mm²	km	0.35
4	030414009001	避雷器	阀型避雷器	组	4

2. 定额工程量

(1)、(3)、(4)计算同上。

(2)导线架设:杆距按 50m 计,根据"全国统一安装工程预算工程量计算规则",导线预留长度为每根 0.5m,8 根杆共为 $7 \times 50 = 350m$

120mm² 导线:$L = (3 \times 7 \times 50 + 3 \times 0.5)m = 1051.5m$

70mm² 导线:$L = (1 \times 7 \times 50 + 1 \times 0.5)m = 350.5m$

项目编码:030410001 项目名称:电杆设立

项目编码:030410003 项目名称:导线架设

【例 9】 如图 1-6 所示为某低压架空线路工程室外线路平面图,图中说明如下:

(1)室外线路采用裸铝绞线架空敷设,各种杆塔型号及规格见表 1-11。

(2)拉线杆为 $\phi150 - 7 - A$ 电杆(杆高 7m,埋深 1.2m)。

(3)路灯为电杆上安装 JTY16 - 1 马路弯灯。

(4)房屋引入线横担为 L50 × 50 × 5 镀锌角钢两端埋设式,双线式和四线式各一副。

(5)由变电所至 N_1 电杆线路为电缆沿沟敷设后,加保护管上杆,由建设单位自埋。

(6)拉线采用镀锌钢绞线。

试计算其工程量。

【解】 工程量计算如下:

1. 混凝土电杆组立:

拉线杆 1 根 $\phi150 \times 7000$ $N_1 \sim N_5$ 5 根 $\phi150 \times 9000$;N_6 1 根 $\phi150 \times 8000$

2. 混凝土底盘:

N_1、N_5、N_6:DP6 600mm × 600mm × 200mm 3 个

3. 混凝土卡盘:

N_1、N_5、N_6:800mm × 400mm × 200mm 3 个(含拉线杆)

表 1-11　各种杆塔型号及规格

杆塔编号	N₁	N₂、N₃、N₄	N₅	N₆
杆塔简图				
杆塔型号	442D1	442Z	44NJ2	42D1
电杆	φ150 − 9 − A	φ150 − 9 − A	φ150 − 9 − A	φ150 − 8 − A
第一层横担	4DⅡV1/ −	4ZⅡ1/ −	4J3ⅣV1/4J3ⅣV1	4DⅡV1/ −
第二层横担	4DⅡV1/ −	4ZⅡ1/ −	4D2ⅣV1/ −	2J3Ⅱ1/ −
第三层横担	2J3Ⅱ1/ −	2ZⅡ1/ −	2J3Ⅱ1/2J3 − Ⅱ1	−
路灯	LD1 − A − Ⅰ 2 −100W	LD1 − A − Ⅰ 2 −100W	LD1 − A − Ⅰ 2 −100W	LD1 − A − Ⅰ 1 −100W
底盘／卡盘	DP6/KP8	−	DP6/KP8	DP6/KP8
拉线	GJ − 35 − 4 Ⅰ₁	−	GJ − 35 − 3 − Ⅰ	−

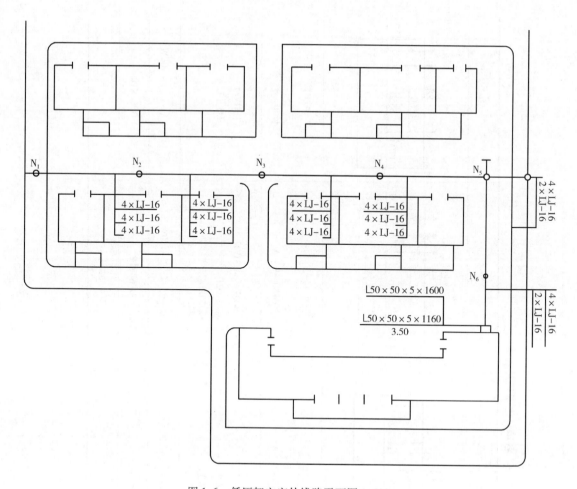

图 1-6　低压架空室外线路平面图 1:500

4. 土方开挖及回填：

根据图 1-6 中尺寸，查定额土方量表得到：

(1) 拉线杆（杆高 7m，埋深 1.2m）：$1.36 \times 1m^3 = 1.36m^3$

(2) 导线杆（杆高 8m，埋深 1.7m）：$1.78 \times 1m^3 = 1.78m^3$

(3) 导线杆（杆高 9m，埋深 1.5m）：$(1.21 \times 3 + 2.02 \times 2)m^3 = 7.67m^3$

(4) 拉线坑 深 1.2m：$0.82 \times 4m^3 = 3.28m^3$

小计：$(1.36 + 1.78 + 7.67 + 3.28)m^3 = 14.09m^3$

5. 横担安装(1kV 以下)：

双线单横担：L40×4×180　6 组

双线单横担：L40×4×700　1 组

双线单横担：L50×5×700　8 组

四线单横担：L50×5×1500　6 组

四线双横担：L75×8×1500　6 组

双线式进户横担：L50×5×1160

四线式进户横担：L50×5×1600

6. 拉线制作安装:

$N_1 \rightarrow 35mm^2$ 1 组

$N_5 \rightarrow 35mm^2$ 3 组

7. 导线架设($LJ-16mm^2$)

N_1-N_2 $20 \times 10km = 200km$ N_2-N_3 $22 \times 10km = 220km$

N_3-N_4 $20 \times 10km = 200km$ N_4-N_5 $23 \times 10km = 230km$

N_5-N_6 $12 \times 6km = 72km$ N_1(尽头) $0.5 \times 10km = 5km$;

N_5(转角) $1.5 \times 6km = 9km$

小计:$(200 + 220 + 200 + 230 + 72 + 5 + 9)km = 936km$

清单工程量计算见表 1-12。

表 1-12　清单工程量计算表

序号	项目编码	项目名称	项目特征描述	计量单位	工程量
1	030410001001	电杆组立	拉线杆,$\phi150 \times 7000$	根	1
2	030410001002	电杆组立	$N_1 \sim N_5$,$\phi150 \times 9000$	根	5
3	030410001003	电杆组立	N_6,$\phi150 \times 8000$	根	1
4	030410003001	导线架设	$LJ-16mm^2$	km	936.00

项目编码:030414011　　项目名称:接地装置

【例 10】　某防雷接地系统及装置图如图 1-7 ~ 图 1-10 所示,图中说明如下:

(1)工程采用避雷带作防雷保护,其接地电阻不大于 20Ω。

(2)防雷装置各种构件经镀锌处理,引下线与接地母线采用螺栓连接;接地体与接地母线采用焊接,焊接处刷红丹漆一遍,沥青防腐漆两遍。

(3)接地体埋地深度为 2500mm,接地母线埋设深度为 800mm。

试计算其工程量。

【解】　1. 清单工程量

(1)接地极制作安装

$L50 \times 50 \times 5$ $L = 2500$ 6 根

【注释】　根据图 1-7 和图 1-10 可以看出,有两处接地体,每一处有 3 根接地极,所以共有 6 根接地极。

(2)接地母线敷设

-25×4:$(1.4 \times 2 + 0.8 \times 2 + 2.5 \times 2 + 10 \times 2) \times (1 + 3.9/100)m = 30.55m$

【注释】　图 1-8 中,保护槽板中接地母线的长度为 1.4;在图 1-10 中接地母线向下继续引了 0.8;在图 1-7 中,2.5 是接地母线向建筑物外引出的水平长度,10 是连接接地极的接地母线的长度,因为这里有两处接地体,所以每个数字都需要乘以 2。

(3)避雷带敷设

$\phi10$:$(9.20 \times 2 + 12.5 \times 2) \times (1 + 3.9/100)m = 45.09m$

$\phi14$:$0.16 \times 42 \times (1 + 3.9/100)m = 6.98m$

【注释】　从图 1-7 中可以查出,共有 42 个避雷带支架,每个支架的长度为 0.16。

(4)引下线安装

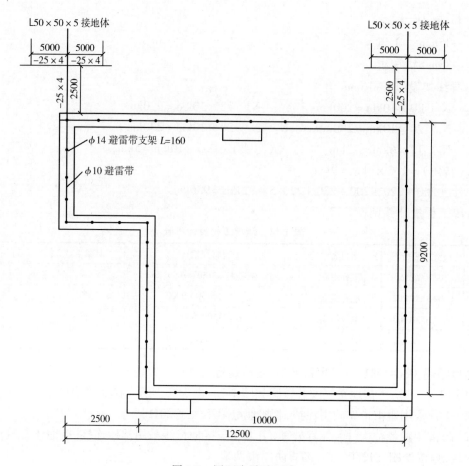

图 1-7　屋面防雷平面图

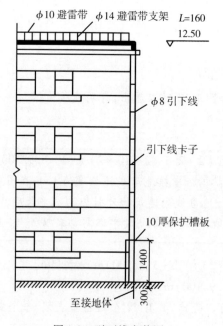

图 1-8　引下线安装图

14

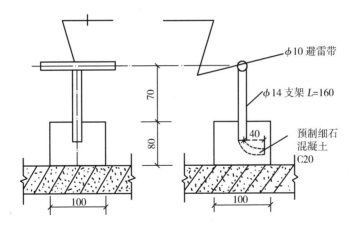

图 1-9　避雷带安装图

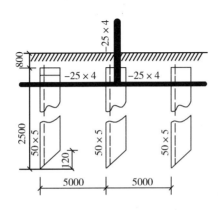

图 1-10　接地体安装图

$\phi8:(12.50-1.40)\times2\times(1+3.9/100)m=11.10\times2\times(1+3.9/100)m=23.07m$

（5）接地跨接线安装　2 处

（6）混凝土块制作安装　$100\times100\times80$　42 个

（7）接地极电阻试验有 2 个系统。

清单工程量计算见表 1-13。

表 1-13　清单工程量计算表

序号	项目编码	项目名称	项目特征描述	计量单位	工程量
1	030409001001	接地极	接地体与接地母线采用焊接,接地体埋深 2500mm	根	6
2	030409002001	接地母线	-25×4,引入线与接地母线采用螺栓连接,接地母线埋深 800mm	m	30.55
3	030409003001	避雷引下线	$\phi8$ 引下线	m	22.20
4	030409005001	避雷网	$\phi10$ 避雷带,$\phi14$ 避雷带支架,混凝土块制作安装 42 个	m	43.40
5	030414011001	接地装置	接地极电阻试验	系统	2

2. 定额工程量同清单工程量。

项目编码:030410001　　项目名称:电杆组立(土方计算)

【例11】　某电杆坑为坚土,坑底实际宽度为2.1m,坑深2.8m,计算其土方量。已知相邻偶数土方量为 $A = 19.52m^3$,$B = 22.56m^3$。

【解】　通常情况下,杆塔坑的计算底宽均按偶数排列,如出现奇数时,其土方量可按下列近似值公式求得:

$$V = \frac{A + B - 0.02h}{2}$$

式中　A、B——相邻偶数的土方量(m^3);

　　　h——坑深(m)。

所以所求土方量　$V = \frac{19.52 + 22.56 - 0.02 \times 2.8}{2}m^3 = 21.012m^3$

土方挖填已包括在电杆组立中,不再单独列项计算。

【例12】　设有高压开关柜 GFC – 10A 计 18 台,预留 4 台,安装在同一型钢基础上,柜宽750mm,深(长)1150mm,求基础型钢长度。

【解】　高压柜、低压配电屏安装均不包括基础槽钢、角钢的制作安装及母线安装,其基础槽钢的计算为:设有多台同型号的柜、屏安装在同一公共型钢基础上,则基础型钢长度为

$$L = 2nA + 2B$$

式中　n——柜、屏台数(个);

　　　A——柜、屏宽度(m);

　　　B——柜、屏深度(m)。

则题中计算为 $L = [(18 + 4) \times 2 \times 0.75 + 2 \times 1.15]m$
$= 35.30m$

项目编码:030411004　　项目名称:配线

【例13】　如图1-11所示为电焊车间动力平面图,电源由室外架空引入至 1K 动力箱,1K 为 XL – 12 – 400 动力箱,2K – 8K 为 XL – 12 – 100 动力箱,A_1、A_2 为 L50 × 50 × 5 × 1600 横担(各 1 根),B 为 L50 × 50 × 5 × 1400 横担(共 6 根)。电源入 1K 动力箱后再由 1K 动力箱至 A_1、B、A_2 角钢横担,针式绝缘子(PD – 1 – 2　22个)蝶式绝缘子 ED – 2　10 套配线,由主干线引至 2K、3K、4K、5K、6K、7K、8K,均用 ϕ250 钢管明配,管内穿 BLX(3 × 16 + 1 × 10)的电线,再由 2K、3K、4K、5K、6K、7K、8K 引至电焊机,用 YZ(3 × 16 + 1 × 6)软电缆。试计算其工程量(其中进户线横担以内 L50 × 50 × 5 × 1600,采用蝶式绝缘子 ED – 2　4套)。

【解】　1. 架空引入线工程量(只计算进户线横担以内)

(1)角钢横担安装 L50 × 50 × 5 × 1600　2 根
蝶式绝缘子 ED – 2　4 套

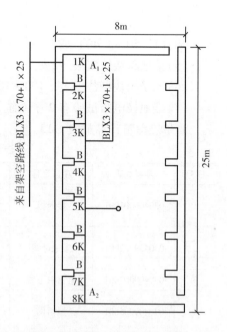

图 1-11　电焊车间动力平面图

（2）管内穿线

根据"全国统一安装工程预算工程量计算规则"，配线引至动力箱需预留 1.0m，管内穿线与干线接点需预留 1.5m，得

BLX70：$(1.5 + 1.5 + 1) \times 3m = 12m$

BLX25：$(1.5 + 1.5 + 1) \times 1m = 4m$

2. 室内主干线工程量（由 A_1 经 6B 至 A_2）

（1）横担安装（四线式） 8 根

角钢横担 L50 × 50 × 5 × 1600 （A_1、A_2 用各 1 根）2 根

角钢横担 L50 × 50 × 5 × 1400 （B 用 6 根）6 根

蝶式绝缘子 ED－2 10（套）

针式绝缘子 PD－1－2 22（个）

（2）针式绝缘子配线 $(25 + 1.5 + 1.5) \times 4m = 112m$

电线 BLX70 $(25 + 1.5 + 1.5) \times 3m = 84m$

电线 BLX25 $(25 + 1.5 + 1.5) \times 1m = 28m$

（3）由 1K 引至 A_1 保护管明设 $\phi 250/1.5m$

穿线 $(1.5 + 1.5 + 1) \times 4m = 16m$

电线 BLX70 $(1.5 + 1.5 + 1) \times 3m = 12m$

电线 BLX25 $(1.5 + 1.5 + 1) \times 1m = 4m$

3. 由室内主干线至各 K 的支线工程量计算

（1）钢管明设 $\phi 250$ $1.5 \times 7m = 10.5m$

（2）2K~8K 穿线 $[(1.5 + 1 + 1.5) \times 4] \times 7m = 112m$

电线 BLX16 $(4 \times 3) \times 7m = 84m$

电线 BLX10 $(4 \times 1) \times 7m = 28m$

4. 由各 K 至用电器具工程量计算

2K~8K 用 YZ $3 \times 16 + 1 \times 6$ 软电缆 $5 \times 7m = 35m$

清单工程量计算见表 1-14。

表 1-14 清单工程量计算表

序号	项目编码	项目名称	项目特征描述	计量单位	工程量
1	030411001001	配管	由 1K 引至 A_1，保护管明设 $\phi 166mm$	m	1.50
2	030411001002	配管	由室内主干线至各 K 点的支线工程量钢管明设 $\phi 250$	m	10.50
3	030411004001	配线	BLX70	m	108.00
4	030411004002	配线	BLX25	m	36.00
5	030411004003	配线	BLX16	m	84.00
6	030411004004	配线	BLX10	m	28.00
7	030408001001	电力电缆	YZ $3 \times 16 + 1 \times 6$	m	35.00

【例 14】 已知某工程建筑面积为 1800m²，共有灯具 80 套，其中 35 套属于光带（光带系数为 0.5）。求平均每套灯的控制面积为多少？

【解】 在确定平均每个灯的控制面积时，如果有一部分灯具是光带，应先将其乘以系数

（白炽灯 0.3，日光灯 0.5）再加其他灯具的套数。

$$S = 1800/(80 - 35 + 35 \times 0.5)\text{m}^2/\text{灯} = 1800/63\text{m}^2/\text{灯} = 28.57\text{m}^2/\text{灯}$$

项目编码:030411001　　　项目名称:电气配管

项目编码:030411004　　　项目名称:电气配线

项目编码:030412001　　　项目名称:普通灯具

【例 15】 如图 1-12、图 1-13 所示为某工程局部照明系统图及平面图,图中说明如下:

(1)电源由低压屏引来,钢管为 $DN20$ 埋地敷设,管内穿 BV－$3 \times 6\text{mm}^2$ 线。

(2)照明配电箱为 $300\text{mm} \times 270\text{mm} \times 130\text{mm}$PZ30 箱,下口距地为 2.5m;墙厚 300mm。

(3)全部插座、照明线路采用 BV－2.5mm^2 线,穿 PVC－15 管暗敷设。

(4)跷板单、双联开关安装高度距地 1.6m。

(5)单相五孔插座为 86 系列,安装高度距地 0.4m。

(6)YLM47 为空气开关。

试计算其工程量。

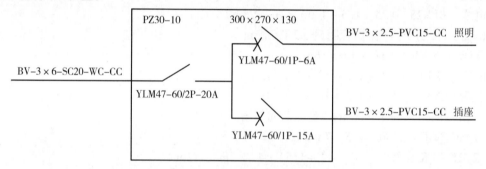

图 1-12　某工程局部照明系统图

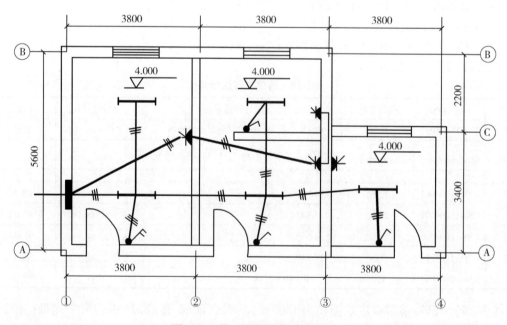

图 1-13　某工程局部照明平面图

【解】　1. 清单工程量计算如下:

(1)由题图可知 PZ30 配电箱　300mm×270mm×130mm　1 台

(2)钢管埋地暗敷设:G20

[1.50(规则)+0.15(半墙)+2.5(配电箱安装高度)]m=4.15m

(3)进户线:BV-3.6mm²

{[4.15+(0.3+0.27)(箱宽、高)]×3 根}m=14.16m

(4)配电箱——日光灯

BV-2.5mm² 线:

{4(层高)-2.5(配电箱安装高度)-0.27(箱高)+(0.3+0.27)(规则)+1.9(箱①~②轴日光灯)+3.8(房间宽)+2.7×2(两房间日光灯灯距相同)+3.8(③~④灯距)+1.85(灯到开关处顶部引线长)+4(层高)-1.6(开关安装高度)+[1(②~③轴房间灯到开关处顶部引线)+4(层高)-1.6(②~③轴房间开关安装高度)]×2+[1.45(顶部引线)+4(层高)-1.6(①~②轴开关线)]}×3 根=94.86m

PVC15 管:[(4-2.5-0.27)+1.9+3.8+2.7×2+3.8+(1.85+4-1.6)+(1+4-1.6)×2+(1.45+4-1.6)]m=31.03m

(5)配电箱——插座

BV-2.5mm² 线:

[4(层高)-2.5(配电箱安装高度)-0.27(箱高)+(0.3+0.27)+4.0(②轴插座)+(4-0.4)(插座一顶板)+0.4(插座安装高度)×2(②~③两个插座高度)+3.85(②~③插座平面距离)+0.3(墙厚)+1.6(③内外间插座距离)]×3m=77.85m

PVC15 管:[4-2.5-0.27+4.0+(4-0.4)×4+3.85+0.3+1.6]m=25.38m

(6)单管日光灯　5 套

(7)五孔插座(二孔+三孔)4 个

(8)单联开关　3 个

(9)双联开关　1 个

(10)插座盒　4 个

(11)开关盒　4 个

(12)灯头定位盒　5 个

小计:PVC15 管　(31.03+25.38)m=56.41m

BV-2.5mm² 线:(94.86+77.85)m=172.71m

2. 定额工程量(同清单工程量)

工程量统计见表 1-15。

表 1-15　工程量统计表

序号	分部分项名称及部位	单位	工程量
1	PZ-30 配电箱	台	1
2	入户线保护管	m	4.15
3	进户线 BV-6.0mm²	m	14.16
4	照明灯具、插座布线 BV-2.5mm²	m	172.71
5	PVC15 半硬穿线管	m	56.43
6	单管日光灯	套	5

序号	分部分项名称及部位	单位	工程量
7	五孔插座	个	4
8	单联开关	个	3
9	双联开关	个	1
10	开关盒	个	4
11	插座盒	个	4
12	灯头定位盒	个	5
13	低压电系统调试	系统	1

清单工程量计算见表 1-16。

表 1-16　清单工程量计算表

序号	项目编码	项目名称	项目特征描述	计量单位	工程量
1	030411001001	配管	钢管埋地暗敷设,G20	m	4.15
2	030411004001	配线	进户线 BV－6.0mm²	m	14.16
3	030411004002	配线	照明灯具,插座布线 BV－2.5mm²	m	172.71
4	030411001002	配管	PVC15 管,暗敷设	m	56.41
5	030412001001	普通灯具	单管日光灯	套	5
6	030414002001	送配电装置系统	低压电系统调试	系统	1
7	030404035001	插座	五孔插座	个	4
8	030404034001	照明开关	单联开关	个	3
9	030404034002	照明开关	双联开关	个	1

　　项目编码:030411001　　　**项目名称:配管**
　　项目编码:030411004　　　**项目名称:配线**
　　项目编码:030408002　　　**项目名称:控制电缆**
　　项目编码:030203001　　　**项目名称:送、引风机**
　　项目编码:030414011　　　**项目名称:接地电阻**

【例16】　某锅炉动力工程,平面图如图 1-14 所示,说明如下:

（1）室内外地坪无高差,进户处重复接地。

（2）炉排风机、循环泵、液位计处线管管口高出地坪 0.5m,鼓风机、引风机电动机处管口高出地坪 2m,所有电动机和液位计处的预留线均为 1.00m,管路旁括号内数据为该管的水平长度（单位:m）。

（3）动力配电箱为暗装,底边距离地面 1.50m,箱体尺寸（宽×高×厚）为 400mm×300mm×200mm。

（4）接地装置为镀锌钢管 G50,$L = 2.6$m,埋深 0.7m,接地母线采用 $-60×6$ 镀锌扁钢（进外墙皮后,户内接地母线的水平部分长度为 5m,进动力配电箱内预留 0.5m）。

（5）电源进线不计算。

试计算该工程的工程量。（题中穿线管埋深按 0.20m 考虑）

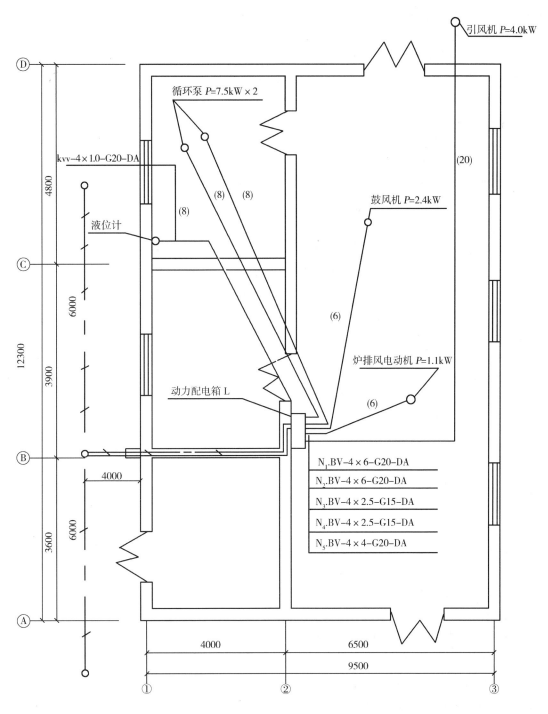

图 1-14　某锅炉动力工程平面图

【解】　1. 清单工程量

(1)钢管 G20

1)液位计:

[1.5(配电箱距地面高度) +0.2(穿线管埋深) +8(管水平长度) +0.2(穿线管埋深) +

21

0.5(线管管口超出地坪距离)]m＝10.4m

2)循环泵两台,计算过程同上。

(1.5＋0.2＋8＋0.2＋0.5)×2m＝20.8m

3)引风机:[1.5＋0.2＋20＋0.2＋2(管口高出地坪)]m＝23.9m

小计:G20 共 (10.4＋20.8＋23.9)m＝55.1m

(2)钢管 G15

1)鼓风机:计算过程同上。

(1.5＋0.2＋6＋0.2＋2)m＝9.9m

2)炉排风机:(1.5＋0.2＋6＋0.2＋0.5)m＝8.4m

小计:G15 共 (9.9＋8.4)m＝18.3m

(3)塑料铜芯线 6mm^2

循环泵两台:

[1.5(箱距地高)＋(0.4＋0.3)(宽＋高)＋0.2(埋深)＋8(水平长度)＋0.2(埋深)＋0.5(管口高出地坪距离)＋1.0(预留长度)]×2×4m＝96.8m

(4)塑料铜芯线 4mm^2

引风机:(1.5＋0.7＋0.2＋20＋0.2＋2＋1)×4m＝102.4m

(5)塑料铜芯线 2.5mm^2

1)鼓风机:(1.5＋0.7＋0.2＋6＋0.2＋2＋1)×4m＝46.4m

2)炉排风机:(1.5＋0.7＋0.2＋6＋0.2＋0.5＋1)×4＝40.4m

小计:(46.4＋40.4)m＝86.8m

(6)控制电缆 (KVV－4×1)

液位计:[1.5(配电箱距地高)＋2.0(出箱预留)＋0.2(埋深)＋8(水平长)＋0.2(埋深)＋0.5(管口高出地坪)＋1(液位计处预留)]×(1＋2.5％)(电缆敷设弛度、波形弯度、交叉预留)m ＝13.74m

(7)接地母线

[6＋6＋4＋5(户内水平长)＋0.7＋1.5＋0.5(箱内预留)]×(1＋3.9％)(附加转弯、上下波动、避绕障碍物等长度)m＝24.62m

【注释】 (0.7＋1.5)是从接地母线的埋地标高到动力配电箱箱底的长度。

(8)电动机检查接线3kW以下 2台

(9)电动机检查接线 13kW以下 3台

(10)液位计 1组,炉排风机 1台,循环泵 2台,鼓风机 1台,引风机 1台

(11)钢管接地极 3根

(12)独立接地装置接地电阻测试 1系统

(13)动力配电箱 1台

清单工程量计算见表1-17。

表1-17 清单工程量计算表

序号	项目编码	项目名称	项目特征描述	计量单位	工程量
1	030411001001	配管	钢管 G20	m	55.10

22

（续）

序号	项目编码	项目名称	项目特征描述	计量单位	工程量
2	030411001002	配管	钢管 G15	m	18.30
3	030411004001	配线	塑料铜芯线 6mm²	m	96.80
4	030411004002	配线	塑料铜芯线 4mm²	m	102.40
5	030411004003	配线	塑料铜芯线 2.5mm²	m	86.80
6	030408002001	控制电缆	KVV－4×1	m	13.74
7	030414011001	接地装置	独立接地装置接地电阻测试	系统	1
8	030404017001	配电箱	动力配电箱	台	1
9	030817006001	水位计安装	液位计	组	1
10	030203001001	送、引风机	炉排风机	台	1
11	030203001002	送、引风机	引风机	台	1
12	030203001003	送、引风机	鼓风机	台	1
13	030211003001	循环水泵	循环泵	台	1
14	030113009001	电动机	电动机检查接线 3kW 以下	台	2
15	030113009002	电动机	电动机检查接线 13kW 以下	台	3

2. 定额工程量

定额工程量同清单工程量。

项目编码:030406006   项目名称:低压交流异步电动机

【例17】 如图 1-15 所示,各设备由 HHK、QZ、QC 控制,应分别计算哪些调试?

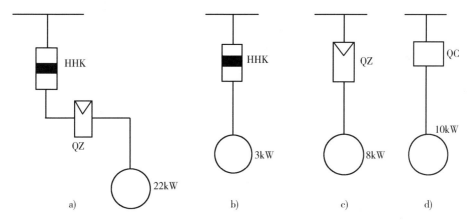

图 1-15 低压交流异步电动机示意图

【解】 如图 1-15 所示,应进行计算的调试如下

1. 电动机磁力起动器控制调试 1 台

电动机检查接线 22kW 1 台

2. 电动机刀开关控制调试 1 台

电动机检查接线 3kW 1 台

3. 电动机磁力起动器控制调试 1 台

电动机检查接线 8kW 1 台

23

4. 电动机电磁起动器控制调试　1台

电动机检查接线 10kW　1台

清单工程量计算见表1-18。

表1-18　清单工程量计算表

序号	项目编码	项目名称	项目特征描述	计量单位	工程量
1	030406006001	低压交流异步电动机	电动机磁力起动器控制调试	台	1
2	030406006002	低压交流异步电动机	电动机刀开关控制调试	台	1
3	030406006003	低压交流异步电动机	电动机磁力起动器控制调试	台	1
4	030406006004	低压交流异步电动机	电动机电磁起动器控制调试	台	1

项目编码:030411001　项目名称:配管

项目编码:030411004　项目名称:配线

【例18】　某结算所附工程量计算表中,管内穿线工程量计算如下:

管内穿线$(BVV-3\times2.5)=[200+($穿线进出配电箱预留长$)(0.4+0.3)\times2\times2]\times3$(线数)×(线接头、灯具、开关插座预留线增加量)$(1+15\%)m=699.66m$

试审查其正确性。

【解】　首先,"预留长度表"规定:配线进出各种开关箱、板、柜的预留长度为(高+宽),即半周长。其次,根据《安装工程单位估价表》"灯具、明暗开关、插座等的预留线,分别综合在有关定额内"的规定,式中15%的增加量应予剔除。根据上述规定正确的工程量计算结果为:

管内穿线$(BVV-3\times2.5)=[200+(0.4+0.3)\times2($含进出$)]\times3m=604.2m$

清单工程量计算见表1-19。

表1-19　清单工程量计算表

项目编码	项目名称	项目特征描述	计量单位	工程量
030411004001	配线	管内穿线$(BVV-3\times2.5)$	m	604.20

项目编码:030408001　项目名称:电力电缆

【例19】　如图1-16所示,电缆自N_1电杆引下埋设至Ⅱ号厂房N_1动力箱,动力箱为XL(F)-15-0042,高1.7m,宽0.7m,箱距地面高为0.4m。试计算其工程量。

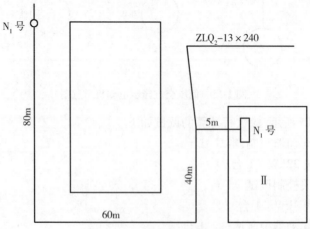

图1-16　电缆敷设示意图

【解】 1. 清单工程量

(1)电缆埋设:

[2.28(备用长) + 80 + 60 + 40 + 5 + 2.28 + 2 × 0.8(埋深) + 0.4(箱距地高) + (1.7 + 0.7)(箱宽 + 高)]m = 193.96m

(2)电缆沟挖埋土方量计算:

(2.28 + 80 + 60 + 40 + 5 + 2.28)m = 189.56m

根据计算规则,每米沟挖方量为0.45m³,则

189.56 × 0.45m³ = 85.30m³

(3)电缆沿杆敷设:[6 + 1(杆上预留)]m = 7m

(4)电缆保护管敷设:1 根

(5)电缆沟铺砂盖砖:

(2.28 + 80 + 60 + 40 + 5 + 2.28)m = 189.56m

(6)室外电缆头制安:1 个

(7)室内电缆头制安:1 个

(8)电缆试验:2 次

(9)电缆沿杆上敷设支架制安:3 套(18kg)

(10)电缆进建筑物密封:1 处

(11)动力箱安装:1 台

清单工程量计算见表1-20。

表1-20 清单工程量计算表

序号	项目编码	项目名称	项目特征描述	计量单位	工程量
1	030408001001	电力电缆	电缆埋设	m	193.96
2	030408001002	电力电缆	电缆沿杆敷设	m	7.00
3	030408004001	电缆槽盒	沿杆上敷设支架	t	0.018
4	030404017001	配电箱	动力箱 XL - 15 - 0042	台	1
5	010101002001	挖一般土方	电缆沟挖埋土方量	m³	85.30

2. 定额工程量

定额工程量同清单工程量。

项目编码:030414009 **项目名称:避雷器**

项目编码:030414001 **项目名称:电力变压器系统**

项目编码:030414008 **项目名称:母线**

项目编码:030414002 **项目名称:送配电装置系统**

【例20】 如图1-17所示为某配电所主接线图,能从该图中计算出哪些调试?并计算工程量。

【解】 所需计算的调试与工程量如下:

(1)避雷器调试 1 组

(2)变压器系统调试 1 个系统

(3)1kV 以下母线系统调试 1 段

(4)1kV 以下供电送配电系统调试 3 个系统

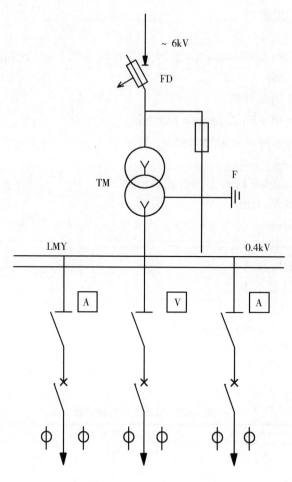

图 1-17　某配电所主接线图

（5）特殊保护装置调试　1套

清单工程量计算见表 1-21。

表 1-21　清单工程量计算表

序号	项目编码	项目名称	项目特征描述	计量单位	工程量
1	030414009001	避雷器	避雷器调试	组	1
2	030414001001	电力变压器系统	变压器系统调试	系统	1
3	030414008001	母线	1kV 以下母线系统调试	段	1
4	030414002001	送配电装置系统	1kV 以下供电送配电系统调试,断路器	系统	3
5	030414003001	特殊保护装置	熔断器	台	1

　　项目编码:030411001　　　项目名称:配管

　　项目编码:030411004　　　项目名称:配线

　　项目编码:030412001　　　项目名称:普通灯具

【例 21】　如图 1-18 所示为一混凝土砖石结构平房(毛石基础、砖墙、钢筋混凝土板盖顶),顶板距地面高度为 3.5m,室内装置定型照明配电箱(XM－7－3/0)1 台,单管日光灯(40W)8 盏,拉线开关 4 个,由配电箱引上 2.5m 为钢管明设(φ25),其余为磁夹板配线,用BLX2.5 电线,引入线设计属于低压配电室范围,所以不用考虑。试计算其工程量。

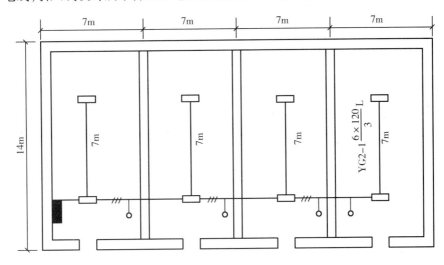

图 1-18　混凝土砖石结构平房

【解】　1. 清单工程量

(1)配电箱安装

1)配电箱安装 XM－7－3/0:1 台(高 0.5m,宽 0.4m)

2)支架制作:2.1kg

(2)配管配线

1)钢管明设 φ25:2.5m

2)管内穿线 BLX2.5:[2.5＋(0.5＋0.4)]×2m＝6.80m

3)二线式夹板配线 BLX2.5:(3.5＋7＋3.5＋7＋3.5＋7＋3.5＋7＋0.2×4)×2m＝85.6m

【注释】　(3.5＋7)是每间屋子二线式夹板配线的长度,0.2 是从水平导线引到拉线开关的导线的长度,图中共有 4 个拉线开关,所以为 0.2×4。

4)三线式夹板配线 BLX2.5:(3.5＋3.5＋3.5)×3m＝31.5m

【注释】　图中共有 3 间屋子是三线式夹板配线,每间屋子的配线长度是 3.5。

(3)灯具安装

单管日光灯安装 $YG2-1\dfrac{6\times120}{3}L$:8 套

(4)开关安装

拉线开关:4 套

清单工程量计算见表 1-22。

表 1-22　清单工程量计算表

序号	项目编码	项目名称	项目特征描述	计量单位	工程量
1	030404017001	配电箱	XM－7－3/0(高 0.5m,宽 0.4m)	台	1
2	030411001001	配管	钢管明设 φ25	m	2.50

序号	项目编码	项目名称	项目特征描述	计量单位	工程量
3	030411004001	配线	管内穿线 BLX2.5	m	6.8
4	030411004002	配线	二线式、三线式夹板配线,BLX2.5	m	117.10
5	030412001001	普通灯具	单管日光灯 YG2 $-1\frac{1\times40}{3}$L	套	8
6	030404034001	照明开关	拉线开关	个	4

2. 定额工程量

定额工程量同清单工程量。

项目编码:030409004   项目名称:均压环

项目编码:030409005   项目名称:避雷网

【例22】 有一高层建筑物层高3m,檐高108m,外墙轴线总周长88m,求均压环焊接工程量和设在圈梁中避雷带的工程量。

1. 清单工程量

【解】 因为均压环焊接每3层焊一圈,即每9m焊一圈,因此30m以下可以设3圈,即

$88\times3m = 264m$

三圈以上(即 $3m\times3$ 层 $\times3$ 圈 $=27m$ 以上)每两层设1个避雷带,工程量为:

$(108-27)/(3\times2)$ 圈 ≈13 圈

$88\times13m = 1144m$

清单工程量计算见表1-23。

表1-23   清单工程量计算表

项目编码	项目名称	项目特征描述	计量单位	工程量
030409004001	均压环	每三层焊一圈	m	264
030409005001	避雷网	三圈以上(即 $3m\times3$ 层 $\times3$ 圈 $=27m$ 以上)每两层设1个避雷带	m	1144

2. 定额工程量

定额工程量同清单工程量。

项目编码:030410001   项目名称:电杆组立

项目编码:030408001   项目名称:电力电缆

【例23】 如图1-19所示为长一条700m三线式单回路架空线路,杆塔简图如图1-20所示,杆塔型号见表1-24,绝缘子型号见表1-25,试计算其工程量。

表1-24   杆塔型号

杆塔型号	D_3	NJ_1	Z	K	D_1
电杆	$\phi190-10-A$	$\phi190-10-A$	$\phi190-10-A$	$\phi190-10-A$	$\phi190-10-A$
横担	1500 $2\times L75\times8$ ($2\mathrm{II}_3$)	1500 $2\times L63\times6$ ($2\mathrm{I}_3$)	1500L63$\times6$ (I_3)	1500L63$\times6$ (I_3)	1500 $2\times L75\times8$ ($2\mathrm{II}_3$)
底盘	DP_6	DP_6	DP_6 KP_{12}	DP_6 KP_{12}	DP_6
拉线	$GJ-35-3-\mathrm{I}_2$	$GJ-35-3-\mathrm{I}_2$			$GJ-35-3-\mathrm{I}_2$
电缆盒					

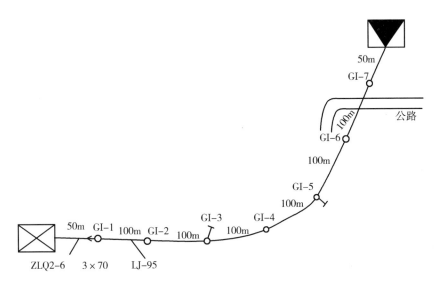

图 1-19 架空线路

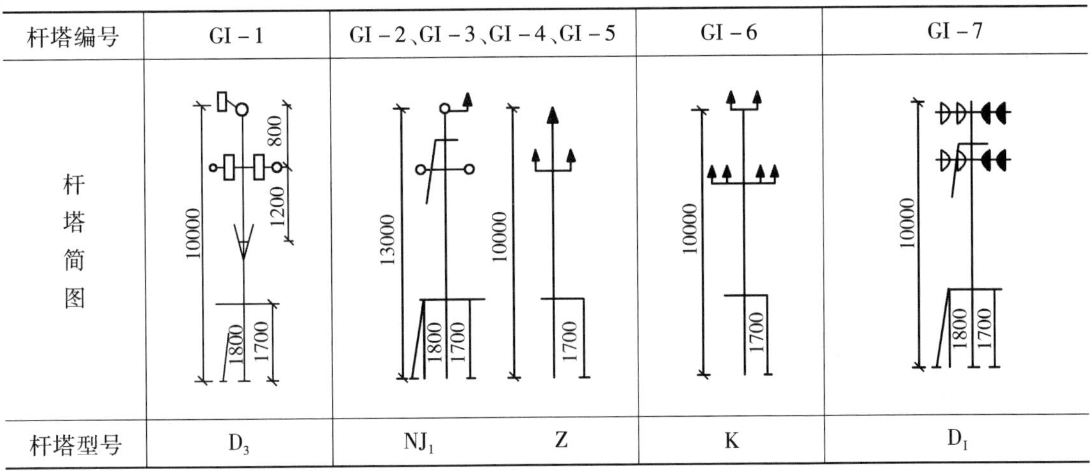

杆塔编号	GI－1	GI－2、GI－3、GI－4、GI－5	GI－6	GI－7
杆塔简图				
杆塔型号	D₃	NJ₁ Z	K	D₁

图 1-20 杆塔简图

【解】 一、定额工程量

1. 杆坑、拉线坑、电缆沟等土方计算

（1）杆坑：查表得电杆的每坑土方量为3.39m³，拉线与此相同，所以有 $7 \times 3.39 \text{m}^3 = 23.73 \text{m}^3$

（2）拉线坑：$4 \times 3.39 \text{m}^3 = 13.56 \text{m}^3$

（3）电缆沟：$[50 + 2 \times 2.28（备用长）] \times 0.45 \text{m}^3 = 24.55 \text{m}^3$

土方总计：$(23.73 + 13.56 + 24.55) \text{m}^3 = 61.84 \text{m}^3$

2. 底盘安装：

$DP_6 : 7 \times 1$ 个 $= 7$ 个

卡盘安装：$KP_{12} : 3 \times 1$ 个 $= 3$ 个

表 1-25 绝缘子型号

杆号	耐张绝缘子	针式绝缘子
GI－1	6个	1个 P－15(10)T
GI－3 GI－5	12 个×2	1×2
GI－2 GI－4		3×2
GI－6		6
GI－7	6	
小计	36	15

29

3. 立电杆：

$\phi190-10-A:7$ 根

4. 横担安装：

双根：4 根　$75mm \times 8mm \times 1500mm$

单根：3 根　$63mm \times 6mm \times 1500mm$

5. 钢绞线拉线制安

普通拉线：$GJ-35-3-I_2$　4 组

计算拉线长度：$L = KH + A$

$$= [1.414 \times (10 - 0.6 - 1.7) + 1.2 + 1.5] m$$

$$= 13.59 m$$

故 4 组拉线总长为 $4 \times 13.59 m = 54.36 m$

6. 导线架设长度计算（按单延长米计算）

$$[(100 \times 6 + 50) \times (1 + 1\%) + 2.5 \times 4] \times 3 m$$

$$= [656.5 + 10] \times 3 m$$

$$= 1999.5 m$$

7. 引出电缆长度计算

引出电缆长度约分为六个部分：

(1)引出室内部分长度：因设计无规定，按 10m 计算

(2)引出室外备用长度：按 2.28m 计算

(3)线路埋设部分：按图计算为 50m

(4)从埋设段向上引至电杆备用长度：按 2.28m 计算

(5)引上电杆垂直部分为：$(10 - 1.7 - 0.8 - 1.2 + 0.8) m = 7.1 m$

(6)电缆头预留长度：按 $1.5 \sim 2m$ 计算

故电缆总长为：$(10 + 2.28 + 50 + 2.28 + 7.1 + 1.5) m = 73.16 m$

电缆敷设分为三种方式：

①沿室内电缆沟敷设 10m

②室外埋设：54.56m　$(50 + 2.28 \times 2) m = 54.56 m$

③沿电杆卡设：8.6m

室内电缆头制安 1 个

室外电缆头制安 1 个

8. 杆上避雷器安装

1 组

9. 进户横担安装

1 根

绝缘子安装 12 个

二、清单计算方法（同定额工程量）

清单工程量计算见表 1-26。

表 1-26　清单工程量计算表

序号	项目编码	项目名称	项目特征描述	计量单位	工程量
1	030410001001	电杆组立	$\phi190-10-A$	根	7
2	030410003001	导线架设	导线架设	km	2.00
3	030408001001	电力电缆	电缆总长,预留长度 1.5～2m	m	73.16
4	030408001002	电力电缆	室内电缆沟敷设	m	10.00
5	030408001003	电力电缆	室外埋设	m	54.56
6	030414009001	避雷器	杆上避雷器安装	组	1

项目编码:030411001　　项目名称:配管

【例24】　已知图 1-21 中箱高为 0.8m,楼板厚度 $b=0.2m$,求垂直部分明敷管长及垂直部分暗敷管长各是多少?

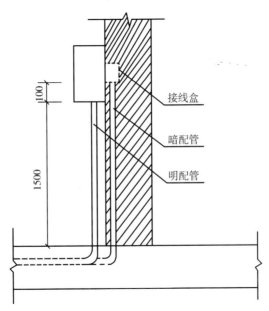

图 1-21　配电箱侧视图

1. 清单工程量

【解】　(1)当采用明配管时,管路垂直长度为:

$(1.5+0.1+0.2)m=1.8m$

(2)当采用暗配管时,管路垂直长度为:

$(1.5+\frac{1}{2}\times0.8+0.2)m=2.1m$

清单工程量计算见表 1-27。

表 1-27　清单工程量计算表

序号	项目编码	项目名称	项目特征描述	计量单位	工程量
1	030411001001	配管	明配管线垂直长度	m	1.80
2	030411001002	配管	暗配管线垂直长度	m	2.10

2. 定额工程量

定额工程量同清单工程量。

注:如图 1-22 所示为落地式配电箱,引出管高度、垂直管路长度与落地式配电箱基座高度有关,一般按 0.3~0.4m 计算,另外加上楼板厚度 b。

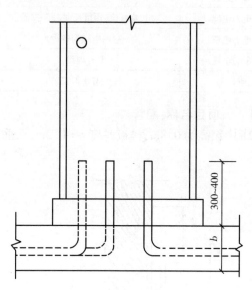

图 1-22　配电箱正视图

项目编码:030414002　　项目名称:送配电装置系统

【例 25】　某结算所列电气调试系统为 13 个,试根据所给系统图 1-23,审查该项工程量是否正确。

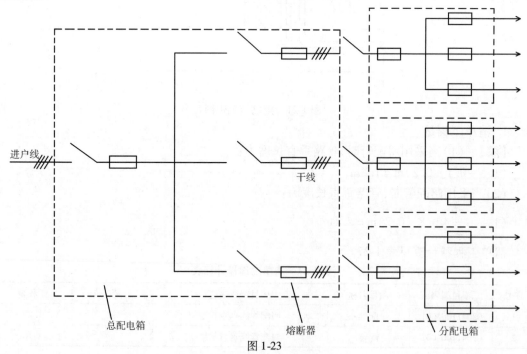

图 1-23

32

【解】 由系统图可知,该供电系统的三个分配电箱引出的 9 条回路均由总配电箱控制,所以各分箱引出的回路不能作为独立的系统,因此正确的电气调试系统工程量应为 1 个。

清单工程量计算见表 1-28。

表 1-28 清单工程量计算表

项目编码	项目名称	项目特征描述	计量单位	工程量
030414002001	送配电装置系统	送配电装置系统	系统	1

项目编码:030404017　　项目名称:配电箱

【**例 26**】　现需制作一台供一梯三户使用的嵌墙式木板照明配电箱,设木板厚均为 10mm,电气主结线系统如图 1-24 所示,每户两个供电回路,即照明回路与插座回路,楼梯照明由单元配电箱供电,本照明配电箱不予考虑,试计算工程量并查取定额编号及清单编号。

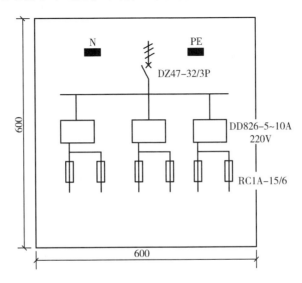

图 1-24　配电箱内电气主结线系统图

【解】　1. 定额工程量

根据图 1-24 计算,其工程量及定额编号为:

(1)三相自动空气开关(DZ47 - 32/3P)安装,1 个,定额编号为 2 - 267。

(2)单相交流电能表(DD826 - 5 ~ 10A,220V)安装,3 个,定额编号为 2 - 307。

(3)瓷插式熔断器(RC1A - 15/6)安装,6 个,定额编号为 2 - 283。

(4)木配电板(600mm × 600mm × 10mm)制作,半周长为 1.2m,面积为 $0.6 \times 0.6 m^2 = 0.36 m^2$,定额编号为 2 - 372。

(5)木配电板包铁皮,应按配电板尺寸,各边再加大 20mm,即 620mm × 620mm,则包铁皮使用面积为 $0.62 \times 0.62 m^2 = 0.38 m^2$,定额编号为 2 - 375。

(6)木配电板安装,半周长为 1.2m,1 块,定额编号为 2 - 376。

(7)墙洞(即嵌墙式)木配电箱制作,应按木配电板尺寸,各边长再加 20mm。木板厚度为 10mm,配电箱外形尺寸为 620mm × 620mm × 10mm(宽 × 高 × 深),半周长 $0.62 \times 2m = 1.24m$,1 套,定额编号为 2 - 371。

(8)盘内配线:可将配电箱主结线系统图 1-24 绘成配电盘内接线示意图(如图 1-25 所

示),以分析计算盘内配线回路数,即

$n = (3+3+4 \times 3+2 \times 3)$ 个 $= 24$ 个回路,这样由公式:

$L = (B+H)n(B$ 为盘(板)宽度/m,H 为盘(板)高度/m;n 为盘柜配线回路数)计算盘内配线导线 BV -4 的总长度为:$L = (0.6+0.6) \times 24m = 28.8m$,定额编号为 2 -318。

(9)端子板安装以 10 个头为 1 组,由图 1-25 可知,端子板共需 20 个头,则工程量为 2 组,定额编号为 2 -326。

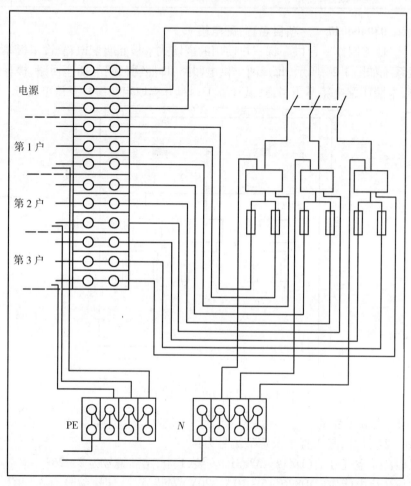

图 1-25　木制配电盘内接线示意图

2. 清单工程量(计算方法同定额工程量)。

清单工程量计算见表 1-29。

表 1-29　清单工程量计算表

序号	项目编码	项目名称	项目特征描述	计量单位	工程量
1	030404019001	控制开关	三相自动空气开关(DZ47 -32/39P)	个	1
2	030404036001	其他电器	单相交流电能表(DD8625 ~10A,220V)安装	个	3
3	030404020001	低压熔断器	瓷插式熔断器(RC1A -15/6)安装	个	6
4	CB001	木配电板	木配电板制作(600mm×600mm×10mm)	m²	0.36

序号	项目编码	项目名称	项目特征描述	计量单位	工程量
5	CB002	木配电板	木配电板包铁皮	m^2	0.38
6	CB003	木配电箱	木配电箱安装	块	1
7	CB004	木配电箱	墙洞（嵌墙式）木配电箱制作（620mm×620mm×10mm）	套	1

项目编码:030410001   项目名称:电杆组立

【例27】 已知某架空线路直线电杆10根,水泥电杆高8m,土质为坚土,按土质设计要求设计电杆坑深为1.5m,选用700mm×700mm的水泥底盘,试计算其开挖土方量?

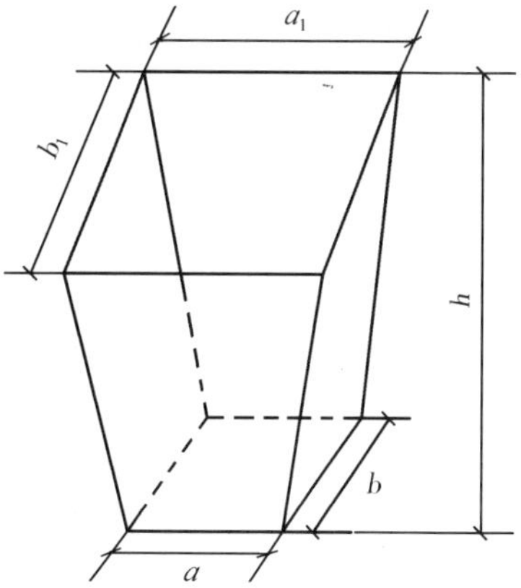

【解】 1. 清单工程量

（1）如图1-26所示,由于水泥底盘的规格为700mm×700mm,则电杆坑底宽度和长度均为:

$a = b = A + 2c = (0.7 + 2 \times 0.1)m = 0.9m$

土质为坚土,则查表得放坡系数 $k = 0.25$,电杆坑口宽度和长度均为

$a_1 = b_1 = a + 2kh = (0.9 + 2 \times 1.5 \times 0.25)m = 1.65m$

图1-26 平截方长尖柱体电杆坑示意图

假设为人工挖杆坑,则根据公式求得每个杆坑的土方量为

$$V_1 = \frac{h}{6}\left[ab + (a + a_1)(b + b_1) + a_1 b_1\right]$$

$$= (1.5/6) \times \left[0.9^2 + (0.9 + 1.65)^2 + 1.65^2\right]m^3$$

$$= 2.51m^3$$

由于电杆坑的马道土方量可按每坑0.2m³,所以10根直线杆的杆坑总方量为

$V = 10(V_1 + 0.2)m^3 = 27.1m^3$

（2）立电杆根数:10根

清单工程量计算见表1-30。

表1-30   清单工程量计算表

项目编码	项目名称	项目特征描述	计量单位	工程量
010101004001	挖基坑土方	坚土、电杆坑	m^3	27.10
030410001001	电杆组立	水泥直线电杆,高8m	根	10

2. 定额工程量

定额工程量同清单工程量。

项目编码:030403002   项目名称:组合软母线安装

【例28】 某工程组合软母线2根,跨度为55m,求定额材料的消耗量调整系数及调整后的材料费并套用清单。

【解】 由定额中说明知:组合软母线安装定额不包括两端铁构件制作、安装和支持瓷瓶,带形母线的安装,发生时应执行相应定额。其跨距是按标准跨距综合考虑的,如实际跨距与定额不符时不作换算,故套用定额 2 – 121,其材料费为 42. 22 元。

清单工程量计算见表 1-31。

表 1-31 清单工程量计算表

项目编码	项目名称	项目特征描述	计量单位	工程量
030403002001	组合软母线	组合软母线安装	m	55. 00

项目编码:030404031   项目名称:仪表、电器、小母线和分流器安装

【例 29】 某电气工程图有 8 台高压配电柜,每台柜宽 1200mm,试计算小母线工程量。

【解】 高压配电柜二次回路设有控制母线、闪光母线、灯母线、绝缘监督母线等小母线共 9 根,已知高压开关柜 8 台,柜宽 1200mm,则小母线工程量为:

$$L = (\sum B + \Delta L)n = (1.2 \times 8 + 0.2 \times 8) \times 9 \text{m} = 100.8 \text{m}$$

项目编码:030404031   项目名称:仪表、电器、小母线和分流器安装

【例 30】 某大学某住宅楼局部电气安装工程的工程量计算如下:砖混结构暗敷焊接钢管 SC15 为 70m,SC20 为 40m,SC25 为 15m;暗装灯头盒为 23 个,开关盒、插座盒为 38 个;链吊双管荧光灯 YG_{2-2} 2×40W 为 25 套;F81/1D,10A250V 暗装开关为 23 套;F81/10US,10A250V 暗装插座为 18 套;管内穿照明导线 BV – 2.5 为 300m。试套用清单。

【解】 清单工程量计算见表 1-32

表 1-32 清单工程量计算表

序号	项目编码	项目名称	项目特征描述	计量单位	工程量
1	030404034001	照明开关	暗装开关安装 F81/1D,10A 250V	个	23
2	030411001001	配管	SC15 砖混结构暗敷	m	70. 00
3	030411001002	配管	SC20 砖混结构暗敷	m	40. 00
4	030411001003	配管	SC25 砖混结构暗敷	m	15. 00
5	030404035001	插座	暗装插座安装 F81/10US,10A 250V	个	18
6	030412005001	荧光灯	双管荧灯链吊安装 YG_{2-2} 2×40W	套	25
7	030411004001	配线	BV – 2. 5	m	300. 00

项目编码:030404006   项目名称:箱式配电室

注:高压配电柜、低压配电屏(柜)和控制屏、继电信号屏等均需设置基础槽钢或角钢。

【例 31】 某变电所高压配电室内有高压开关柜 XGN2 – 10,外形尺寸为 1200mm × 2680mm × 1250mm(宽 × 高 × 深),共 25 台,预留 5 台,且安装在同一电缆沟上,基础型钢选用 10#槽钢,试计算工程量。

【解】 10#基础槽钢的长度为

$$L = 2(\sum A + B) = 2 \times [1.2 \times (25 + 5) + 1.25] \text{m} = 74.5 \text{m}$$

10#槽钢单位长度重量为 10kg/m 则 $G = 74.5 \times 10 \text{kg} = 745 \text{kg}$

项目编码:030404017   项目名称:配电箱

项目编码:030411001   项目名称:配管

项目编码:030411004   项目名称:配线

项目编码:030412001   项目名称:普通灯具

项目编码:030412005　　　项目名称:荧光灯

【例32】　图1-27为一栋三层两个单元的居民住宅楼设计电气照明系统图,对工程加以介绍,确定工程项目,并计算其工程量。

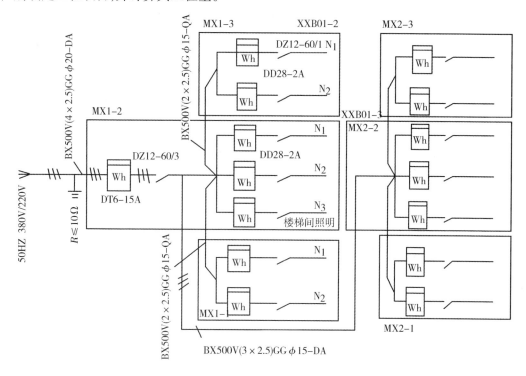

图1-27　电气照明系统图

【解】　1.电气照明系统图简单介绍

该建筑物供电电源为三相四线制电源,频率为50Hz,电源电压为380V/220V,进户线要接地,接地电阻$R \leqslant 10\Omega$。

总配电箱在二楼,型号为XXB01-3,二楼分配电箱也在总配电箱内,整个系统共有6个配电箱,二单元二楼配电箱型号为XXB01-3,二楼箱内有三个回路,其中一个供楼梯照明,其余两个各供一个用户用电,每个单元的一楼和三楼各装一个XXB01-2型配电箱,共装4个,每个配电箱内,有两个回路。

从总配电箱引出3条干线,其中两条干线供一楼和三楼用电,另一条干线引到二单元二楼配电箱供二单元用电,二单元二楼配电箱又引出2条干线,分别供该单元一楼和三楼用电。

一单元二层的电气照明平面图如图1-28所示。

2.电气照明图说明

由图1-27可知每楼层有两个用户,每户大小共6个房间。

总配电箱装于走廊墙内,方式为暗装,从总配电箱共引出6路线,一路供走廊照明用电,由2根导线组成;两路分别引入本层两家用户,各由两根导线组成;一路送至二单元二楼配电箱,由三根导线组成,还有两路在平面图上用"↗"表示,分别引入本单元的一楼和三楼。

3.工程说明

(1)建筑层高3.6m。

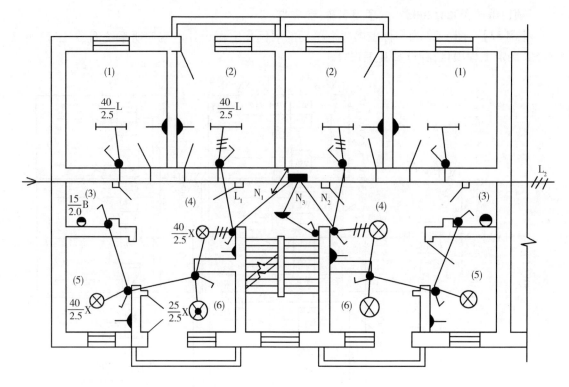

图 1-28　一单元二层电气照明平面图

（2）配电箱外形尺寸（宽×高×厚）：

MX1－1 为：380mm×400mm×130mm

MX1－2 为：750mm×400mm×130mm

MX2－2 为：550mm×400mm×130mm

（3）配电箱底边距地面 1.5m，跷板开关距地面 1.2m、距门框 0.2m，插座距地面 1.6m。

4. 确定工程项目

（1）配电箱的安装。

（2）吸顶灯具及其他普通灯具的安装，荧光灯的安装，开关、插座的安装。

（3）配管、配线。

5. 计算工程量

（1）配电箱安装工程量：

①总配电箱：总配电箱一个，装于一单元二楼走廊内，二楼分配电箱装在其中。

②分配电箱：一单元的一层和三层各 1 个，二单元每层一个，三层工程量共为（2＋1×3）个 ＝5 个

③外部接线：总配电箱共 13 个头，一楼和三楼配电箱，每个配电箱 4 个头，4 个配电箱共 16 个头，二单元二楼配电箱 6 个头，共计（13＋16＋6）个 ＝35 个头。

（2）照明器具安装工程量：

①半圆球吸顶灯：每个单元每一层走廊照明灯为 1 只，共 3 层，2 个单元，其工程量为6 套。

②软线吊灯：每用户 2 只，共 12 个用户，其工程量为 24 套。

③防水灯：每用户 1 只，共 12 个用户，工程量为 12 套。

④一般壁灯:每用户1只,共12个用户,工程量为12套。

⑤吊链式单管荧光灯:每个用户2只,共12个用户,其工程量为24套。

⑥跷板开关:每用户6个,共12个用户,每个单元每1层走廊1个,其工程量为78套。

⑦单相三孔插座:每用户4个,12个用户,共48套。

（3）配管安装工程量

①入户点至总配电箱配管($DN$20),入户点至总配电箱水平距离为5m,配电箱距楼地面高1.5m,配管工程量共计6.5m。

②一个用户内的配管工程量($DN$15)

沿天花板暗配:管段距离依平面图按比例计算,即

[1.5(1号房开关至灯)+1.5(2号房开关至灯)+2.2(1号房开关至2号房开关)+1.2(1号房灯至插座)+1.2(2号房灯至插座)+0.6(3号房灯至开关)+1.7(4号房开关至2号房开关)+0.7(4号房开关至灯)+0.9(4号房灯至6号房开关)+0.5(4号房开关至插座)+0.6(5号灯至开关)+1.5(5号房开关至3号房开关)+1(5号房开关至插座)+0.7(6号房开关至灯)+1.4(6号房开关至5号房开关)]m=17.2m

沿墙暗配管:依建筑层高和设备安装高度计算其工程量,即

{[3.6(层高)-1.2(开关安装高度)]×6(开关数量)]+[3.6(层高)-1.6(插座安装高度)]×4(插座数量)+3.6(层高)-2(壁灯安装高度)}m=24m

一个用户内的配管工程量合计为:(17.2+24)m=41.2m

③一个单元走廊暗配管($DN$15):

沿天花板暗配:依平面图按比例计算,即

{[2m(配电箱至左边用户)+1.5(配电箱至右边用户)+0.7(配电箱至灯)+1.1(灯至开关)]×3层}m=15.9m

沿墙暗配:依建筑层高和设备安装高度计算其工程量,即

{3.6(建筑层高)×3(3层)-1.5(一楼配电箱安装高度)-0.4(配电箱高)×3(3个配电箱)+[3.6(层高)-1.2(开关安装高度)]×3(3个开关)}m=15.3m

合计工程量为:(15.9+15.3)m=31.2m

④总配电箱至第2单元2楼配电箱之间的配管:

[12(1个单元的宽度)×2(2个单元)-5(第一、二单元2楼配电箱至侧墙距离)×2-(0.75+0.55)(2个配电箱宽度)]m=12.7m

整个工程配管工程量共计:[41.2(一个用户工程量)×12(共12个用户)+31.2(1个单元走廊内配管)×2(2个单元)+12.7(第一、二单元2楼配电箱之间的配管)+6.5(进户点至总配电箱配管量)]m=576m

（4）管内穿线

①电源线进户点至总配电箱管内穿线:6.5m(配管长度)×4(根)=26m

进入配电箱预留长度=配电箱(宽+高)

(0.75+0.4)m×4(根)=4.6m

合计:(26+4.6)m=30.6m

②一个用户穿线工程量:{[41.2(1个用户内配管总长)-2.2(管内穿3根线管长)]×2(穿线根数)+2.2(穿3根线管长)×3(穿线根数)}m=84.6m

③一个单元走廊穿线工程量:[31.2(1 个单元配管长度)×2(穿线根数)+(0.38+0.4)(1 个分配电箱进线预留长度)×2(2 个分配电箱)×2(穿线根数)]m=65.52m

④总配电箱至第二单元二楼配电箱间的穿线工程:[12(第一、二单元配电箱间配管长)×3(穿线根数)+(0.55+0.4)(第二单元配电箱预留长度)×3(穿线根数)+(0.75+0.4)(总配电箱预留长度)×3(穿线根数)]m=42.3m

整个工程管内穿线工程量合计为:[30.6+84.6×12(12 户)+65.52×2(2 个单元)+42.3]m=1219.14m

(5)接线盒的安装工程量:

每户 6 个接线盒,12 户共有接线盒 72 个

(6)开关盒的安装工程量:

每户 6 个,每单元走廊 3 个,整个工程开关盒安装工程量为:(6×12+3×2)个=78 个

6. 整理工程量:

分部分项工程量见表 1-33。

表 1-33　分部分项工程量清单

序号	分部分项工程名称	计量单位	工程数量
1	总配电箱的安装	台	1.00
2	分配电箱的安装	台	5.00
3	外部接线	10 个	3.50
4	半圆球吸顶灯的安装	10 套	0.60
5	软线吊灯的安装	10 套	2.40
6	防水吊灯的安装	10 套	1.20
7	壁灯的安装	10 套	1.20
8	荧光灯的安装	10 套	2.40
9	跷板开关的安装	10 套	7.80
10	单相三孔插座的安装	10 套	4.80
11	配管(DN20、DN15)	100m	5.76
12	配线 2.5mm^2	100m	12.19
13	接线盒的安装	10 个	7.2
14	开关盒的安装	10 个	7.8

清单工程量计算见表 1-34。

表 1-34　清单工程量计算表

序号	项目编码	项目名称	项目特征描述	计量单位	工程量
1	030404017001	配电箱	总配电箱 XXB01-3	台	1
2	030404017002	配电箱	分配电箱,XXB01-3,XXB01-2	台	5
3	030412001001	普通灯具	半圆球吸顶灯	套	6
4	030412001002	普通灯具	软线吊灯	套	24

序号	项目编码	项目名称	项目特征描述	计量单位	工程量
5	030412001003	普通灯具	防水吊灯	套	12
6	030412001004	普通灯具	壁灯	套	12
7	030412005001	荧光灯	吊链式单管荧光灯	套	24
8	030404034001	照明开关	跷板开关	个	78
9	030404035001	插座	单相三孔插座	个	48
10	030411001001	配管	$DN20$、$DN15$	m	57.60
11	030411004001	配线	2.5mm^2	m	1219.14

项目编码:030414004   项目名称:自动投入装置

【例33】 如图1-29所示为备用电源自动投入装置系统,各图应划分为几个调试系统,并算出工程量。

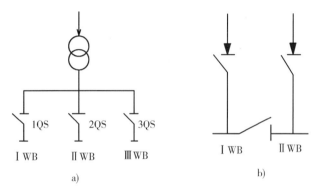

a)   b)

图1-29   备用电源自动投入装置

【解】 备用电源自动投入装置系统划分见表1-35。

表1-35

编号	项目名称	单位	工程量
a	备用电源自动投入装置调试	套	3
b	线路电源自动重合闸装置调试	套	1

清单工程量计算见表1-36。

表1-36   清单工程量计算表

序号	项目编码	项目名称	项目特征描述	计量单位	工程量
1	030414004001	自动投入装置	备用电源自动投入装置调试	套	3
2	030414004002	自动投入装置	线路电源自动重合闸装置调试	套	1

项目编码:030414005、030414006、030414007
项目名称:中央信号装置、事故照明切换装置、不间断电源

【例34】 事故照明电源切换系统如图1-30所示,应分别划分为几个调试系统,并计算工程量。

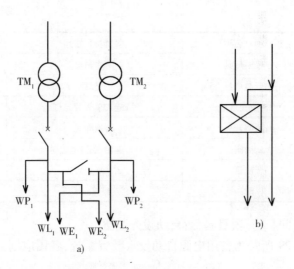

图 1-30 事故照明电源切换系统

【解】 事故照明电源切换系统划分见表 1-37。

表 1-37

编　号	项目名称	单位	工程量
a	事故照明切换装置调试	系统	2
b	中央信号装置调试	系统	1

清单工程量计算见表 1-38。

表 1-38　清单工程量计算表

序号	项目编码	项目名称	项目特征描述	计量单位	工程量
1	030414006001	事故照明切换装置	事故照明切换装置调试	系统	2
2	030414005001	中央信号装置	中央信号装置调试	系统	1

项目编码:030404017　　项目名称:配电箱
项目编码:030411001　　项目名称:配管
项目编码:030411004　　项目名称:配线

【例 35】 某车间总动力配电箱引出三路管线至三个分动力箱,各动力箱尺寸(高×宽×深)为:总箱 1800mm×800mm×700mm;①、②号箱 900mm×700mm×500mm;③号箱 800mm×600mm×500mm。总动力配电箱至①号动力箱的供电干线为(3×35+1×18)G50,管长6.5m;至②号动力箱供电干线为(2×25+1×16)G40,管长 6.8m;至③号箱为(3×16+2×10)G32,管长 7.6m。计算各种截面的管内穿线数量,并列出清单工程量。

【解】 35mm² 导线:(6.5+1.8+0.8+0.9+0.7)×3m=32.1m

【注释】 6.5 是管道的长度,(1.8+0.8)是总动力配电箱的半周长,(0.9+0.7)是①号动力箱的半周长,3 表示有 3 根 35mm² 的导线。

18mm² 导线:(6.5+1.8+0.8+0.9+0.7)×1m=10.7m

$25mm^2$ 导线：$(6.8+1.8+0.8+0.9+0.7)\times2m=22m$

$16mm^2$ 导线：$[(6.8+2.6+1.6)\times1+(7.6+2.6+0.8+0.6)\times3]m=45.8m$

$10mm^2$ 导线：$(7.6+2.6+1.4)\times2m=23.2m$

清单工程量计算见表1-39。

表1-39　清单工程量计算表

序号	项目编码	项目名称	项目特征描述	计量单位	工程量
1	030404017001	配电箱	配电箱悬挂嵌入式，$1800mm\times800mm\times700mm$	台	1
2	030404017002	配电箱	配电箱悬挂嵌入式，$900mm\times700mm\times500mm$	台	2
3	030404017003	配电箱	配电箱悬挂嵌入式，$800mm\times600mm\times500mm$	台	1
4	030411001001	配管	砖、混凝土结构暗配，钢管G50	m	6.50
5	030411001002	配管	砖、混凝土结构暗配，钢管G40	m	6.80
6	030411001003	配管	砖、混凝土结构暗配，钢管G32	m	7.60
7	030411004001	配线	管内穿线，铝芯$35mm^2$，动力线路	m	32.10
8	030411004002	配线	管内穿线，铝芯$18mm^2$，动力线路	m	10.70
9	030411004003	配线	管内穿线，铝芯$25mm^2$，动力线路	m	22.00
10	030411004004	配线	管内穿线，铝芯$16mm^2$，动力线路	m	45.80
11	030411004005	配线	管内穿线，铝芯$10mm^2$，动力线路	m	23.20

【例36】　如图1-31所示为混凝土砖石结构平房，顶板距地面高度为3.5m，室内装定型照明配电箱（XM-7-3/0）1台，普通吊灯（40W）6盏，拉线开关3个，由配电箱引上2m为钢管明设（$\phi30$），其余均为瓷夹板配线用BLX电线，试计算工程量并列清单工程量。

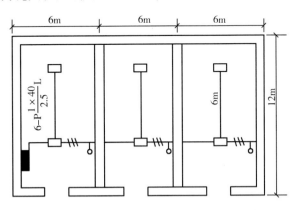

图1-31　混凝土砖石结构平房

【解】　1. 配电箱安装

（1）配电箱安装 XM-7-3/0：1台（$400mm\times350mm\times280mm$）

（2）支架制作：2.2kg

2. 配管配线

(1)钢管明设:$\phi30$　2m

(2)管内穿线:BLX25　$[2+(0.4+0.35)]\times2m=5.5m$

(3)二线式瓷夹板配线:$(3+6+3+6+3+6+0.2\times3)\times2m=55.2m$

【注释】　$(3+6)$是每间屋子二线式瓷夹板配线的长度,0.2是从水平导线引到拉线开关的导线的长度,图中共有3个拉线开关,所以为0.2×3。

(4)三线式瓷夹板配线:$(3+3+3)\times3m=27m$

【注释】　图中的3间屋子的三线式瓷夹板配线,每间屋子的配线长度是3。

3. 灯具安装

普通吊灯安装:$6-P\dfrac{1\times40}{2.5}L$　6套

4. 开关安装

拉线开关安装:3套

清单工程量计算见表1-40。

表1-40　清单工程量计算表

序号	项目编码	项目名称	项目特征描述	计量单位	工程量
1	030404017001	配电箱	XM－7－310,400mm×350mm×280mm	台	1
2	030411001001	配管	钢管$\phi30$,砖混结构明配	m	2.00
3	030411004001	配线	明设钢管内穿 BLX25,砖混结构	m	5.50
4	030411004002	配线	瓷夹板配线 BLX25,二线制砖混结构	m	55.20
5	030411004003	配线	瓷夹板配线 BLX25,三线制砖混结构	m	27.00
6	030412001001	普通灯具	普通吊灯 $6-P\dfrac{1\times40}{2.5}L$	套	6
7	030404034001	照明开关	拉线开关	个	3

项目编码:030408001　　项目名称:电力电缆

【例37】　某电缆工程采用电缆沟敷设,沟长150m,共15根,电缆为$VV_{29}(3\times120+1\times25)$,分四层,双边,支架镀锌,试计算工程量并列出清单工程量清单。

【解】　电缆沟支架制作安装工程量:$150\times2m=300m$

【注释】　15根电缆分成了四层,第一层和最后一层不用电缆沟支架制作安装,第二层和第三层需要电缆沟支架,因为一个电缆沟支架的长度为150m,所以2个的工程量为300m。

电缆敷设工程量:$(150+1.5+1.5\times2+0.5\times2+2)\times15\times(1+2.5/100)m=2421.56m$

注:电缆进建筑1.5m,电缆头两个1.5×2,水平到垂直两次0.5×2,低压柜2m。

分部分项工程量清单见表1-41。

表1-41　分部分项工程量清单

工程项目	单位	数量
电缆沟支架制作安装4层	m	300.00
电缆沿沟内敷设	m	2421.56

清单工程量计算见表1-42。

表 1-42　清单工程量计算表

序号	项目编码	项目名称	项目特征描述	计量单位	工程量
1	030408001001	电力电缆	电缆沟支架制作安装 4 层	m	300.00
2	030408001002	电力电缆	电缆沿沟内敷设	m	2421.56

【例 38】　按图 1-32 计算,求图 1-32a 中人力运输的平均运距,求图 1-32b 中人力和汽车运输的平均运距。

说明:(1)先用汽车将线路器材运送到 B、E、G 三点。

(2)从 B、E、G 三点将器材以人力运送到各桩位。

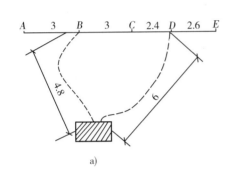 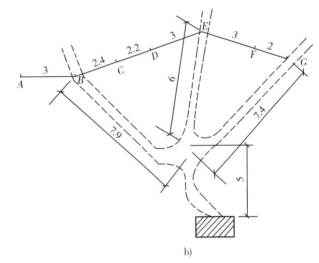

图 1-32　(单位:km)

a)人力运输平均运距　b)人力和汽车运输平均运距

【解】　1. 求人力的平均运距(考虑路线平均弯曲系数 1.2)

$$L_{cp} = \left[\frac{2 \times 3 \times (4.8 + \frac{3}{2} \times 1.2) + 2.4 \times (6 + \frac{2.4}{2} \times 1.2)}{11} + \frac{2.6 \times (6 + \frac{2.6}{2} \times 1.2)}{11} \right] km$$

$$= 7.01 km$$

2. 求汽车运距(若控制段不同,运距有变化,现按两种控制段分别计算)

$$L_{cp汽1} = \left(\frac{5.4 \times 12.9 + 11 \times 8.2 + 12.4 \times 2}{15.6} \right) km = 11.84 km$$

$$L_{cp汽2} = \left(\frac{7.6 \times 12.9 + 11 \times 6 + 12.4 \times 2}{15.6} \right) km = 12.11 km$$

同理,求人力运距(考虑线路的弯曲系数 1.2)为:

$$L_{cp人1} = \left[\frac{(3 \times 1.5 + 2.4 \times 1.2 + 5.2 \times 2.6) \times 1.2}{15.6} + \frac{(3 \times 1.5 + 2 \times 1) \times 1.2}{15.6} \right] km$$

$$= (1.61 + 0.5) km = 2.11 km$$

$$L_{cp人2} = \left[\frac{(3 \times 1.5 + 4.6 \times 2.3) \times 1.2}{15.6} + \frac{(2 \times 3 \times 1.5 + 2 \times 1) \times 1.2}{15.6} \right] km$$

45

$$= (1.16 + 0.85)km = 2.01km$$

项目编码:030407001　　　项目名称:滑触线

项目编码:030408001　　　项目名称:电力电缆

项目编码:030408002　　　项目名称:控制电缆

项目编码:030408003　　　项目名称:电缆保护管

项目编码:030404017　　　项目名称:配电箱

项目编码:030411001　　　项目名称:配管

项目编码:030411004　　　项目名称:配线

【例39】　某车间电气动力安装工程如图1-33所示。

(1)动力箱尺寸为600mm×400mm×300mm,照明箱尺寸为500mm×400mm×250mm,两者均为定型配电箱,嵌墙安装,箱底标高为1.4m,木制配电板尺寸为400mm×300mm×250mm,现场制作,挂墙明装,底边标高为1.5m。

(2)所有电缆、导线均穿钢保护管敷设,保护管除N_6为沿墙、柱明配外,其他均为暗配,埋地保护管标高为-0.2m,N_6自配电板上部引至滑触线的电源配管,在②柱标高5.5m处,接一长度为0.5m的弯管。

(3)两设备基础面标高为0.4m,至设备电机处的配管管口高出基础面0.2m,至排烟装置处的管口标高为+5m,均连接一根长0.7m同管径的金属软管。

(4)电缆计算预留长度时不计算电缆敷设弛度、波形变度和交叉的附加长度,连接各设备处的电缆、导线的预留长度为1.0m,与滑触线连接处预留长度为1.5m,电缆头为户内干包式,其附加长度不计。

(5)滑触线支架安装在柱上标高为5.5m处,滑触线支架(尺寸为50mm×50mm×5mm,每米重3.77kg),如图1-34所示,采用螺栓固定,滑触线(尺寸为40mm×40mm×4mm,每米重2.422kg)两端设置指示灯。

(6)图1-33中管路旁括号内数字表示该管的平面长度。

计算分部分项工程工程量。

【解】　1.配电箱安装工程量

(1)动力配电箱和照明配电箱的安装:各1台

工程量(1+1)台=2台

(2)木制配电板制作:$0.4 \times 0.3m^2 = 0.12m^2$

木制配电板安装:1块

2.配管安装工程量

(1)钢管G20暗配工程量:

N_2:[8(动力箱和设备间的距离)+(0.2+1.4)(埋地深+动力箱的安装高度)+0.2(设备端钢管埋地深)+0.4(设备的安装高度)+0.2(配管管口高出设备基础面的高度)]m=10.4m

同理N_3:[12+(0.2+1.4)+0.2+5.0]m=18.8m

总工程量:(10.4+18.8)m=29.2m

(2)钢管G50暗配工程量:

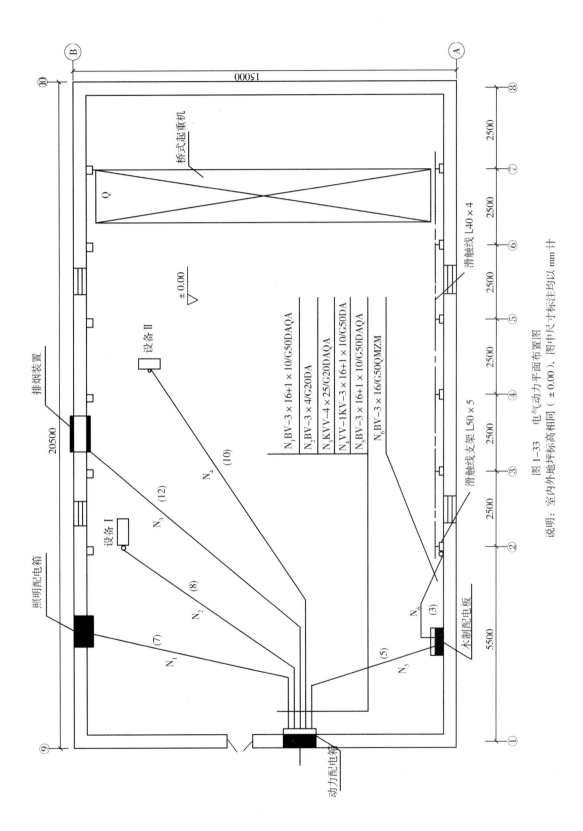

图 1-33 电气动力平面布置图

说明：室内外地坪标高相同（±0.00），图中尺寸标注均以 mm 计

N₁BV-3×16+1×10/G50DAQA
N₂BV-3×4/G20DA
N₃KVV-4×25/G20DAQA
N₄VV-1KV-3×16+1×10/G50DA
N₅BV-3×16+1×10/G50DAQA
N₆BV-3×16/G50QMZM

桥式起重机

排烟装置

照明配电箱

设备 II

设备 I

滑触线支架 L50×5

滑触线 L40×4

动力配电箱

木制配电板

N_1：[7(两配电箱间的距离) + (0.2 + 1.4)(动力箱的安装高度和配管埋地深) + (0.2 + 1.4)(照明箱的安装高度和配管埋地深)]m = 10.2m

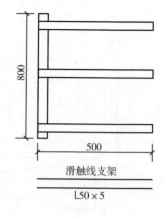

同理N_4：[10 + (0.2 + 1.4) + 0.2 + 0.4 + 0.2]m = 12.4m

N_5：[5 + (0.2 + 1.4) + (0.2 + 1.5)]m = 8.3m

总工程量：(10.2 + 12.4 + 8.3)m = 30.9m

(3)钢管 G50 明配工程量：

N_6：{[3(木制配电箱和滑触线支架间的距离) + [5.5(②柱标高) - 1.5(木制配电箱安装高度) - 0.3(配电箱的高)] + 0.5(②柱标高处接一弯管的长度)]}m = 7.2m

(4)金属软管 G20 的安装工程量：

设备Ⅰ处接 G20 的金属软管长度为 0.7m，排烟装置处接 G20 的金属软管长度为 0.7m。

总工程量：(0.7 + 0.7)m = 1.4m

(5)金属软管 G50 的安装工程量：

设备Ⅱ处接 G50 金属软管长度为 0.7m。

图 1-34

3. 电缆敷设工程量

(1)电缆(VV - 3×16 + 1×10)敷设工程量：

N_4：[12.4(配管的总长度) + 2.0(电缆进建筑物的预留长度) + 1.0(连接设备的预留长度)]m = 15.4m

(2)控制电缆(KVV - 4×25)敷设工程量：

N_3：[18.8(配管总长度) + 2.0(电缆进建筑物预留长度) + 1.0(连接排烟装置的预留长度)]m = 21.8m

4. 配线工程量

(1)16mm² 导线穿管敷设工程量：

N_1：[10.2(配管长度) + (0.6 + 0.4)(动力箱宽 + 高) + (0.5 + 0.4)(照明箱宽 + 高)]m × 3(穿3根线) = 36.3m

同理：N_5：[8.3 + (0.6 + 0.4) + (0.4 + 0.3)]m × 3 = 30m

N_6：[7.2 + (0.4 + 0.3) + 1.5(与滑触线连接预留)]m × 3 = 28.2m

总工程量：(36.3 + 30 + 28.2)m = 94.5m

(2)10mm² 导线穿管敷设工程量：

N_1：[10.2 + (0.6 + 0.4) + (0.5 + 0.4)]m × 1 = 12.1m

N_5：[8.3 + (0.6 + 0.4) + (0.4 + 0.3)]m × 1 = 10m

总工程量：(12.1 + 10)m = 22.1m

(3)4mm² 导线穿管敷设工程量：

N_2：[10.4 + (0.6 + 0.4) + 1.0(与设备Ⅰ连接预留长度)]m × 3 = 37.2m

5. 电缆终端头制安工程量

(1)户内干包式 120mm²：

N_4 连接的两端各 1 个　(1 + 1)个 = 2 个

(2)户内干包式6芯以下:

N_3 连接的两端各1个 （1+1）个=2个

6. 滑触线安装工程量

[2.5×5(滑触线长度)+(1+1)(两端预留量)]m×3=43.5m

7. 滑触线支架制作工程量

3.77×(0.8+0.5×3)(长度)kg×6(6副)kg=52.03kg

8. 滑触线支架安装工程量

6副

9. 滑触线指示灯安装工程量

两端各1套 共2套

清单工程量计算见表1-43。

表1-43 清单工程量计算表

序号	项目编码	项目名称	项目特征描述	计量单位	工程量
1	030404017001	配电箱	动力配电箱 600mm×400mm×300mm 照明配电箱 500mm×400mm×250mm	台	2
2	CB001	木配电板	木质配电板制作 400mm×300mm×250mm	m²	0.12
3	CB002	木配电板	木质配电板安装 400mm×300mm×250mm	块	1
4	030411001001	配管	钢管暗配 G20	m	29.20
5	030411001002	配管	钢管暗配 G50	m	30.90
6	030411001003	配管	钢管明配 G50	m	7.20
7	030411001004	配管	金属软管 G20	m	1.40
8	030411001005	配管	金属软管 G50	m	0.70
9	030408001001	电力电缆	电缆敷设 VV-3×16+1×10	m	15.40
10	030408002001	控制电缆	控制电缆敷设 kvv-4×25	m	21.80
11	030411004001	配线	导线穿管敷设 16mm²	m	94.50
12	030411004002	配线	导线穿管敷设 10mm²	m	22.10
13	030411004003	配线	导线穿管敷设 4mm²	m	37.20
14	030407001001	滑触线	滑触线安装 L40×40×4	m	43.50
15	030412001001	普通灯具	滑触线指示灯安装	套	2

项目编码:030410001 **项目名称:电杆组立**

【例40】 某电杆坑为坚土,底实际宽度为2.1m,坑深2.7m,计算其土方量。

已知:查计量表得相邻偶数的土方量为:

$A=18.49 \text{m}^3$ $B=21.39 \text{m}^3$

【解】 根据杆塔的底宽,如出现奇数时,其土方量可按下列近似值公式求得:

$$V = \frac{(A+B-0.02h)}{2} \text{m}^3$$

式中 A、B——相邻偶数的土方量(m^3);

h——坑深(m)。

$$V = \frac{(18.49+21.39-0.02×2.7)}{2} \text{m}^3 = 19.91 \text{m}^3$$

注:清单工程量计算时,土方挖填已包括在电杆组立工程内容中,不再单独列项计算。

项目编码:030408001   项目名称:电力电缆

【例41】 某电缆敷设工程,采用电缆沟铺砂盖砖直埋并列敷设6根 $VV_{29}(3 \times 35 + 1 \times 10)$ 电力电缆,如图1-35所示,变电所配电柜至室内部分电缆穿 $\phi 40$ 钢管保护,共5m长,室外电缆敷设共100m长,在配电间有10m穿 $\phi 40$ 钢管保护。

试列概预算工程项目并计算工程量。

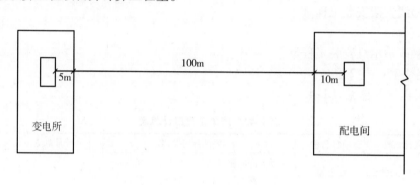

图1-35　某电缆敷设工程

【解】 (1)该项电缆敷设工程项目分为电缆敷设、电缆沟铺砂盖砖工程、穿钢管敷设等项。

(2)计算工程量。

1)电缆敷设工程量。电缆在各处的预留长度分别为:进建筑物2.0m,进配电柜2.0m,终端头1.5m,垂直至水平0.5m。

$L = (5 + 100 + 10 + 2.0 \times 2 + 2.0 \times 2 + 1.5 \times 2 + 0.5 \times 2) \times 6 \times (1 + 2.5/100) \, \text{m} = 781.05 \, \text{m}$

2)电缆沟铺砂盖砖工程量为100m,每增加一根,另算其工程量,共500m。

3)密封保护管的工程量按实际的电缆根数统计,每条电缆有2根密封保护管,故共有12根。

清单工程量计算见表1-44。

表1-44　清单工程量计算表

序号	项目编码	项目名称	项目特征描述	计量单位	工程量
1	030408001001	电力电缆	$VV_{29}(3 \times 35 + 1 \times 10)$	m	781.05
2	030408003001	电缆保护管	$\phi 40$ 钢管	m	15.00

项目编码:030414011   项目名称:接地装置

项目编码:030414009   项目名称:避雷器

项目编码:030414010   项目名称:电容器

项目编码:030404020   项目名称:低压熔断器

项目编码:030414002   项目名称:送配电装置系统

项目编码:030414001   项目名称:电力变压器系统

项目编码:030414008   项目名称:母线

【例42】 根据图1-36所给的某配电所主接线图,应计算哪几种电气调试? 并计算工程量。

【解】 有如下电气调试：

（1）10kV 以下母线系统调试：3 段

（2）10kV 供电送配电系统调试：2 系统

（3）变压器系统调试：1 系统

（4）避雷器调试：1 组

（5）接地调试：1 组

清单工程量计算见表 1-45。

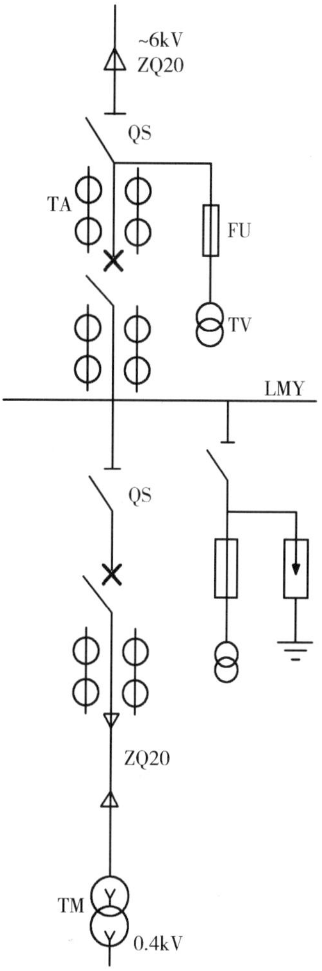

表 1-45 清单工程量计算表

序号	项目编码	项目名称	项目特征描述	计量单位	工程量
1	030414008001	母线	10kV 以下母线系统调试	段	3
2	030414002001	送配电装置系统	10kV 供电送配电系统调试	系统	2
3	030414001001	电力变压器系统	变压器系统调试	系统	1
4	030414009001	避雷器	避雷器、电容器调试	组	1
5	030414011001	接地装置	接地调试	系统	1

项目编码：030412004　　项目名称：装饰灯

项目编码：030411001　　项目名称：配管

项目编码：030411004　　项目名称：配线

项目编码：030404019　　项目名称：控制开关

项目编码：030404017　　项目名称：配电箱

图 1-36 某配电所主接线图

【例 43】 某贵宾室照明系统中 1 回路如图 1-37 所示，照明配电箱 AZM 尺寸为 300mm×200mm×120mm（宽×高×厚），电源由本层总配电箱引来，配电箱为嵌入式安装，箱底标高1.6m；室内中间装饰灯为 XDCZ－50,8×100W，四周装饰灯为 FZS－164,1×100W，两者均为吸顶安装；单联、三联单控开关均为 10A、250V，均暗装，安装高度为 1.4m，两排风扇为 300mm×300mm,1×60W，吸顶安装；管路均为 φ20 镀锌钢管沿墙、顶板暗配，顶管敷管标高为4.50m，管内穿阻燃绝缘导线 ZRBV－500,1.5mm² ；开关控制装饰灯 FZS－164 为隔一控一；配管水平长度见图示括号内数字，单位为 m。试计算其工程量。

【解】 （1）配电箱 AZM300mm×200mm×120mm：1 台

（2）装饰灯 XDCZ－50 安装 8×100W：1 套

（3）装饰灯 FZS－164 安装 1×100W：8 套

（4）单联单控开关安装 10A、250V：1 个

（5）三联单控开关安装 10A、250V：1 个

（6）排风扇 300×300　1×60W：2 套

（7）镀锌钢管 φ20 沿砖混凝土结构暗配：

51

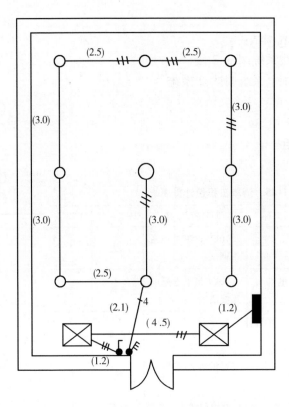

图 1-37　照明平面图

$[(4.5-1.6-0.2)($ 敷管标高 $-$ 配电箱安装高度 $-$ 配电箱高 $)+1.2+4.5+4+1.2+(4.5-$
$1.4)\times2($ 两个开关处的安装长度 $)+2.1+3.0+2.5+3.0\times2+2.5\times2+3.0\times2]$ m $=44.40$ m

(8) 电气配线管内穿线 ZR $-$ BV -1.5 mm^2 :

二线: $[(4.5-1.6-0.2)+1.2+3.0\times3+2.5+0.3+0.2]\times2$ m $=31.80$ m

三线: $[4.5+(4.5-1.4)+1.2+3.0\times2+2.5\times2]\times3$ m $=59.40$ m

四线: $[(4.5-1.4)+2.1]\times4$ m $=20.80$ m

总工程量为: $(31.8+59.4+20.8)$ m $=112.00$ m

清单工程量计算见表 1-46。

表 1-46　清单工程量计算表

序号	项目编码	项目名称	项目特征描述	计量单位	工程量
1	030404017001	配电箱	AZM300mm×200mm×120mm,嵌入式安装	台	1
2	030404019001	控制开关	单联单控开关安装 10A　250V	个	1
3	030404019002	控制开关	三联单控开关安装 10A　250V	个	1
4	030404033001	风扇	排风扇 300×300　1×60W	台	2
5	030411001001	电气配管	镀锌钢管 ϕ20 沿砖混凝土结构暗配	m	44.40
6	030411004001	电气配线	管内穿线 ZR $-$ BV -1.5 mm^2	m	112.00
7	030412004001	装饰灯	XDCZ -50 安装 8×100W	套	1
8	030412004002	装饰灯	FZS -164 安装 1×100W	套	8

【例44】 计算图1-38中建筑物的超高费。

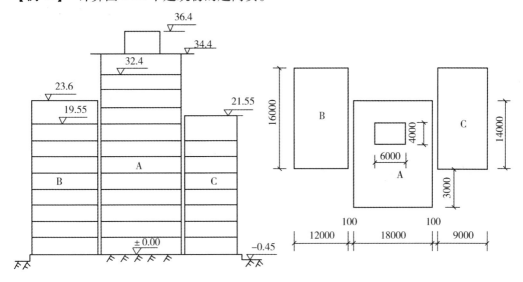

图1-38 多层建筑物超高费计算示意图

分析要点:先计算建筑物的檐高,看是否超过20m,确定计算超高费的高度标准,并按定额规定与已知条件比较,层高是否有超过3.6m,层高是否有2.2m以内的,超过20m是否有不足一层的。

(1)B单元总高度=(0.45+23.6)m=24.05m,已超过20m,应计算超高费,但其顶层层高(23.6-19.55)m=4.05m,整层都在20m以上,且层高超过3.6m,按定额规定每增高1m(包括1m以内)超高费用的基价提高25%,B单元超高=(4.05-3.6)m=0.45m,应增加1个25%。

(2)C单元总高度=(0.45+21.55)m=22m,已超过20m,应计算超高费,但只超(22-20)m=2m,超高不足一层,高度每超过1m(包括1m以内)按相应超高子目基价的25%计算。

(3)A单元总高度=(0.45+34.4)m=34.85m,已超过20m,应计算超高费,但顶层层高为(34.4-32.4)m=2m,未超过2.2m,按基本层面积并乘以系数0.7计算。

【解】 计算超高工程量:

30m以内B单元:$(12×16)m^2×(1+0.25)=240.00m^2$

30m以内C单元:$(9×16)m^2×25\%×2=72.00m^2$

40m以内A单元:$18×17×3m^2=918m^2$

第12层:$18×17×0.7m^2=214.2m^2$

水箱间:$4×6m^2=24m^2$

共计:$(918+214.2+24)m^2=1156.2m^2$

项目编码:030409004 项目名称:均压环

项目编码:030409005 项目名称:避雷网

【例45】 有一高层建筑物层高3m,檐高81m,外墙轴线总周长为65m,求均压环焊接工程量和设在圈梁中的避雷带的工程量。

【解】 均压环焊接每3层焊一圈,即每9m焊一圈,因此30m以下可以设3圈,即3×65m

53

$$= 195m$$

3 圈以上（即27m以上）每两层设避雷带工程量为：$(81 - 27)/6$ 圈 $= 9$ 圈

$$65 \times 9m = 585m$$

清单工程量计算见表 1-47。

表 1-47 清单工程量计算表

项目编码	项目名称	项目特征描述	计量单位	工程量
030409004001	均压环	均压环每3层焊一圈	m	195.00
030409005001	避雷网	3圈以上（即27m以上）每两层设避雷带	m	585.00

项目编码：030410001　　项目名称：电杆组立

项目编码：030410003　　项目名称：导线架设

【例46】 某新建工程采用架空线路如图 1-39 所示，混凝土电线杆高10m，间距为30m，选用 BLX $- (3 \times 70 + 1 \times 35)$，室外杆上干式变压器容量为 315kV·A，变后杆高 15m。

试列概预算项目并计算各项工程量。

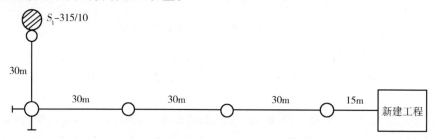

图 1-39 某外线工程平面图

【解】 (1)概预算项目共分为：立混凝土电杆，杆上变台组装（315kV·A）、导线架设、普通拉线制作安装、进户线铁横担安装。

(2)工程量计算：

$70mm^2$ 导线长度：$[30 \times 4 + 15 + 2.5(转角) + 0.5(与设备连线) + 2.5(进户线)] \times 3m$
$$= 421.50m$$

$35mm^2$ 导线长度：$[30 \times 4 + 15 + 2.5(转角) + 0.5(与设备连线) + 2.5(进户线)] \times 1m$
$$= 140.50m$$

概预算项目见表 1-48。

表 1-48 概预算项目表

序号	项目名称	单位	工程量
1	立混凝土电杆	根	5
2	杆上变台组装 315kV·A	台	1
3	$70mm^2$ 导线架设	m	421.50
4	$35mm^2$ 导线架设	m	140.50
5	普通拉线制作安装	根	2
6	进户线铁横担安装	组	1

清单工程量计算见表 1-49。

表 1-49　清单工程量计算表

序号	项目编码	项目名称	项目特征描述	计量单位	工程量
1	030410001001	电杆组立	混凝土电线杆	根	5
2	030401002001	干式变压器	BLX – (3×70 + 1×35),容量 315kV·A	台	1
3	030410003001	导线架设	70mm² 导线架设	km	0.42
4	030410003002	导线架设	35mm² 导线架设	km	0.14

项目编码:030414009　　项目名称:避雷装置

【例47】　图 1-40 为 GJT – 8 独立避雷针塔,塔上设备说明如下:

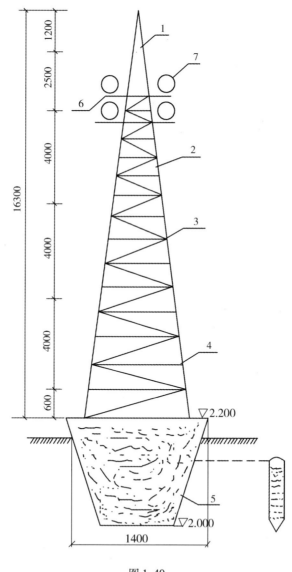

图 1-40

1——GJJ – 1	标准图重	38kg
2——GJJ – 6	标准图重	93kg

3——GJJ-12	标准图重	132kg
4——GJJ-20	标准图重	235kg
5——GJJ-2	标准图重	29kg
6——MT-1	标准图重	34kg
连接件		7.2kg
7——投光灯		4个

试计算工程量。

【解】 (1)塔基挖土方按 J-2 基础构造图,挖土量:$1.4 \times 1.4 \times 2 m^3 = 3.92 m^3$

(2)基础混凝土:$1.4 \times 1.4 \times 2.2 m^3 = 4.31 m^3$

(3)基础埋件制作:29kg

(4)基础埋件安装:29kg

(5)铁塔制作由 1(部分)、2、3、4 等 4 部分组成,即:

1(38kg) +2(93kg) +3(132kg) +4(235kg) =498kg

(6)铁塔安装总重为:1 +2 +3 +4 +6 + 连接件

$$= (38 +93 +132 +235 +34 +7.2) kg$$

$$=539.2 kg$$

(7)避雷针制作 GJT-1:1 根

(8)避雷针安装:1 根

(9)照明台制作 MT-1(34kg):2 根

(10)照明台安装:2 根

(11)投光灯安装 TG_2-B-1:4 套

(12)接地极制安钢管:2.5m 3 根

(13)接地软母线埋设:$(0.8 +5 +10 +0.1 +0.8) \times (1 +3.9\%) m = 17.35 m$

(14)接地电阻测验:1 次

清单工程量计算见表 1-50。

表 1-50 清单工程量计算表

序号	项目编码	项目名称	项目特征描述	计量单位	工程量
1	010101004001	挖基坑土方	塔基挖土方	m³	3.92
2	010501003001	独立基础	塔基	m³	4.31
3	010516002001	预埋铁件	基础埋件	t	0.029
4	030409001001	接地极	接地极制安钢管	根	3
5	030409002001	接地母线	接地软母线埋设	组	1
6	030409006001	避雷针	避雷针制安	根	1
7	030414011001	接地装置	接地电阻测验	系统	1
8	031101072001	铁塔	独立避雷针塔	t	0.498
9	030412002001	工厂灯	投光灯安装 TG_2-B-1	套	4

项目编码:030408001 项目名称:**电力电缆**
项目编码:030408003 项目名称:**电缆保护管**
项目编码:030404017 项目名称:**配电箱**

【例48】 如图1-41所示,电缆由配电室1号低压盘通地沟引至室外,入地埋设引至100号厂房 N_1 动力箱,试计算工程量。已知:低压盘为 BSF—1—21(高2.2m,宽0.9m),动力箱为 XL(F)—15—0042(高1.8m,宽0.8m)。

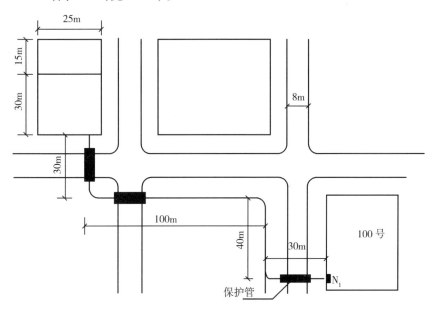

图1-41 电缆示意图
注:图中三处过马路为顶管敷设。

【解】 (1)电缆沟挖填土
1)$(30+100+40+30-8\times3+2.28\times2)\times0.45\text{m}^3=180.56\times0.45\text{m}^3=81.25\text{m}^3$
2)顶过路管操作坑挖填土方:$[1(\text{深})\times1.2(\text{宽})\times8(\text{长})]\text{m}^3\times3=28.8\text{m}^3$
3)每增1根电缆挖土方:$180.56\times0.153\text{m}^3=27.63\text{m}^3$
总工程量为:$(81.25+28.8+27.63)\text{m}^3=137.68\text{m}^3$
(2)顶过路管:
(3×3)根=9根,每根长8m,共$9\times8\text{m}=72\text{m}$
(3)电缆沟铺砂盖砖:
1~2根为:$(2.28+30+100+40+30+2.28-8\times3)\text{m}=180.56\text{m}\approx181\text{m}$
(4)每增1根铺砂盖砖为181m
(5)保护管敷设:
$(2.5+2.5)\text{m}\times3=15\text{m}$
(6)电缆穿导管敷设:
$(72+15)\text{m}=87\text{m}$
(7)电缆埋设(3根)
[30(由1号盘引入外墙)+0.8(埋深)+2.28(备用长)+30+100+40+30+2.28+

57

$(1.8 + 0.8)($箱高 $+$ 宽$) - 8 \times 3($过马路管$) - 5($保护管$)] \times 3m = 626.88m \approx 627m$

（8）电缆试验 (2×3)次 $= 6$ 次

（9）电缆头制安 (2×3)个 $= 6$ 个

（10）电缆出入建筑物保护密封 2×3 处 $= 6$ 处

（11）动力箱基础槽钢制安 5.2m

（12）动力箱安装 1 台

清单工程量计算见表 1-51。

表 1-51 清单工程量计算表

序号	项目编码	项目名称	项目特征描述	计量单位	工程量
1	030408001001	电力电缆	电缆穿导管敷设	m	87.00
2	030408001002	电力电缆	电缆埋设	m	627.00
3	030408003001	电缆保护管	保护管敷设	m	15.00
4	010101002001	挖一般土方	电缆沟挖填土	m³	137.68

第二章 热力设备安装工程

项目编码:030201012　　项目名称:炉排及燃烧装置

【例1】　某锅炉房安装一台 35t/h – 39 – 450 的中压煤粉炉,其型号为 BG – 35/39 – M(北京锅炉厂),试计算其工程量

【解】　1.清单工程量

锅炉本体设备安装 BG – 35/39 – M,项目编码 030201012,计量单位:套

$$工程数量:\frac{1(套数)}{1(计量单位)}=1$$

清单工程量计算见表 2-1。

表 2-1　清单工程量计算表

项目编码	项目名称	项目特征描述	计量单位	工程量
030201012001	炉排及燃烧装置	型号 BG – 35/39 – M,35t/h – 39 – 450 中压煤粉炉	套	1

2.定额工程量

(1)钢架结构(煤粉炉出力为 35t/h):定额编号:3 – 2,计量单位:t

$$工程量:\frac{23.5(钢架重量)}{1(计量单位)}=23.5$$

(2)汽包安装:定额编号 3 – 5,计量单位:套

$$工程量:\frac{1}{1}=1$$　其示意图如图 2-1 所示。

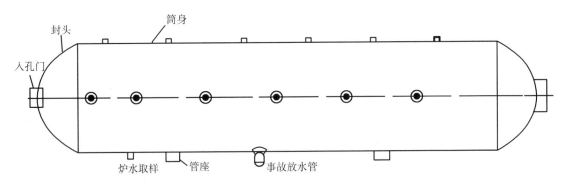

图 2-1　汽包基本外形示意图

(3)水冷系统安装:定额编号 3 – 9,计量单位:t

工程量：$\dfrac{15.09(水冷系统重量)}{1(计量单位)} = 15.09$

（4）过热系统安装：定额编号：3 – 13，计量单位：t

工程量：$\dfrac{10.68(过热系统重量)}{1(计量单位)} = 10.68$

（5）省煤器安装：定额编号 3 – 17，计量单位：t

工程量：$\dfrac{7.79(省煤器重量)}{1(计量单位)} = 7.79$

其结构示意图如图 2-2 所示。

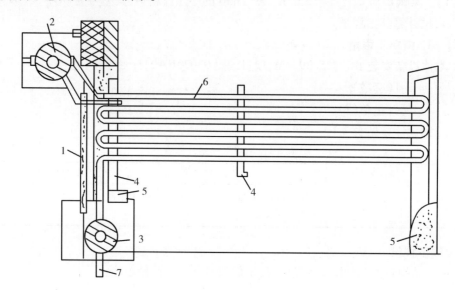

图 2-2　钢管式省煤器结构

1—炉墙　2—出口联箱　3—进口联箱

4—支架　5—支撑架　6—蛇形管　7—进水管

（6）空气预热器安装，定额编号：3 – 21，计量单位：t

工程量：$\dfrac{42.74(空气预热器重量)}{1(计量单位)} = 42.74$

（7）各种金属结构安装：定额编号：3 – 30，计量单位：t

工程量：$\dfrac{12.75(各种金属结构重量)}{1(计量单位)} = 12.75$

（8）本体平台扶梯安装，定额编号：3 – 34，计量单位：t

工程量：$\dfrac{17.60(本体平台扶梯重量)}{1(计量单位)} = 17.60$

（9）炉排安装，燃烧装置，定额编号：3 – 38，计量单位：台

工程量：$\dfrac{1}{1} = 1$

（10）除灰装置安装，定额编号：3 – 42，计量单位：t

工程量:$\dfrac{4.60}{1} = 4.60$

(11)本体管路系统安装,定额编号:3 – 25,计量单位:t

工程量:$\dfrac{4.72(本体管路系统重量)}{1(计量单位)} = 4.72$

(12)水压试验:定额编号:3 – 45,计量单位:台

工程量:$\dfrac{1(台)}{1(计量单位)} = 1$

(13)风压试验,定额编号:3 – 52,计量单位:台

工程量:$\dfrac{1(台)}{1(计量单位)} = 1$

(14)煤炉、煮炉严密性试验及安全门调整,定额编号:3 – 55,计量单位:台

工程量:$\dfrac{1(台)}{1(计量单位)} = 1$

(15)本体油漆,定额编号:3 – 49,计量单位:台

工程量:$\dfrac{1}{1} = 1$

项目编码:030207001　　项目名称:扩容器

【例2】　某锅炉房为充分利用排污水所含热量,分别采用定期排污扩容器 φ2000,连续排污扩容器 LP – 3.5φ1500 各一台来回收热量,定期排污扩容器分离出来的二次蒸汽主要用于辅助加热水器的加热,废热水排入地沟,连续排污扩容器分离出来的二次蒸汽即可用来做冷凝器冷凝,也可用来加热除氧器内水,其示意图如图 2-3、图 2-4 所示,计算其工程量。

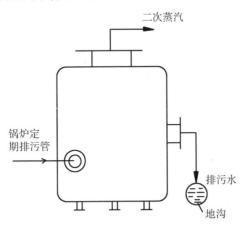

图 2-3　定期排污扩容器示意图

1. 清单工程量

(1)定期排污扩容器 φ2000,项目编码:030207001　计量单位:台

工程量:$\dfrac{1(台)}{1(计量单位)} = 1$

(2)连续排污扩容器 LP – 3.5,项目编码:030207001　计量单位:台

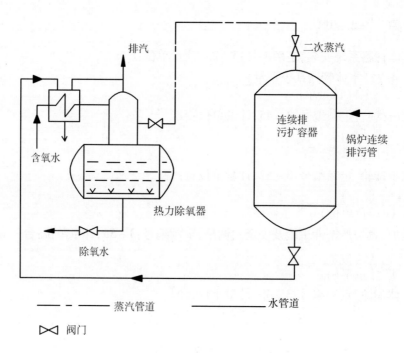

图 2-4   连续排污扩容器处理图

工程量：$\dfrac{1(台)}{1(计量单位)} = 1$

(3)热力除氧器,项目编码:030211001,项目名称:除氧器及水箱　计量单位:台

工程量：$\dfrac{1(台)}{1(计量单位)} = 1$

清单工程量计算见表 2-2。

表 2-2　清单工程量计算表

序号	项目编码	项目名称	项目特征描述	计量单位	工程量
1	030207001001	扩容器	定期排污扩容器 φ2000	台	1
2	030207001002	扩容器	连续排污扩容器 LP – 3.5	台	1
3	030211001001	除氧器及水箱	热力除氧器	台	1

2. 定额工程量

(1)定期排污扩容器 φ2000,定额编号:3 – 125　计量单位:台

工程量：$\dfrac{1(台)}{1(计量单位)} = 1$

(2)连续排污扩容器,定额编号:3 – 128　计量单位:台

工程量：$\dfrac{1(台)}{1(计量单位)} = 1$

(3)热力除氧器,定额编号:3 – 187　计量单位:台

工程量：$\dfrac{1(台)}{1(计量单位)} = 1$

项目编码:030225001   项目名称:除尘器

【例3】 某锅炉房出力为20t/h的锅炉1台,其配置一台XZD/G-Ⅱ型旋风除尘器,其 φ810mm,其示意图如图2-5所示,试计算其工程量。

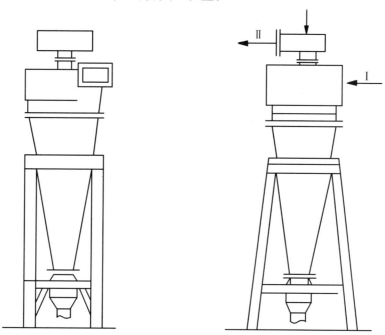

图2-5 单筒旋风除尘器外形示意图

Ⅰ—含尘烟气进口 Ⅱ—净化烟气出口

【解】 1. 清单工程量

XZD/G-Ⅱ型旋风除尘器,项目编码:030225001 计量单位:台

$$工程量: \frac{1(台数)}{1(计量单位)} = 1$$

清单工程量计算见表2-3。

表2-3 清单工程量计算表

项目编码	项目名称	项目特征描述	计量单位	工程量
030225001001	除尘器	XZD/G-Ⅱ型旋风除尘器,φ810(mm)	台	1

2. 定额工程量

XZD/G-Ⅱ型旋风除尘器 φ810(mm),定额编号3-119,计量单位:台

$$工程量: \frac{1(台数)}{1(计量单位)} = 1$$

基价660.57元,其中人工费126.78元,材料费95.08元,机械费438.71元

注意:其配用电动机由除尘器型号确定,其工程量为1台。

项目编码:030205001   项目名称:磨煤机

项目编码:030203001   项目名称:送、引风机

项目编码:030205002   项目名称:给煤机

项目编码:030205003　　项目名称:叶轮给粉机
项目编码:030205004　　项目名称:螺旋输粉机

【例4】　某锅炉安装有两台出力为35t/h的中压煤粉机,其配套制粉系统如图2-7所示,采用设备如下:

1. 钢球磨煤机　210/330(如图2-6所示)　2台
2. 刮板式给煤机　SMS25　50m³/h　2台
3. 排粉风机　7－29－11N011　2台

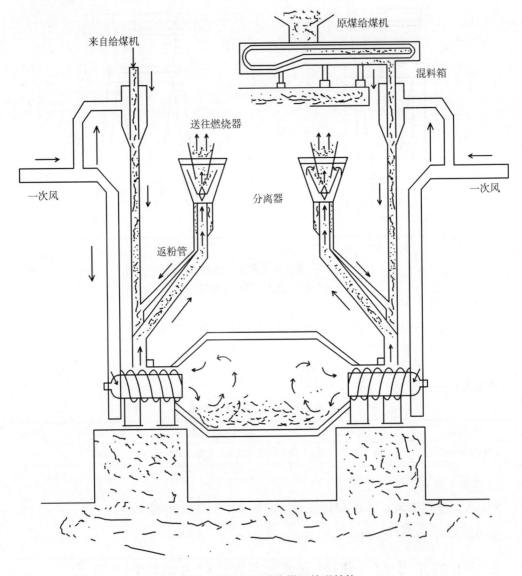

图2-6　双进双出钢球磨煤机外形结构

4. 叶轮给粉机　DX－1A　6台
5. 螺旋输粉机 φ200　L＝20m　2台(单端驱动)

计算该贮仓式制粉系统的工程量。

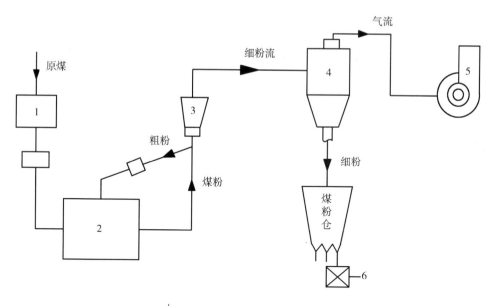

图 2-7 锅炉制粉系统图

1—给煤机 2—磨煤机 3—粗粉分离器 4—细粉分离器 5—排粉风机 6—给粉机

【解】 1. 清单工程量

（1）钢球磨煤机 210/330 项目编码:030205001 计量单位:台

工程量: $\dfrac{2（台数）}{1（计量单位）}=2$

（2）埋刮式给煤机 SMS25 项目编码:030205002 计量单位:台

工程量: $\dfrac{2（台数）}{1（计量单位）}=2$

（3）排粉风机 7－29－1N011 项目编码:030203001 计量单位:台

工程量: $\dfrac{2（台数）}{1（计量单位）}=2$

（4）叶轮给粉机 DX－1A 项目编码:030205003 计量单位:台

工程量: $\dfrac{6（台数）}{1（计量单位）}=6$

（5）螺旋输粉机 $\phi 200mm, L=20m$ 项目编码:030205004 计量单位:台

工程量: $\dfrac{2（台数）}{1（计量单位）}=2$

清单工程量计算见表 2-4。

表 2-4 清单工程量计算表

序号	项目编码	项目名称	项目特征描述	计量单位	工程量
1	030205001001	磨煤机	钢球磨煤机,210/330	台	2
2	030205002001	给煤机	埋刮式给煤机,SMS25	台	2
3	030203001001	送、引风机	排粉风机 7－29－1N011	台	2

序号	项目编码	项目名称	项目特征描述	计量单位	工程量
4	030205003001	叶轮给粉机	叶轮给粉机 DX－1A	台	6
5	030205004001	螺旋输粉机	螺旋输粉机,ϕ200mm,$L=30$m	台	2

2. 定额工程量

（1）钢球磨煤机 210/330 定额编号 3－59 计量单位:台

工程量:$\dfrac{2（台数）}{1（计量单位）}=2$

基价:43556.23 元 其中人工费 15507.94 元 材料费 21579.26 元 机械费 6469.03 元

（2）埋刮式给煤机 SMS25 定额编号 3－70 计量单位:台

工程量:$\dfrac{2（台数）}{1（计量单位）}=2$

基价:4043.05 元 其中人工费 1698.31 元 材料费 1670.41 元 机械费 674.33 元

（3）排粉风机 7－29－11N011 定额编号 3－88 计量单位:台

工程量:$\dfrac{2（台数）}{1（计量单位）}=2$

基价:4574.83 元 人工费:1330.51 元 材料费:2692.54 元 机械费:551.78 元

（4）叶轮给粉机 DX－1A 定额编号 3－73 计量单位:台

工程量:$\dfrac{6（台数）}{1（计量单位）}=6$

基价:611.69 元 其中 人工费:368.27 元 材料费:176.46 元 机械费:66.96 元

（5）螺旋输送机 ϕ200mm,L＝20m 定额编号 3－77 计量单位:台

工程量:$\dfrac{2（台数）}{1（计量单位）}=2$

基价 653.76 元 其中 人工费:327.40 元 材料费 201.05 元 机械费:125.31 元

注:定额中输粉机整台定额是按长度10m考虑,实际长度不同时,可按螺旋输粉机长度调整。

项目编码:030203001 项目名称:送、引风机

【例5】 某锅炉房安装两台离心式引风机,规格为 Y4－73－11 型 8 机号,引风量为16900m³/h,转速为 1450r/min,所配电机功率为 13kW,不带电机单机重量为 902kg,同时对应安装两台离心式送风机规格为 G4－73－11 型 8 机号,送风量为16900m³/h,所配电机功率为17kW,其不带电机单机重量为 815kg,计算风机工程量。

【解】 1. 清单工程量

（1）G4－73－11 型 8 机号送风机,项目编码:030203001 计量单位:台

工程量:$\dfrac{2（台数）}{1（计量单位）}=2$

（2）Y4－73－11 型 8 机号引风机,项目编码:030203001 计量单位:台

工程量:$\dfrac{2（台数）}{1（计量单位）}=2$

清单工程量计算见表2-5。

表 2-5　清单工程量计算表

序号	项目编码	项目名称	项目特征描述	计量单位	工程量
1	030203001001	送、引风机	G4-73-11 型 8 机号送风机	台	2
2	030203001002	送、引风机	Y4-73-11 型 8 机号引风机	台	2

2. 定额工程量

（1）①G4-73-11 型 8 机号　送风机　定额编号　3-84　计量单位:台

工程量:$\dfrac{2(台数)}{1(计量单位)}=2$

基价:3243.24 元　其中　人工费 548.92 元　材料费 2383.75 元　机械费 310.57 元

②电机检查接线功率 17kW,转速 1450r/min　定额编号:2-440　计量单位:台

工程量:$\dfrac{2(台数)}{1(计量单位)}=2$

（2）①Y4-73-11 型 8 机号引风机　定额编号:3-80　计量单位:台

工程量:$\dfrac{2(台数)}{1(计量单位)}=2$

基价:2544.75 元,其中　人工费 543.35 元　材料费 1697.94 元　机械费 303.46 元

②电动机检查接线功率　13kW,转速 1450r/min　定额编号:2-441　计量单位:台

工程量:$\dfrac{2(台数)}{1(计量单位)}=2$

项目编码:030207005　　　项目名称:煤粉分离器

【例6】　现有一系统的粗细粉分离器各一台,其型号分别为:粗粉分离器 HG-CB Ⅱ 2800,φ2800,重 2660kg,细粉分离器 φ2150,重 3700kg 如图 2-8、图 2-9 所示,试计算其工程量。

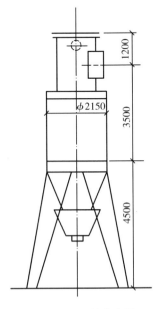
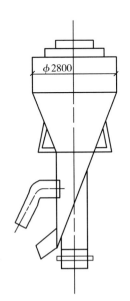
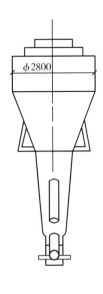

图 2-8　细粉分离器　　　　　　　　　　　图 2-9　粗粉分离器

1. 清单工程量

（1）粗粉分离器 HG－CBⅡφ2800   项目编码：030207005   计量单位：台

工程量：$\dfrac{1（台数）}{1（计量单位）}=1$

（2）细粉分离器 φ2150   项目编码：030207005   计量单位：台

工程量：$\dfrac{1（台数）}{1（计量单位）}=1$

清单工程量计算见表2-6。

表2-6   清单工程量计算表

序号	项目编码	项目名称	项目特征描述	计量单位	工程量
1	030207005001	煤粉分离器	粗粉分离器 HG－CBⅡφ2800	台	1
2	030207005002	煤粉分离器	细粉分离器 φ2150	台	1

2. 定额工程量

（1）粗粉分离器 HG－CBⅡ2800   定额编号：3－109   计量单位：台

工程量：$\dfrac{1（台数）}{1（计量单位）}=1$

基价 3274.06 元   其中：人工费 1050.70 元   材料费 541.22 元   机械费 1682.14 元

（2）细粉分离器 φ2150   定额编号：3－113   计量单位：台

工程量：$\dfrac{1（台数）}{1（计量单位）}=1$

基价 2632.50 元   其中：人工费 724.46 元   材料费 379.86 元   机械费 1528.18 元

项目编码：030206003   项目名称：冷风道

【例7】   试计算 35t/h 煤粉炉的冷风道的工程量。计算范围包括从吸风口起算至送风机，再进入空气预热器，包括风道各部件，即吸风口滤网，入孔门，送风机出口闸板，支吊架等，如图2-10所示。

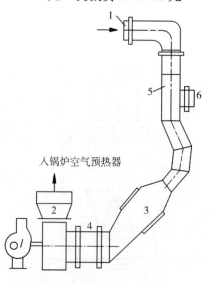

【解】   1. 清单工程量

冷风道   项目编码：030206003   计量单位：t

工程量：$\dfrac{20.83（重量）}{1（计量单位）}=20.83$

清单工程量计算见表2-7。

表2-7   清单工程量计算表

项目编码	项目名称	项目特征描述	计量单位	工程量
030206003001	冷风道	冷风道 35t/h	t	20.830

图 2-10   冷风道安装示意图
1—送风机   2—扩散器   3—风机进口联箱
4—圆形直管   5—矩形直管
6—冷风吸入口   7—室内吸风口

2. 定额工程量

冷风道   定额编号：3－90   计量单位：t   工程量：20.830

基价:772.80 元　其中:人工费 236.84 元　材料费 178.54 元　机械费:357.42 元　综合:16097.42 元

项目编码:030211004　　**项目名称:凝结水泵**

【例 8】　工程内容:某电厂为凝汽器配套两台凝结水泵

型号规格如下:凝结水泵型号 6N6、流量 90m³/h、扬程 66m、电机功率 40kW,试计算其工程量,其系统如图 2-11 所示。

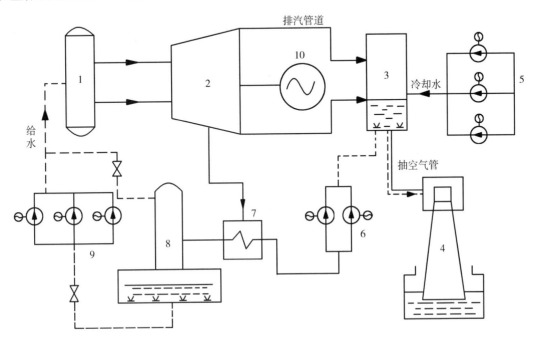

图 2-11　火力发电厂流程系统图

1—锅炉　2—汽轮机　3—凝汽器　4—抽气器　5—循环水泵　6—凝结水泵

7—加热器　8—除氧器　9—给水泵　10—发电机

【解】　1. 清单工程量

凝结水泵:6N6　项目编码:030211004　计量单位:台

$$工程量:\frac{2(台数)}{1(计量单位)}=2$$

清单工程量计算见表 2-8。

表 2-8　清单工程量计算表

项目编码	项目名称	项目特征描述	计量单位	工程量
030211004001	凝结水泵	凝结水泵:6N6	台	2

2. 定额工程量

凝结水泵 6N6　定额编号:3 – 182　计量单位:台

基价 2333.11 元　其中:人工费 743.50 元　材料费 618.94 元　机械费 970.67 元

项目编码:030207003　　**项目名称:暖风器**

【例 9】　图示为蒸汽的暖风系统,其中采用的暖风器为 1 只,如图 2-12 所示求其工程量。

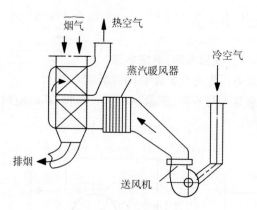

图 2-12　蒸汽暖风系统

1. 清单工程量

暖风器 1 只　项目编码:030207003　计量单位:只

工程量: $\dfrac{1(只)}{1(计量单位)} = 1$

清单工程量计算见表 2-9。

表 2-9　清单工程量计算表

项目编码	项目名称	项目特征描述	计量单位	工程量
030207003001	暖风器	暖风器	只	1

2. 定额工程量

取定额编号为 3 – 135　计量单位:只　工程量:1

则基价为 350.96 元　其中:人工费 170.20 元　材料费 95.64 元　机械费 85.12 元

项目编码:030214001　项目名称:反击式碎煤机

【例 10】　如图 2-13 所示,某电厂锅炉的煤破碎用机器选用的是反击式破碎机 2 台,试计算其工程量。

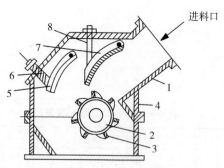

图 2-13　反击式破碎机

1,4—机壳　2—转子　3—锤板　5—后反击板

6—带弹簧的拉杆　7—前反击板　8—拉杆

【解】　1. 清单工程量

反击式破碎机　项目编码 030214001　计量单位:台

工程量：$\dfrac{2(台数)}{1(计量单位)}=2$

清单工程量计算见表 2-10。

表 2-10　清单工程量计算表

项目编码	项目名称	项目特征描述	计量单位	工程量
030214001001	反击式碎煤机	反击式破碎机	台	2

2. 定额工程量

反击式破碎机定额编号：3 – 239　计量单位：台

工程量：$\dfrac{2(台数)}{1(计量单位)}=2$

基价：4290.99 元　其中：人工费 1385.31 元　机械费 979.10 元　材料费：1926.58 元

综合价为 4290.99 × 2 元 = 8581.98 元

项目编码：030215001　　项目名称：皮带机

【例 11】　某锅炉用皮带机的型号为 B650，尺寸如图 2-14 所示，一共六套，试计算其工程量。

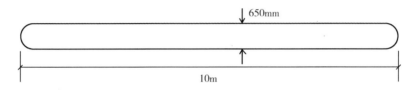

图 2-14　皮带机

【解】　1. 清单工程量

皮带机型号为 B650　项目编码：030215001　计量单位：m

工程量：$\dfrac{6(套)\times10m}{1(计量单位)}=60$

清单工程量计算见表 2-11。

表 2-11　清单工程量计算表

项目编码	项目名称	项目特征描述	计量单位	工程量
030215001001	皮带机	皮带机型号，B650	m	60.00

2. 定额工程量

套用定额　其编号为 3 – 218　计量单位：套

工程量：$\dfrac{6(套)}{1(计量单位)}=6$

基价：6400.10 元　其中：人工费 1985.31 元　材料费 3563.78 元　机械费 851.01 元

综合价为 6400.10 × 6 = 38400.60 元

项目编码：030209001　　项目名称：汽轮机

【例 12】　某电厂的汽轮机型号 B6 – 35/5，其示意图如图 2-15 所示，试计算其安装工程量。

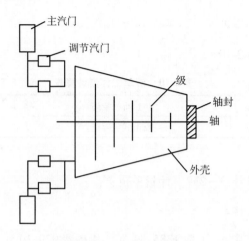

图 2-15　汽轮机示意图

1. 清单工程量

汽轮机型号为 B6 - 35/5　项目编码:030209001　计量单位:台

工程量: $\dfrac{1(台数)}{1(计量单位)} = 1$

清单工程量计算见表 2-12。

表 2-12　清单工程量计算表

项目编码	项目名称	项目特征描述	计量单位	工程量
030209001001	汽轮机	汽轮机型号为 B6 - 35/5	台	1

2. 定额工程量

套用全国统一安装工程预算定额,其编号为 3 - 136,工程量:1,计量单位:台

基价:36897. 97 元

其中:人工费 13578. 36 × 1 元 = 13578. 36 元

材料费 4952. 53 × 1 元 = 4952. 53 元

机械费 18367. 08 × 1 元 = 18367. 08 元

项目编码:030210001　　项目名称:凝汽器

【例 13】　某系统中所用的 2 台凝汽器如图 2-16 所示,型号为 N - 560,计算其工程量。

1. 清单工程量

N - 560 型凝汽器　项目编码:030210001　计量单位:台

工程量: $\dfrac{2(台数)}{1(计量单位)} = 2$

清单工程量计算见表 2-13。

表 2-13　清单工程量计算表

项目编码	项目名称	项目特征描述	计量单位	工程量
030210001001	凝汽器	N - 560 型凝汽器	台	2

2. 定额工程量

定额编号为 3 - 183,计量单位:台

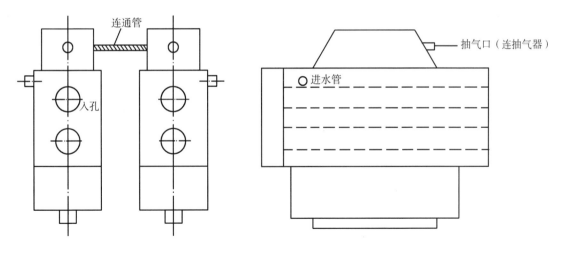

图 2-16　凝汽器的外形示意图

$$工程量:\frac{2(台数)}{2(计量单位)}=2$$

项目编码:030207002　　项目名称:消音器

【例 14】　若锅炉为减小其运行时噪音,特设置两台多孔多次转折式消音器,其单个重量为 0.5t,如图 2-17 所示,试计算其工程量。

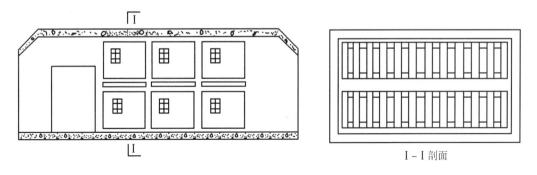

图 2-17　消音器的外形示意图

【解】　1. 清单工程量

消音器　项目编码:030207002　计量单位:台

$$工程量:\frac{2(台数)}{1(计量单位)}=2$$

清单工程量计算见表 2-14。

表 2-14　清单工程量计算表

项目编码	项目名称	项目特征描述	计量单位	工程量
030207002001	消音器	多孔多次转折式消音器	台	2

2. 定额工程量

多孔多次转折式消音器　定额编号:3 – 132　计量单位:台

工程量:$\dfrac{2(台数)}{1(计量单位)}=2$

项目编码:030216011   项目名称:锁气器

【**例15**】 在制粉系统的某些管道上,装只允许煤粉通过,而不允许气流通过的设备,即为锁气器,如图2-18所示,共3台,其型号为电动翻板式锁气器,通过能力为35m³/h,试计算其工程量。

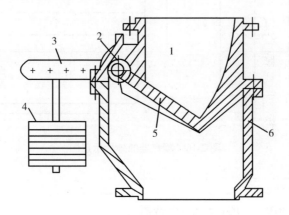

图2-18 电动翻板式锁气器

1—煤粉管　2—支点　3—杠杆　4—平衡重锤

5—翻板　6—外壳

【**解**】 1. 清单工程量

电动翻板式锁气器　项目编码:030216011　计量单位:台

工程量:$\dfrac{3(台数)}{1(计量单位)}=3$

清单工程量计算见表2-15。

表2-15 清单工程量计算表

项目编码	项目名称	项目特征描述	计量单位	工程量
030216011001	锁气器	电动翻板式锁气器,35m³/h	台	3

2. 定额工程量

套用定额3-94,其中工程量已包括在制粉管道中,不用计算,其示意图如图2-18所示。

说明:该形式的锁气器可装在垂直或倾斜的管段上,其结构简单,不易卡住,工作可靠。

第三章　静置设备与工艺金属结构制作安装工程

项目编码:030301002　　项目名称:塔器制作

【例1】　某碳钢 Q235 填料塔,$\phi2500\text{mm}$,$H=40000\text{mm}$,重 101.6t,接管为 4 个 $DN80$,4 个 $DN100$,2 个设备人孔,36 个地脚螺栓,做水压试验,420m 焊缝,表面积为 394m^2,需喷砂除锈,刷聚氨酯底漆两遍,如图 3-1 所示,试计算其工程量。

【解】　1. 清单工程量

项目编码:030301002001,计量单位:台,工程量:1

(1)容器制作:1 台

(2)设备接管　$DN80$　4 个

　　　　　　　$DN100$　4 个

(3)设备人孔制作　2 个

(4)地脚螺栓制作　36 个

(5)水压试验　1 台

(6)焊缝预热　420m

　　焊缝后热　420m

(7)喷砂除锈　394m^2

(8)聚氨酯底漆　788m^2

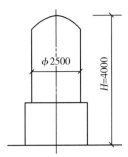

图 3-1　碳钢塔示意图

清单工程量计算见表 3-1。

表 3-1　清单工程量计算表

项目编码	项目名称	项目特征描述	计量单位	工程量
030301002001	塔器制作	碳钢 Q235 填料塔本体制作	台	1

2. 定额工程量

(1)碳钢 Q235 填料塔制作,计量单位:t

工程量:

$$\frac{101.6(塔重)}{1(计量单位)}=101.6$$

(2)设备接管:$DN80$,制作安装,其每个长 0.5m,计量单位:个

工程量:$\dfrac{4(个)}{1(计量单位)}=4$

(3)设备接管 $DN100$,制作安装,其单个长 0.8m,计量单位:个

工程量:$\dfrac{4(个)}{1(计量单位)}=4$

(4)设备人孔制作、安装,$DN15$、$DN450$,计量单位:个

工程量: $\dfrac{2(个)}{1(计量单位)}=2$

（5）地脚螺栓制作，计量单位：个

工程量: $\dfrac{36(个)}{1(计量单位)}=36$

（6）水压试验，1.5MPa，设备容积290m³，计量单位：台

工程量: $\dfrac{1(台)}{1(计量单位)}=1$

（7）焊缝预热，$\delta=30mm$，计量单位：m

工程量: $\dfrac{420(焊缝长度)}{1(计量单位)}=420$

（8）焊缝后热，计量单位：m

工程量: $\dfrac{420(m)}{1(计量单位)}=420$

（9）喷砂除锈，计量单位：m²

工程量: $\dfrac{394(表面积)}{1(计量单位)}=394$

（10）聚氨酯底漆两遍，计量单位：m²

工程量: $\dfrac{394\times2}{1(计量单位)}=788$

项目编码:030302002   项目名称:整体容器

【例2】 某氨储气罐的安装示意图如图3-2所示，其大致规格为直径4m，长15m，容积为188.4m³，它为平底平盖碳钢容器，单重72.56t，安装基础标高为2.7m，共5台，每台间距9m，试计算其工程量。

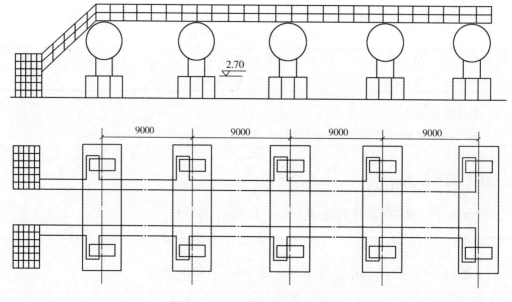

图3-2 卧式氨储气罐安装示意图

【解】 1. 清单工程量

氨储气罐安装　项目编码:030502002001,计量单位:台

工程量:$\dfrac{5(储气罐台数)}{1(计量单位)}=5$ 台

清单工程量计算见表 3-2。

表 3-2　清单工程量计算表

项目编码	项目名称	项目特征描述	计量单位	工程量
030302002001	整体容器	卧式氨储气罐,单重 72.56t	台	5

2. 定额工程量

(1)氨储气罐安装　定额编号:5-717,计量单位:台

工程量:$\dfrac{1\times5(台数)}{1(计量单位)}=5$

(2)水压试验,计量单位:台

工程量:$\dfrac{1\times5(台)}{1(计量单位)}=5$

【注释】　1 表示每台储罐用 1 台水压试验,5 代表台数;总工程量计算式为 1×5 台 $=5$ 台。下同。

(3)气密试验,计量单位:台

工程量:$\dfrac{1\times5(台)}{1(计量单位)}=5$

注:原理同(2)。

(4)双金属桅杆,计量单位:座

工程量:$\dfrac{2(座)}{1(计量单位)}=2$

(5)移位,计量单位:座

工程量:$\dfrac{2(座)}{1(计量单位)}=2$

(6)吊耳制作,计量单位:个

每个座罐 4 个吊耳,一共是 5 个座罐,则其工程量为$\dfrac{4\times5(个)}{1(计量单位)}=20$

(7)拖拉坑挖埋,计量单位:个

一共是 6 个缆绳,每个地锚重 18t

工程量:$\dfrac{6(个)}{1(计量单位)}=6$

(8)基础二次灌浆,计量单位:m³

每个座罐需用 0.9m³,一共是 5 个座罐。

工程量:$\dfrac{0.9\times5(m^3)}{1(计量单位)}=4.5$

项目编码:030302004　项目名称:整体塔器安装

【例 3】　某工厂欲安装一座碳钢 Q235 填料塔,该塔 $\phi3000mm$,$H=45000mm$,重 126.5t,基础标高为 6m,用岩棉板做保温层 $\delta=60mm$,设备填充 $\phi15mm$ 瓷环乱堆,36t,试计算其工程

量(示意图如图3-3所示)。

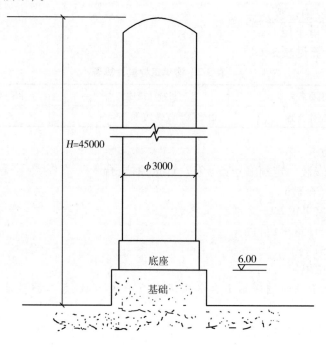

图 3-3　碳钢 Q235 填料塔示意图

【解】　1. 清单工程量

项目编码:030302004　工程量:1台

工程内容	计量单位	数量
碳钢 Q235 填料塔安装	台	1
吊耳 150t	个	3
水压试验,2MPa,325m³	台	1
岩棉板保温 $\delta = 60mm$	m³	23. 24
镀锌钢板保护层	m²	383. 81
地脚螺栓孔灌浆	计量单位:m³	

工程量: $\dfrac{0.95}{1} = 0.95$

设备与底座基础间灌浆,计量单位:m³

工程量: $\dfrac{0.58}{1} = 0.58$

设备填充 $\phi 15mm$ 瓷环乱堆,计量单位:t

工程量: $\dfrac{36(重量)}{1(计量单位)} = 36$

清单工程量计算见表3-3。

表3-3　清单工程量计算表

项目编码	项目名称	项目特征描述	计量单位	工程量
030302004001	整体塔器安装	碳钢 Q235 填料塔安装,$\phi 3000mm$,$H = 45000mm$	台	1

2. 定额工程量

(1)碳钢 Q235 填料塔安装，$\phi 3000\mathrm{mm}$，$H = 45000\mathrm{mm}$，基础标高 6m，计量单位:t，定额编号:5 – 1024

工程量:$\dfrac{126.5(碳钢填料塔重量)}{1(计量单位)} = 126.5$

(2)吊耳 150t，设计压力为 1.2MPa，计量单位:个

工程量:$\dfrac{3(个)}{1(计量单位)} = 3$

(3)水压试验 2MPa　325m^3，计量单位:台

工程量:$\dfrac{1(台)}{1(计量单位)} = 1$

(4)岩棉板保温 $\delta = 60\mathrm{mm}$，计量单位:m^3

工程量计算:$\dfrac{23.24(\mathrm{m^3})}{1(计量单位)} = 23.24$

(5)镀锌钢板保护层，计量单位:m^2

工程量:$\dfrac{383.81(\mathrm{m^2})}{1(计量单位)} = 383.81$

(6)地脚螺栓孔灌浆，计量单位:m^3

工程量:$\dfrac{0.95(\mathrm{m^3})}{1(计量单位)} = 0.95$

(7)设备底座基础间灌浆，计量单位:m^3

工程量:$\dfrac{0.58(\mathrm{m^3})}{1(计量单位)} = 0.58$

(8)设备填充 $\phi 15\mathrm{mm}$ 瓷环乱堆，计量单位:t

工程量:$\dfrac{36(瓷环乱堆重量)}{1(计量单位)} = 36$

【例4】　有一化工生产用钢贮罐，如图 3-4 所示，直径为 8m，高 10m，椭圆形盖顶钢贮罐采用岩棉板保温，保温层厚度 $\delta = 80\mathrm{mm}$，做三层，保护层采用 $\delta = 0.6\mathrm{mm}$ 镀锌薄钢板一层。求其绝热层和保护层的工程量。

【解】　从题中已知

$D = 8\mathrm{m}$，$D_1 = (8 + 0.16)\mathrm{m} = 8.16\mathrm{m}$，$L = 10\mathrm{m}$，$\delta = 0.08\mathrm{m}$

$N = 2$，$D_2 = (8.16 + 0.16)\mathrm{m} = 8.32\mathrm{m}$

贮罐筒体保温体积:

第一层:

$$\begin{aligned} V_1 &= L \times \pi \times (D + 1.033\delta) \times 1.033\delta \\ &= 10 \times 3.14 \times (8 + 1.033 \times 0.08) \times 1.033 \times 0.08\mathrm{m^3} \\ &= 20.97\mathrm{m^3} \end{aligned}$$

第二层:

$$V_2 = L \times \pi \times (D_1 + 1.033\delta) \times 1.033\delta$$

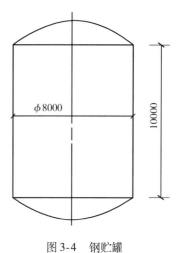

图 3-4　钢贮罐

$$= 10 \times 3.14 \times (8.16 + 0.08 \times 1.033) \times 1.033 \times 0.08 \mathrm{m}^3$$
$$= 21.39 \mathrm{m}^3$$

第三层：
$$V_3 = L \times \pi \times (D_2 + 1.033\delta) \times 1.033\delta$$
$$= 10 \times 3.14 \times (8.32 + 0.08 \times 1.033) \times 1.033 \times 0.08 \mathrm{m}^3$$
$$= 21.80 \mathrm{m}^3$$

贮罐顶盖保温体积：

第一层：
$$V_1' = [(D + 1.033\delta)/2]^2 \times \pi \times 1.5 \times 1.033\delta \times N$$
$$= [(8 + 1.033 \times 0.08)/2]^2 \times 3.14 \times 1.5 \times 1.033 \times 0.08 \times 2 \mathrm{m}^3$$
$$= 12.71 \mathrm{m}^3$$

第二层：
$$V_2' = [(D_1 + 1.033\delta)/2]^2 \times \pi \times 1.5 \times 1.033\delta \times N$$
$$= [(8.16 + 1.033 \times 0.08)/2]^2 \times 3.14 \times 1.5 \times 1.033 \times 0.08 \times 2 \mathrm{m}^3$$
$$= 13.22 \mathrm{m}^3$$

第三层：
$$V_3' = [(D_2 + 1.033\delta)/2]^2 \times \pi \times 1.5 \times 1.033\delta \times N$$
$$= [(8.32 + 1.033 \times 0.08)/2]^2 \times 3.14 \times 1.5 \times 1.033 \times 0.08 \times 2 \mathrm{m}^3$$
$$= 13.74 \mathrm{m}^3$$

贮罐总的保温体积(即岩棉板的用量)V为
$$V = V_1 + V_2 + V_3 + V_1' + V_2' + V_3'$$
$$= (20.97 + 21.39 + 21.80 + 12.71 + 13.22 + 13.74) \mathrm{m}^3$$
$$= 103.83 \mathrm{m}^3$$

贮罐筒体镀锌薄钢板面积：
$$S_1 = L\pi \times (D_2 + 2.1\delta + 0.0082)$$
$$= 10 \times 3.14 \times (8.32 + 2.1 \times 0.0006 + 0.0082) \mathrm{m}^2$$
$$= 261.55 \mathrm{m}^2$$

贮罐顶盖封头镀锌薄板钢板面积：
$$S_2 = [(D_2 + 2.1\delta)/2]^2 \times \pi \times 1.5N$$
$$= [(8.32 + 2.1 \times 0.0006)/2]^2 \times 3.14 \times 1.5 \times 2 \mathrm{m}^2$$
$$= 163.07 \mathrm{m}^2$$

整个贮罐外包镀锌薄钢板面积 S 为
$$S = S_1 + S_2 = (261.55 + 163.07) \mathrm{m}^2 = 424.62 \mathrm{m}^2$$

即：绝热工程量为 $103.83 \mathrm{m}^3$，保护层工程量为 $424.62 \mathrm{m}^2$

【例5】 某化工厂欲制作两台催化剂贮罐，其单个技术规格为0.2MPa，设计压力为0.3MPa，设计温度为480℃，容积为28.6m^3，水压试验压力为0.75MPa，材质为16MnR，总重为6000kg，如图3-5所示，试计算其工程量。

【解】 如图3-5所示，其所需工程量计算如下：

1. 设备本体

(1)管箱盖,所用材料为锻钢,总重250.6kg

工程量:250.6kg×2=501.2kg

(2)双头螺栓2×30套,总重29.5kg×2=59kg

(3)管箱2个,总重2×335kg(单个重量)=670kg

(4)管束组合体 2×2270kg=4540kg

(5)筒体组合件 2×1410kg=2820kg

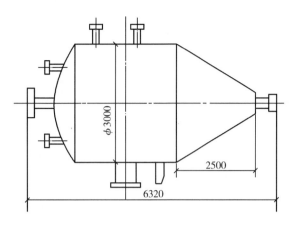

图3-5 催化剂贮罐外形示意图

(6)其他所需材料总重 602kg×2=1204kg

因而设备总重 (501.2+59+670+4540+2820+1204)kg=9794.2kg

即工程量:$\dfrac{9794.2(设备总重)}{1(计量单位)}=9794.2$

2. 催化剂入口 $DN150$ 1×2个=2个

3. 放空口 $DN50$ 1×2个=2个

4. 热电偶 $DN50$ 3×2个=6个

5. 人孔 $DN450$ 1×2个=2个

6. 蒸汽入口 $DN25$ 1×2个=2个

7. 松动风口 $DN20$ 4×2个=8个

8. 催化剂出口 $DN150$ 1×2个=2个

9. 压力计口 $ZG1/2″$ 1×2个=2个

10. 蒸汽出口 $DN25$ 1×2个=2个

则 $DN20$:4×2个=8个

$DN25$:(2+2)个=4个

$DN50$:(2+6)个=8个

$DN150$:(2+2)个=4个

$DN450$:2个(为其开口的工程量)

项目编码:030308002 项目名称:分片、分段塔器

【例6】 某厂化工装置安装静置设备三台,需采用桅杆吊装就位,其静置设备位置及间距如图3-6所示,试计算其工程量。

【解】 1. 清单工程量

(1)静置设备安装,计量单位:台

工程量:$\dfrac{3(台数)}{1(计量单位)}=3$

清单工程量计算见表3-4。

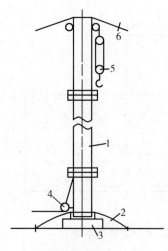

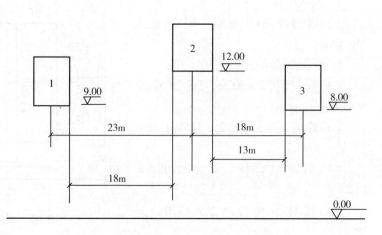

钢杆桅杆外形
1—钢管　2—底部固定索
3—底座　4—导向滑轮组
5—起重滑轮组　6—缆索

静置设备的位置与间距如图示
第1台:单重155t　安装标高9m
第2台:单重172t　安装标高12m
第3台:单重100t　安装标高8m

图 3-6　静置设备示意图

表 3-4　清单工程量计算表

项目编码	项目名称	项目特征描述	计量单位	工程量
030308002001	塔器安装	静置设备安装	台	3

（2）桅杆安装拆除,计量单位:座

工程量:$\dfrac{1}{1(计量单位)}=1$

（3）桅杆水平移位,计量单位:座

工程量:$\dfrac{3(座)}{1(计量单位)}=3$

（4）拖拉坑挖埋,计量单位:个

工程量:$\dfrac{8(个)}{1(计量单位)}=8$

（5）设备吊装加固,计量单位:t

工程量:$\dfrac{3(t)}{1(计量单位)}=3$

2. 定额工程量

（1）三台静置装置安装:

①第一台:安装标高9m,计量单位:t,总重155t

工程量:$\dfrac{155(重量)}{1(计量单位)}=155$

②第二台:安装标高12m,总重172t,计量单位:t

工程量:$\dfrac{172(重量)}{1(计量单位)}=172$

③第三台:安装标高8m,总重100t,计量单位:t

$$工程量:\frac{100(重量)}{1(计量单位)}=100$$

(2)桅杆使用:

应按最重设备选取桅杆,依据最重静置设备单重172t,可选用200t/55m规格的桅杆。在起吊第一台设备后,位移18m,再起吊第2台设备,接着移位13m,再起吊第3台设备。则桅杆移位的次数为3次,根据第一台与第二台中心间距为18m,此时应计2次(因为每移位15m及以内计一次,而大于15m小于30m则应新立一座桅杆,应计2次),而第二台与第三台之间中心间距为13m,则应计1次,即总的移位为次数2+1=3。

具体工程量计算如下

①桅杆安装拆除,选用200t/55m规格,计量单位:座

$$工程量:\frac{1(座)}{1(计量单位)}=1$$

②桅杆水平移位,总次数为3座,计量单位:座

$$工程量:\frac{3(座)}{1(计量单位)}=3$$

③拖拉坑挖埋40t,1×8个=8个,计量单位:个

$$工程量:\frac{8(个数)}{1(计量单位)}=8$$

④设备吊装加固3t,计量单位:t

$$工程量:\frac{3(t)}{1(计量单位)}=3$$

项目编码:030305001　　项目名称:球形罐组对安装

【例7】 某化工厂需安装一球形罐,其大致外形结构如图3-7所示,其厚度为$\delta=36mm$,容积为2000m^3,总重225t,焊缝长602m,试计算其安装工程量。

【解】 1. 清单工程量

球形罐2000m^3,项目编码:030305001001,计量单位:台

$$工程量:\frac{1(台数)}{1(计量单位)}=1$$

清单工程量计算见表3-5。

表3-5　清单工程量计算表

项目编码	项目名称	项目特征描述	计量单位	工程量
030305001001	球形罐组对安装	球形罐2000m^3,厚36mm	台	1

2. 定额工程量

(1)2000m^3球形罐组对焊接,计量单位:t

$$工程量:\frac{225(安装的重量)}{1(计量单位)}=225$$

(2)焊缝热处理,厚度δ_1为36mm,长度为602m,计量单位:m

$$工程量:\frac{602(长度)}{1(计量单位)}=602$$

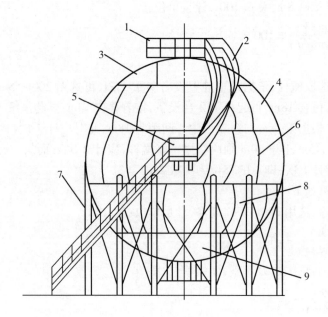

图 3-7 球罐结构示意图

1—顶部平台 2—螺旋盘梯 3—北极板 4—上温带板 5—中间平台

6—赤道带板 7—支柱 8—下温带板 9—南极板

(3)整体热处理,计量单位:台,套定额 5-2335

工程量:$\dfrac{1(台)}{1(计量单位)} = 1$

(4)二次灌浆,计量单位:m^3

工程量:$\dfrac{1.2(m^3)}{1(计量单位)} = 1.2$

(5)水压试验压力为4MPa,计量单位:台

工程量:$\dfrac{1(台数)}{1(计量单位)} = 1$

(6)球罐气密性试验压力为4MPa,计量单位:台

工程量:$\dfrac{1(台数)}{1(计量单位)} = 1$

(7)刷油防腐,计量单位:$10m^2$

由 $V = 2000m^3$,$V = \dfrac{4}{3}\pi R^3$ $\Rightarrow$ $R = 7.82m$

则球罐的总表面积约为 $S = 4\pi R^2 = 4 \times 3.14 \times 7.82^2 = 768.07m^2$

工程量:$\dfrac{768.07}{10(计量单位)} = 76.81$

(8)球罐保温,计量单位:m^3

该球罐保温采用岩棉板,厚度 $\delta = 100mm$,做两层。

$V_1 = 4\pi(R+0.1)^2 \times 1.033 \times 0.1$

$\quad = 4 \times 3.14 \times (7.82+0.1)^2 \times 1.033 \times 0.1 m^3$

84

$$= 81.38\text{m}^3$$

$$V_2 = 4\pi(R+0.2)^2 \times 1.033 \times 0.1$$

$$= 4 \times 3.14 \times 8.02^2 \times 1.033 \times 0.1\text{m}^3$$

$$= 83.46\text{m}^3$$

工程量: $\dfrac{81.38(岩棉板用体积)+83.46}{1(计量单位)} = (81.38+83.46)\text{m}^3 = 164.84\text{m}^3$

(9)镀锌钢板保护层,保护层厚度 $\delta = 80\text{mm}$,计量单位:m^2

$$S = 4\pi(R+0.2+2.1\delta+0.0082)^2$$

$$= 4 \times 3.14 \times (8.02+2.1\times0.08+0.0082)^2\text{m}^2$$

$$= 4 \times 3.14 \times 8.1962^2\text{m}^2$$

$$= 102.94\text{m}^2$$

工程量: $\dfrac{102.94(保护层总面积)}{1(计量单位)} = 102.94$

(10)吊耳制作、安装,计量单位:个

工程量: $\dfrac{4(个数)}{1(计量单位)} = 4$

(11)容器设备组装胎具,计量单位:台

工程量: $\dfrac{2(台)}{1(计量单位)} = 2$

项目编码:030224001　　项目名称:蒸汽锅炉

项目编码:030225001　　项目名称:多管式除尘器

项目编码:030203001　　项目名称:送、引风机

项目编码:030211002　　项目名称:给水泵

项目编码:030207001　　项目名称:排污扩容器

【例8】　工程内容:安装2台通用型锅炉(型号 SHL25 – 13/300,25t/h),$P = 1.5\text{MPa}$。

锅炉及其辅助设备安装在从 ±0.00 到 15.00m 的各个楼层,其示意图以及锅炉房的立面图如图 3-8 ~ 图 3-11 所示,试计算其工程量。

【解】　1. 清单工程量

(1)安装两台通用型锅炉,计量单位:台

工程量: $\dfrac{2(台)}{1(计量单位)} = 2$

(2)多管式除尘器,6.9t,计量单位:台

工程量: $\dfrac{2(台)}{1(计量单位)} = 2$

(3)送引风机

①送风机,型号 G4 – 73 – 11,单重 1t,计量单位:台

工程量: $\dfrac{2(台)}{1(计量单位)} = 2$

②引风机,型号 Y4 – 73 – 11,单重 1.6t,计量单位:台

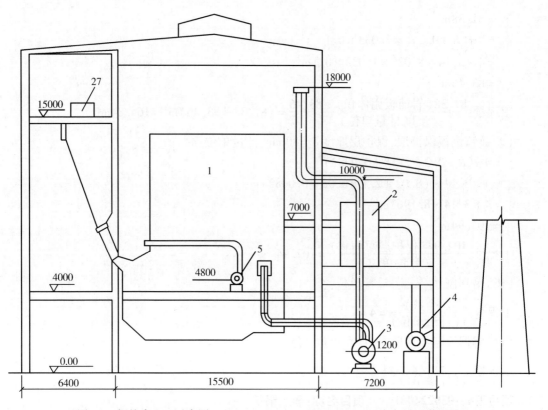

图 3-8　锅炉房立面示意图　（0.00m、4.00m、8.00m、15.00m 均有平面布置图）

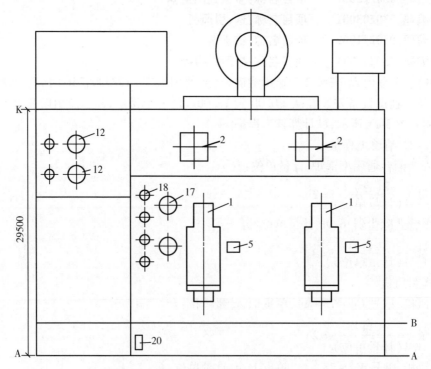

图 3-9　4.0m 层设备平面布置示意图

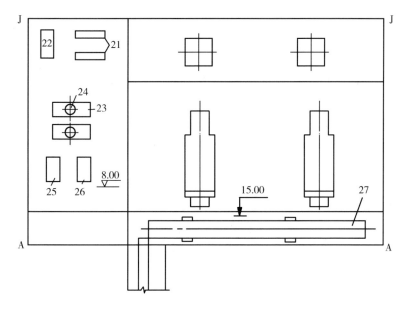

图 3-10 标高 8.00m、15.00m 设备平面图

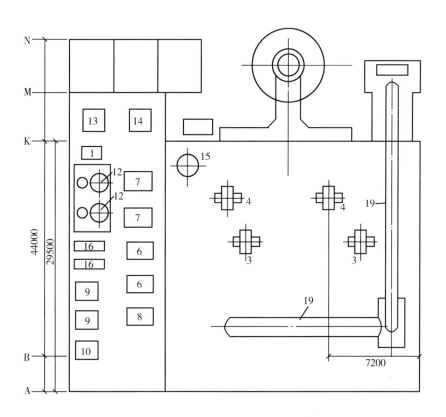

图 3-11 ±0.00m 层设备平面布置图

$$工程量：\frac{2（台）}{1（计量单位）}=2$$

（4）给水泵，4GCB×4，单重 0.35t，计量单位：台

工程量：$\dfrac{2(台)}{1(计量单位)} = 2$

（5）排污扩容器

①定期排污扩容器，$\phi1500$　$7.5m^3$，计量单位：台

工程量：$\dfrac{1(台数)}{1(计量单位)} = 1$

②连续排污扩容器，$\phi2000$　$1.5m^3$，单重 1.4t，计量单位：台

工程量：$\dfrac{2(台数)}{1(计量单位)} = 2$

清单工程量计算见表 3-6。

表 3-6　清单工程量计算表

序号	项目编码	项目名称	项目特征描述	计量单位	工程量
1	030224001001	锅炉本体	安装 2 台通用型锅炉（型号 SHL25 – 13/300,25t/h）	台	2
2	030225001001	除尘器	多管式除尘器，6.9t	台	2
3	030203001001	送、引风机	送风机，型号 G4 – 73 – 11，单重 1t	台	2
4	030203001002	送、引风机	引风机，型号 Y4 – 73 – 11，单重 1t	台	2
5	030207001001	扩容器	定期排污扩容器，$\phi1500$	台	1
6	030207001002	扩容器	连续排污扩容器，$\phi2000$	台	2
7	030211002001	电动给水泵	给水泵，4GCBX4，单重 0.35t	台	2

2. 定额工程量

（1）蒸汽锅炉（25t/h）安装 2 台，单重 128t，计量单位：t

工程量：$\dfrac{128 \times 2(t)}{1(计量单位)} = 256$

（2）多管式除尘器安装 2 台，单重 6.9t，计量单位：t

工程量：$\dfrac{6.9(单重) \times 2(台数)}{1(计量单位)} = 13.8$

（3）引风机安装（Y4 – 73 – 11）2 台，单重 1.6t，计量单位：台

工程量：$\dfrac{2(台数)}{1(计量单位)} = 2$

（4）送风机安装（G4 – 73 – 11）2 台，单重 1t，计量单位：台

工程量：$\dfrac{2(台数)}{1(计量单位)} = 2$

（5）定期排污扩容器安装，$\phi1500mm$，$7.5m^3$，计量单位：台

工程量：$\dfrac{1(台数)}{1(计量单位)} = 1$

（6）连续排污扩容器安装，$\phi2000mm$，单重 1.4t，计量单位：台

工程量：$\dfrac{2(台数)}{1(计量单位)} = 2$

（7）大气除氧器及水箱安装

①大气除氧器，$\phi1300mm$，单重 1.32t，计量单位：台

工程量：$\dfrac{2(台数)}{1(计量单位)}=2$

②除氧水箱 2 台，各 35m³，单重 10.5t，计量单位：台

工程量：$\dfrac{2(台数)}{1(计量单位)}=2$

(8)软水水泵安装 2 台，4BZO 单重 0.05t，计量单位：台

工程量：$\dfrac{2(台数)}{1(计量单位)}=2$

(9)蒸汽泵安装，型号：2QS－63/17，单重 1.46t，计量单位：台

工程量：$\dfrac{1(台数)}{1(计量单位)}=1$

(10)盐液泵安装，型号 F－3/25－5A－1，单重 0.3t，计量单位：台

工程量：$\dfrac{2(台数)}{1(计量单位)}=2$

(11)加压水泵安装 1 台，计量单位：台

工程量：$\dfrac{1(台数)}{1(计量单位)}=1$

(12)给水泵安装 2 台，4GCB×4，单重 0.35t，计量单位：台

工程量：$\dfrac{2(台数)}{1(计量单位)}=2$

(13)水热交换器安装　F＝31.5m²，单重 1.75t，计量单位：套

工程量：$\dfrac{2(套数)}{1(计量单位)}=2$

(14)水箱安装 50m³，1 台(给水水箱)，计量单位：台

工程量：$\dfrac{1(台数)}{1(计量单位)}=1$

(15)软水箱安装 1 台，50m³，计量单位：台

工程量：$\dfrac{1(台数)}{1(计量单位)}=1$

(16)冷水箱安装 1 台(8m³)，计量单位：台

工程量：$\dfrac{1(台数)}{1(计量单位)}=1$

(17)热水箱安装 1 台(8m³)，计量单位：台

工程量：$\dfrac{1(台数)}{1(计量单位)}=1$

项目编码：030308002　　项目名称：分段安装—乙烯塔

【例 9】　某化工厂组对安装一座乙烯塔，塔直径 3000mm，总高 58m(包括基座)，单重 192t(不包括塔盘及其他部件)，塔体分三段到货，乙烯塔的外形示意图如图 3-12 所示，根据图 3-12 所示计算工程量。

【解】　1. 清单工程量

(1)分段安装——乙烯塔，直径 φ3000mm，总高 58m，单重 192t，计量单位：台

工程量：$\dfrac{1(台数)}{1(计量单位)}=1$

（2）X 射线无损探伤,计量单位:张,工程量:14

（3）超声波探伤,计量单位:m,工程量:20

清单工程量计算见表3-7。

表3-7　清单工程量计算表

序号	项目编码	项目名称	项目特征描述	计量单位	工程量
1	030308002001	分片、分段塔器	分段安装——乙烯塔	台	1
2	030310001001	X 射线无损探伤	X 射线无损探伤	张	14
3	030310003001	超声波探伤	超声波探伤	m	20.00

2. 定额工程量

（1）乙烯塔分段组对,单重 192t,计量单位:t

$$工程量:\frac{192(塔组对重量)}{1(计量单位)}=192$$

（2）X 射线透照,14 张,做超声波检查 20m,计量单位:10 张

$$工程量:\frac{14(张数)}{10(计量单位)}=1.4$$

（3）焊缝热处理,一共 350m,计量单位:m

$$工程量:\frac{350(长度)}{1(计量单位)}=350$$

（4）超声波探伤 20m,计量单位:10m

$$工程量:\frac{20(长度)}{10(计量单位)}=2$$

（5）吊耳制作,一共 4 个,120t,计量单位:个

$$工程量:\frac{4(个数)}{1(计量单位)}=4$$

（6）塔体安装 1 台,计量单位:台

$$工程量:\frac{1(台数)}{1(计量单位)}=1$$

（7）设备基础二次灌浆,0.75m³,计量单位:m³

$$工程量:\frac{0.75(灌浆体积)}{1(计量单位)}=0.75$$

（8）300t 双抱杆安装拆除（1 座）,计量单位:座

$$工程量:\frac{1(座)}{1(计量单位)}=1$$

（9）水平移位,1 座,计量单位:座

$$工程量:\frac{1(座)}{1(计量单位)}=1$$

（10）临时支撑技措 5t,计量单位:t

$$工程量:\frac{5(技措重量)}{1(计量单位)}=5$$

（11）水压试验压力 2MPa,计量单位:台

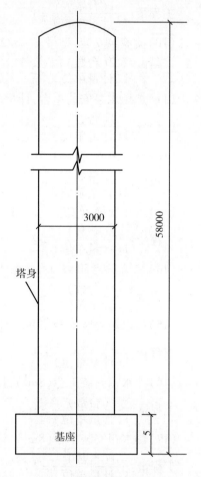

图 3-12　乙烯塔外形示意图

工程量: $\dfrac{1(台数)}{1(计量单位)} = 1$

(12)乙烯塔气密性试验压力 2MPa,计量单位:台

工程量: $\dfrac{1(台数)}{1(计量单位)} = 1$

(13)塔器绝热两层, $\delta = 100\text{mm}$,计量单位: m^3

①第一层:

$V = L\pi(D + 1.033\delta) \times 1.033\delta$

$\quad = 53 \times 3.14 \times (3 + 1.033 \times 0.1) \times 1.033 \times 0.1\text{m}^3$

$\quad = 53.35\text{m}^3$

材料选用岩棉板,则所需的工程量: $\dfrac{53.35(体积)}{1(计量单位)} = 53.35$

②第二层:

$V = L\pi(D_1 + 1.033\delta) \times 1.033\delta$

$\quad = 53 \times 3.14 \times (3.2 + 1.033 \times 0.1) \times 1.033 \times 0.1\text{m}^3$

$\quad = 56.79\text{m}^3$

则绝热保温所需总的工程量: $\dfrac{53.35 + 56.79}{1(计量单位)} = 110.14$

项目编码:030301003   项目名称:换热器制作

【例10】 制作浮头式换热器一台。

规格:Ⅱ类,材质:16MnR,换热管规格: $\phi 1.3 \times 2$ (接管未超出六个);设计压力 2.4MPa;设计温度 210℃,换热面积 68m²,总重 2978kg,管材重 1026kg;试验压力为 3.6MPa,焊缝总长 21.5m;探伤比数:比率为 24%,长度 5.16m,射线拍片,纵缝 8 张(2.2m),环缝 25 张(3.8m)

技术要求:

①设备壳体、管箱、封头管板所用钢材 16MnR 的化学成分及力学性能符合国家的有关规定。

②所用搭接焊缝腰高均等于较薄板厚度,并且是连续焊。

③设备除中锈,涂两遍红丹底漆,一遍面漆。

④浮头盖焊后应作整体热处理(盖重 56kg)。

⑤盲板管箱的隔板端面与法兰密封面加工前,需进行整体热处理(102kg)。

其外形结构示意图如图 3-13 所示,试对其进行工程量计算。

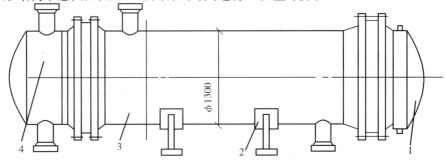

图 3-13 浮头式换热器外形结构示意图

1—外头盖 2—支座 3—壳体 4—盲板管箱

【解】 1. 清单工程量

浮头式换热器一台,总重 2978kg(材料 16MnR,搭接焊),计量单位:台

工程量:$\dfrac{1(台数)}{1(计量单位)}=1$

清单工程量计算见表 3-8。

表3-8 清单工程量计算表

项目编码	项目名称	项目特征描述	计量单位	工程量
030301003001	换热器制作	规格:Ⅱ类;材质:16MnR,总重 2978kg	台	1

2. 定额工程量

(1)换热器制作,总重为 2978kg,规格 $\phi1.3\times2$,计量单位:t

工程量:$\dfrac{2978(kg)}{1000(计量单位)}=2.98$

(2)筒体卷弧胎具制作,总重 502kg,计量单位:t

工程量:$\dfrac{502(重量)}{1000(计量单位)}=0.5$

(3)浮头盖及盲板管箱热处理

盖重 56kg,盲板管箱 102kg,总重 158kg,计量单位:t

则热处理的工程量:$\dfrac{158kg(重量)}{1000kg(计量单位)}=0.158$

(4)水压试验:其试验压力为 3.6MPa,设备容积在 15m³ 以内,计量单位:台

工程量:$\dfrac{1(台数)}{1(计量单位)}=1$

套用定额 5-1207 号,基价为 898.90 元

(5)X 射线探伤,总的张数 33 张,计量单位:10 张

工程量:$\dfrac{33(张数)}{10(计量单位)}=3.3$

(6)超声波探伤,总长度为 5.16m,计量单位:10m

工程量:$\dfrac{5.16(总长度)}{10(计量单位)}=0.516$

(7)脚手架拆卸费取为总价的 5%

(8)除锈:该换热器的换热总面积为 68m²,计量单位:10m²

工程量:$\dfrac{68(换热面积)}{10(计量单位)}=6.8$

(9)刷防锈漆,需刷漆的表面积为 68m²,计量单位:10m²

工程量:$\dfrac{2\times68(换热面积)}{10(计量单位)}=13.6$

同时所需防锈漆的重量为 19.02kg,计量单位:kg

工程量:$\dfrac{2\times19.02(重量)}{1(计量单位)}=38.04$

(10)调和漆:总面积为 68m²,计量单位:10m²

工程量：$\dfrac{68(换热面积)}{10(计量单位)} = 6.8$

(11)鞍式支座制作,设备单个重271kg,共有4个,计量单位:t

工程量：$\dfrac{271 \times 4(个)}{1000(计量单位)} = 1.084$

(12)设备人孔制作安装,设计压力 $PN < 4MPa$, $DN500$, 一共 1 个,计量单位:个

工程量：$\dfrac{1(个)}{1(计量单位)} = 1$

项目编码:030302008　项目名称:催化裂化再生器
项目编码:030302009　项目名称:催化裂化沉降器

【例11】　欲安装一套年产 100 万吨的重油催化裂化装置:沉降器、再生器安装如图 3-14 所示。

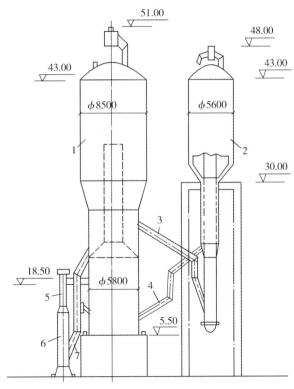

图 3-14　沉降器、再生器安装示意图
1—再生器　2—沉降器　3—再生立斜管系统　4—待生斜管
5—外取热器催化剂出口管　6—外取热器　7—外取热器入口管

其工程主要内容:
①沉降器重 90562kg(包括旋风分离系统)。
②再生器重 334092kg(包括旋风分离系统)。
③下部提升管再生立斜管系统重 17026kg。
④待生斜管重 4546kg。
⑤外取热器催化剂出口管重 3083kg。

⑥外取热器重 22564kg。

⑦外取热器入口管重 4093kg。

　　总重：475966kg

⑧龟甲网（两器总计）总计为 3920m²。

端板（Q235AF）27078 个，保温钉 27078 个，V 形锚固钉 14236 个，矾士水泥隔热层衬里约 189m³，矾士水泥耐磨层衬里约 146m³，磷酸铝钢玉耐磨衬里约 32m³，该设备分片供货到现场，试计算其安装组对的工程量。

【解】　1. 清单工程量

（1）再生器：安装高度为 5.5m，重量为 334092kg，计量单位：台

则其安装工程量：$\dfrac{1（台数）}{1（计量单位）} = 1$

（2）沉降器：安装高度为 30m，重量为 90562kg，计量单位：台

则其安装工程量：$\dfrac{1（台数）}{1（计量单位）} = 1$

清单工程量计算见表 3-9。

表 3-9　清单工程量计算表

序号	项目编码	项目名称	项目特征描述	计量单位	工程量
1	030302008001	催化裂化再生器	安装高度 5.5m 再生器重 334092kg（包括旋风分离系统）	台	1
2	030302009001	催化裂化沉降器	安装高度 30m，沉降器重 90562kg	台	1

2. 定额工程量

（1）再生器组对安装，再生器分五段吊装焊接，该设备为分片供货到现场，组对时以每两块板划线就位，然后焊纵缝，其中最重段载重 118t，再生器的重量包括除沉降器之外的所有部件重量，因而其总重为（475966 - 90562）kg = 385404kg，计量单位：t

则其安装工程量为：$\dfrac{385404（重量）}{1000（计量单位）} = 385.4$

（2）沉降器组对安装，其安装底座标高为 30.00m，重量为 90562kg，分三段吊装，其中最重段 60t，计量单位：t

则其安装工程量为：$\dfrac{90562（重量）}{1000（计量单位）} = 90.56$

（3）分片组对胎具，计量单位：台

工程量：$\dfrac{1（台数）}{1（计量单位）} = 1$

（4）分段组对胎具，计量单位：台

工程量：$\dfrac{1（台数）}{1（计量单位）} = 1$

（5）组对加固，组对加固所用型钢及钢管 21t，计量单位：t

工程量：$\dfrac{21（重量）}{1（计量单位）} = 21$

(6)吊装加固及其用主材

①本次吊装加固总重为18.7t,计量单位:t

$$工程量约:\frac{18.7(t)}{1(计量单位)}=18.7$$

②主材的重量为19.2t,计量单位:t

$$工程量:\frac{19.2(重量)}{1(计量单位)}=19.2$$

(7)平台铺拆(每座100m²),一共搭设6座,计量单位:座

$$工程量:\frac{6(座)}{1(计量单位)}=6$$

(8)X射线探伤,根据工程内容,按照技术条件,壳体对焊缝需100%射线探伤,经过估算,本体及接管焊缝总长(两个容器之和)约1000m,透照3460张,计量单位:10张,

$$工程量:\frac{3460(张)}{10(计量单位)}=346$$

(9)板材周边磁粉探伤,一共520m,计量单位:10m

$$工程量:\frac{520m(长度)}{10m(计量单位)}=52$$

(10)吊耳制作(50t)一共是46个,计量单位:个

$$工程量:\frac{46(个)}{1个(计量单位)}=46$$

(11)①双桅杆安拆500t/80m,0.97座,计量单位:座

$$工程量:\frac{0.97(座)}{1(计量单位)}=0.97$$

②一共使用1台次,计量单位:台次

$$工程量:\frac{1(台次)}{1(计量单位)}=1$$

③辅杆台次,一共使用1台次,计量单位:台次

$$工程量:\frac{1(台次)}{1(计量单位)}=1$$

(12)水平移位,一共3座,计量单位:座

$$工程量:\frac{3(座)}{1(计量单位)}=3$$

(13)拖拉坑挖埋,17个,计量单位:个

$$工程量:\frac{17(个数)}{1(计量单位)}=17$$

(14)矾土水泥隔热层衬里,由已知条件可知:

工程量:189m³

(15)矾土水泥耐磨层衬里,由已知条件可知:

工程量:146m^3

（16）磷酸铝钢玉耐磨衬里,由已知条件可知:

工程量:32m^3

（17）龟网钉头端板,27078 个,计量单位:100 个

工程量:$\dfrac{27078(个数)}{100(计量单位)}=271$

（18）V 形钉,14236 个,计量单位:1000 个

工程量:$\dfrac{14236(个数)}{1000(计量单位)}=14.24$

（19）龟甲网安装:总面积为 3920m^2,计量单位:m^2

工程量:$\dfrac{3920m^2(面积)}{1(计量单位)}=3920$

（20）再生器气密试验,计量单位:台

工程量:$\dfrac{1(台数)}{1(计量单位)}=1$

（21）沉降器气密性试验,计量单位:台

工程量:$\dfrac{1(台数)}{1(计量单位)}=1$

（22）再生器—沉降器水压试验,计量单位:台

工程量:$\dfrac{2(台数)}{1(计量单位)}=2$

（23）脚手架搭拆费按总费的 10% 计取,具体数值参照国家及地方定额。

项目编码:030307008　　**项目名称:火炬及排气筒制作安装**

项目编码:030307002　　**项目名称:平台制作安装**

【例 12】　某化工厂制作安装一座火炬排气筒,塔架为钢管制作,重 48t,高度 55m,排气筒的筒体为直径 φ600×55000mm,重 6.84t,火炬头为外购,采用整体吊装方法安装。特殊制作要求为:①筒体焊缝 5% 进行磁粉探伤,塔柱对接焊缝 100% 超声波检查,焊缝 X 射线透视检查 22 张。

②金属表面刷红丹防锈漆两遍,厚漆两遍,试计算其工程量,其外形结构示意图如图 3-15 所示。

【解】　1. 清单工程量

火炬排气筒制作:钢板卷制（碳钢）,筒体直径为 600mm,重量 6.84t,计量单位:座

工程量:$\dfrac{1(座)}{1(计量单位)}=1$

清单工程量计算见表 3-10。

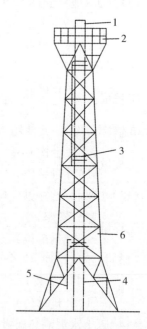

图 3-15　火炬筒钢管塔架外形
1—火炬头　2—顶部平台　3—平台
4—火炬筒　5—爬梯　6—塔架

96

表 3-10 清单工程量计算表

项目编码	项目名称	项目特征描述	计量单位	工程量
030307008001	火炬及排气筒制作安装	钢板卷制(碳钢),筒径600mm,6.84t	座	1

2. 定额工程量

(1)火炬筒筒体,直径600mm,在600mm以内,重6.84t,在现场组对安装,计量单位:t

工程量:$\dfrac{6.84(重量)}{1(计量单位)} = 6.84$

(2)塔架现场组对:钢管制作,重48t,计量单位:t

工程量:$\dfrac{48(塔架重量)}{1(计量单位)} = 48$

(3)火炬头安装 $\phi600$,计量单位:套

工程量:$\dfrac{1(套数)}{1(计量单位)} = 1$

(4)塔架式火炬整体吊装,高度55m,在60m以内,计量单位:座

工程量:$\dfrac{1(座)}{1(计量单位)} = 1$

(5)平台铺拆,按施工设计为110m²,计量单位:座

工程量:$\dfrac{1(座)}{1(计量单位)} = 1$

注:套定额时需注意,因没有110m²的值,应将其拆分为(100m² +10m²),单个进行计算。

(6)焊后局部热处理:焊前预热,焊后热处理采用电加热方法,总延长米为310m,计量单位:10m

工程量:$\dfrac{310m}{10(计量单位)} = 31$

(7)吊装加固件制作安装,总重2.16t,计量单位:t

工程量:$\dfrac{2.16t(重量)}{1(计量单位)} = 2.16$

(8)火炬头购价1座,按其购买价格

(9)X射线透照:一共有22张,计量单位:10张,工程量:22张/10张 = 2.2

(10)超声波探伤:100m,计量单位:10m

工程量:100/10 = 10

(11)防锈漆两遍,一共需要56.23t,计量单位:100kg

工程量:56.23 ×1000/100 = 562.3

(12)主材的重量计算:

因为不管是塔架或是筒体都有材料损耗率。一般而言,塔架主材损耗率取为10%,筒体制作损耗率为6%,则塔架主材重:(48 +48 ×0.1)t = 52.8t

筒体主材重:(6.84 +6.84 ×0.06)t = (6.84 +0.41)t = 7.25t

主材总重:(52.8 +7.25)t = 60.05t

项目编码:030306001   项目名称:气柜制作与安装

【例13】 制作安装一座600m³低压湿式直升气柜,技术规格:公称容积600m³,有效容积630m³,单位耗钢57.51kg/m³;几何尺寸:节数1,全高14.5m,水池直径17.48m,水池高7.4m;总重38.56t,其中钟罩重16.39t,水槽重14.28t,零部件重4.55t,平台、梯子以及栏杆重3.34t;加重物重量:铸铁重锤16.02t,混凝土重锤15.90t,其外形示意如图3-16所示。试计算其安装工程量。

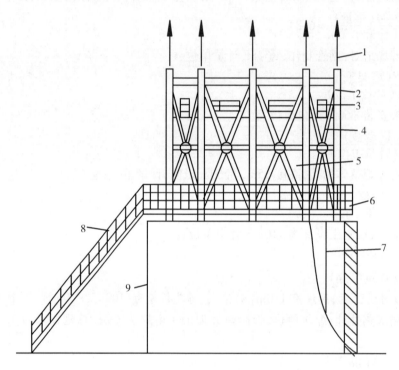

图3-16 600m³湿式直立式储气柜外形示意图

1—避雷针 2—导轨 3—重锤托架 4—托棍
5—钟罩 6—护栏走台 7—水槽 8—外梯 9—外围墙

【解】 1. 清单工程量

(1)平台制作安装,平台属于环形,栏杆梯子,均采用钢材制作,总重为3.34t,计量单位:t

工程量:3.34t/1(计量单位)= 3.34

(2)气柜制作安装:600m³的低压湿式直立式气柜一座,计量单位:座

$$工程量:\frac{1(气柜座数)}{1(计量单位)}=1$$

清单工程量计算见表3-11。

表3-11 清单工程量计算表

序号	项目编码	项目名称	项目特征描述	计量单位	工程量
1	030306001001	气柜制作、安装	600m³ 低压湿式直立式气柜	座	1
2	030307002001	平台制作安装	平台属环形,栏杆梯子,采用钢材制作	t	3.340

2. 定额工程量

（1）直立气柜制作安装,总重 38.56t,其包括轨道、导轮和法兰的重量,不包括配重块、平台、梯子、栏杆的重量,计量单位:t

工程量:(38.56 - 3.34)t/1(计量单位) = 35.22

（2）气柜组装胎具制作一座,其结构形式为直立低压湿式气柜,容积为 600m³,根据此数据可套用定额,计量单位:座

工程量:1(座)/1(计量单位) = 1

（3）胎具安装拆除,可根据制作的胎具来计算,一共一座,计量单位:座

工程量:1

（4）低压湿式气柜充水,气密,快速升降试验,所用重块重 15.90t,该试验是以气柜容积来计算试验的工程量的,计量单位:座

工程量:1 座/1(计量单位) = 1

（5）轨道撖弯胎具制作,一共是 5 条导轨,计量单位:套

工程量:[1 + 0.6 × (5 - 1)]套/1(计量单位) = 3.4

项目编码:030304001　　项目名称:拱顶罐制作安装

【例 14】　工程内容:制作安装 4 台,1000m³ 拱顶油罐,设计容积为 1095m³,贮存介质为原油,拱顶油罐外形示意图如图 3-17 所示,试计算其安装工程量。

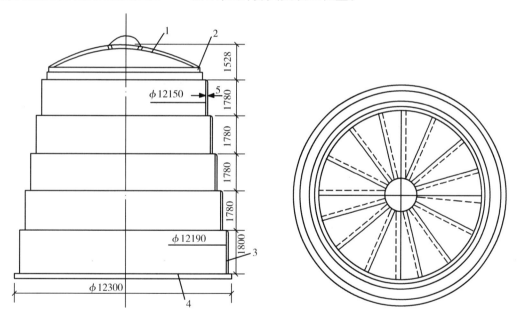

图 3-17　1000m³ 拱顶油罐外形示意图
1—罐顶　2—角钢圈　3—罐壁板　4—罐底板

【解】　1. 清单工程量

（1）拱顶罐制作安装:钢制 1000m³ 拱顶油罐 4 台,计量单位:台

工程量:4 台/1(计量单位) = 4

（2）X 射线无损检测:计量单位:张;工程量:38

清单工程量计算见表 3-12。

表 3-12　清单工程量计算表

序号	项目编码	项目名称	项目特征描述	计量单位	工程量
1	030304001001	拱顶罐制作、安装	重 24.8t,拱顶油罐制作、安装	台	4
2	030310001001	X 射线无损探伤	X 射线探伤	张	38

2. 定额工程量

(1)拱顶油罐制作、安装:油罐本体总重 24.8t,该重量包括壁板、底板、顶盖、接管补强管等的净重;计量单位:t

工程量:24.8t/1(计量单位) = 24.8

(2)主材:钢板 Q235AF,δ = 5mm,共 19.3t;钢板 Q235AF,δ = 4mm,共 4.92t;扁钢 Q235AF,共 1.46t;主材总重:(19.3 + 4.92 + 1.46)t = 25.68t

(3)螺旋盘梯制作安装,总重 0.86t,计量单位:t

工程量:0.86t/1(计量单位) = 0.86

(4)除锈刷漆工程量计算如下:

底板面积:图中底板外径为 12.30m,按圆面积计算方法 $S = \pi(\frac{D}{2})^2 = 3.14 \times (\frac{12.30}{2})^2 = 118.76 \approx 119m^2$,除锈可增加 5% 的工程量,即此时的工程量为(1 + 0.05) × 119m² = 124.95m² ≈ 125m²

内外壁板面积:根据图中尺寸,从第一圈开始计算,第五圈结束,计算出每一圈的面积,然后再相加。

第一圈板:外径 ϕ12.20m,宽 1.8m,面积 $S_1 = \pi DL = 3.1416 \times 12.19 \times 1.8m^2 = 68.93m^2$;

第二圈板:外径 ϕ12.19m,宽 1.78m,面积 $S_2 = \pi DL = 3.1416 \times 12.18 \times 1.78m^2 = 68.11m^2$;

第三圈板:外径 ϕ12.18m,宽 1.78m,面积 $S_3 = \pi DL = 3.1416 \times 12.17 \times 1.78m^2 = 68.06m^2$;

第四圈板:外径 ϕ12.17m,宽 1.78m,面积 $S_4 = \pi DL = 3.1416 \times 12.16 \times 1.78m^2 = 67.99m^2$;

第五圈板:外径 ϕ12.16m,宽 1.78m,面积 $S_5 = \pi DL = 3.1416 \times 12.15 \times 1.78m^2 = 67.94m^2$;

合计:$S = S_1 + S_2 + S_3 + S_4 + S_5$
$$= (68.93 + 68.11 + 68.06 + 67.99 + 67.94)m^2$$
$$= 341.03m^2$$

按 342m² 作计算基础。

盖顶面积(内外):138m² × 2 = 276m²

金属结构计算为 2016kg,根据以上计算结果,我们可计算出以下项目的工程量

罐底板除锈的工程量如下(计量单位:10m²):

工程量:125m²/10(计量单位) = 12.5

罐(内、外)壁除锈,总面积为 342m²,计量单位:10m²

工程量:2 × 342m²/10(计量单位) = 34.2 × 2 = 68.4

罐底板两面涂底漆,底板的面积为 119m²,计量单位:10m²

工程量:119 × 2(m²)/10(计量单位) = 23.8

罐内外壁刷聚酯底漆,总面积为 68.4m²,工程量为 68.4

(5)金属结构除锈、刷底漆与面漆的工程量,计量单位均为 100kg

工程量:201.6kg/100 = 2.016

(6)X 射线探伤,共需 38 张,计量单位:10 张

工程量:38 张/10(计量单位) = 3.8

(7)卷弧胎具制作 1 套,计量单位:套

工程量:1 套/1(计量单位)=1

(8)罐顶板预制胎具制作,1 套,计量单位:套

工程量:1 套/1(计量单位)=1

(9)组装胎具安装制作 1 座,计量单位:座

工程量:1 座/1(计量单位)=1

(10)充气顶升装置安装,拆除 1 座,计量单位:座

工程量:1 座/1(计量单位)=1

(11)根据油罐附件综合选用参考,每座 1000m³ 拱顶油罐的附件的规格与数量统计如下:

附件	直径	数量(个)
人孔	DN600	1
透光孔	DN500	2
量油孔	DN150	1
防火器	DN150	2
安全阀	DN150	1
呼吸阀	DN150	1
泡沫阀	PS15A	2
放水管	DN50	1
进出油结合管	DN150/DN50	2/6
进油管	DN200	1
蒸汽加热器	面积	59m²
带放水管清扫孔	高×宽/mm	数量/个
B – DN80	500×700	1

注:其工程量即为上述个数,然后直接套用各自项目定额即可进行费用计算。

项目编码:030310001   项目名称:X 射线无损探伤

项目编码:030310003   项目名称:超声波探伤

【例 15】 某容器直径 5m,长度 20m,板厚 10mm,椭圆形封头,设计规定探伤方法:X 射线透照 20%,超声波探伤 40%,该容器的探伤位置示意图如图 3-18 所示,计算其探伤工程量。

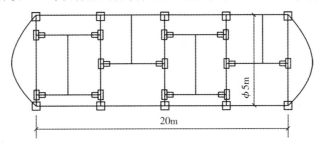

图 3-18 容器探伤位置示意图

【解】 1. 清单工程量

(1)X 射线探伤:

一共是 144 张,X 射线透照 20%,板厚 10mm,计量单位:张

工程量:144 张/1(计量单位)=144

(2)超声波探伤:

项目编码:030310003,超声波探伤,圆柱筒体直径为5m,长20m,板厚10mm,椭圆形封头,其中探伤比率为40%,总长133.4m,计量单位:m

工程量:133.4m/1(计量单位)=133.4

清单工程量计算见表3-13。

表3-13　清单工程量计算表

序号	项目编码	项目名称	项目特征描述	计量单位	工程量
1	030310001001	X射线无损探伤	X射线探伤	张	144
2	030310003001	超声波探伤	超声波探伤	m	133.40

2. 定额工程量

(1)计算容器的焊缝总长度

①容器的椭圆封头两个焊缝的展开长度为

$L_1 = 2\pi D = 2 \times 3.1416 \times 5 \approx 31.42m$

②筒体纵横焊缝的总长度为

筒体圆周横缝有五条,纵焊缝有六条,则其长度为

$L_2 = 5\pi D + 6L = (3.1416 \times 5 \times 5 + 20 \times 6)m = (78.54 + 120)m = 198.6m$

则全部焊缝总长为

$(31.42 + 198.6)m = 230.02m \approx 230m$

(2)按探伤百分比来计算探伤(延长米):

X射线透照:230m×20%=46m

超声波探伤:230m×40%=92m

计算复验数量:

X射线增加:46×25%=11.5m

超声波增加:92×45%=41.4m

(3)计算摄影量(每张长度约为400mm):

X射线探伤所需张数为(46+11.5)/0.4≈144张

超声波探伤总长为(92+41.4)m=133.4m

(4)计算X射线与超声波探伤的工程量:

①X射线照明,一共是144张,计量单位:10张

工程量:144张/10(计量单位)=14.4

②超声波探伤:一共是133.4m,计量单位:10m

工程量:133.4m/10(计量单位)=13.34

项目编码:030211003　项目名称:循环水泵

【例16】 某炼油厂的循环水厂设备及其工艺流程示意图如图3-19所示,它一共有六台玻璃钢冷却塔,七台循环水泵,其循环水的各种管道规格为:循环水回水管:DN900;循环水泵压水管为DN500;循环水补充水管为DN300,循环水吸水管为DN600,试计算该厂的设备及管道工程量。

【解】 1. 清单工程量

(1)玻璃钢冷却塔,6台,计量单位:台

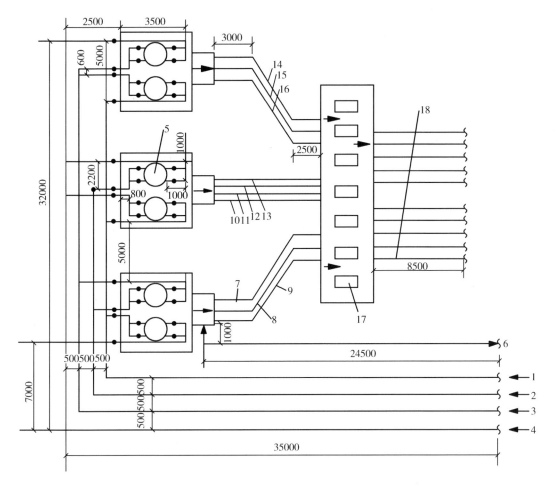

图 3-19　炼油厂循环水厂设备及工艺流程示意图

1、2、3、4—循环水回水管 DN900　5—玻璃钢冷却塔

6—循环水补充水管 DN300　7、8、9、10、11、12、13、14、15、16—循环水泵吸水管 DN600

17—循环水泵　18—循环水泵压水管 DN500

工程量:6 台/1(计量单位)=6

(2)循环水泵,7 台,计量单位:台

工程量:7 台/1(计量单位)=7

(3)各种管道清单工程量的计算与定额计算过程相同,套用清单时按第六册 工业管道 有关项目编码列项,这里不再详细列出。

清单工程量计算见表 3-14。

表 3-14　清单工程量计算表

序号	项目编码	项目名称	项目特征描述	计量单位	工程量
1	030211003001	循环水泵	循环水泵	台	7
2	030302004001	整体塔器安装	玻璃钢冷却塔	台	6

2. 定额工程量

(1)玻璃钢冷却塔,每台重3.2t,计量单位:t

工程量:6/1(计量单位)=6

(2)循环水泵 7台,计量单位:台

工程量:7台/1(计量单位)=7

(3)计算各个管道的延长米工程量

①循环水回水管:由四条管路组成,需要分别计算。

管线4的长度为

$$L_4 = [35(东西向长度) + 32(南北向大长度) + 2.5 \times 3(最外层管道至冷却塔外墙长度,$$
因为是三条管线,所以要乘以3) $+ 0.4 \times 3(墙厚) + 3.5 \times 2(内墙至右端弯处距$
离) $+ 3 \times 3(至冷却塔处各支管距离长度) + 0.8(第一个支管离外管的距离)]m$

$$= (35 + 32 + 7.5 + 1.2 + 7 + 9 + 0.8)m$$

$$= 92.5m$$

管线3的长度为

$$L_3 = [(35 - 0.5)(因为第3管线比第4管线短0.5m) + (32 - 0.5 - 2.2)(下面少0.5m,$$
上部少2.2m,都要减掉) $+ (2.5 - 0.5) \times 3 + 0.4 \times 3 + 0.8 \times 2 + 3 \times 3 + 3.5]m$

$$= (34.5 + 29.3 + 6 + 1.2 + 1.6 + 9 + 3.5)m$$

$$= 85.1m$$

管线2的长度为(其道理同上,不再一一解释)

$$L_2 = [(35 - 0.5 \times 2) + (32 - 0.5 \times 2 - 10 - 2.2) + (2.5 - 1) + 0.4 \times 2 + 3 + 0.8 \times 2 + 3 \times 3]m$$

$$= (34 + 18.8 + 1.5 + 0.8 + 1.6 + 9)m$$

$$= 68.7m$$

管线1的长度为

$$L_1 = [(35 - 0.5 \times 3) + (32 - 0.5 \times 3 - 5) + 1 \times 3 + 0.4 \times 3 + 3.5 \times 2 + 0.8 + 3 \times 3]m$$

$$= (33.5 + 25.5 + 3 + 1.2 + 7 + 0.8 + 9)m$$

$$= 80m$$

则循环水回水管 $DN900$ 的总长度为

$$(92.5 + 85.1 + 68.7 + 80)m = 326.3m$$

②循环水补充水管 $DN300$,其工程量由图中管线长度可计算如下:

$$L = [24.5(东西方向铺设的管道长度) + 1(南北方向铺设长度) + 0.4(墙的厚度) + 3.2$$
(墙内水管至冷却塔的长度)]m

$$= (24.5 + 1 + 0.4 + 3.2)m$$

$$= 29.1m$$

即循环水补充水管 $DN300$ 的工程量为29.1m

③循环水泵压水管 $DN500$ 的工程量,计量单位:m

一条管路的长度为

$$L = [8.5(泵房外管道长度) + 2.5(泵房内墙至泵的距离) + 2.2(泵下部至入口的距$$
离) $+ 0.4(墙的厚度)]m$

$$= (8.5 + 2.5 + 2.2 + 0.4)m$$

$$= 13.6m$$

一共有 10 条管线,则循环水泵压水管 DN500 的工程量为

13.6m × 10/1(计量单位) = 136m

④循环水泵吸水管 DN600 的工程量计算如下:

a. 计算管线7(8、9、14、15、16 与管线 7 长度一样)的工程量:

管线 7 的长度为

L_7 = [6(塔至内墙的距离) + 0.4(墙厚度) + 3(墙外至弯曲处距离) + 6(弯曲似斜管道长度) + 2.5(至泵房外墙距离) + 0.4(泵房墙厚) + 2.8(至泵入口距离)]m

    = (6 + 0.4 + 3 + 6 + 2.5 + 0.4 + 2.8)m

    = 21.1m

(7、8、9、14、15、16)六条管线总的工程量为

21.1 × 6m = 126.6m

b. 计算管线 10 的工程量(12、11、13 与之长度相同):

L_{10} = [6(塔至内墙距离) + 0.4(墙厚度) + 9.74 + 0.4 + 2.8]m

     = (6 + 0.4 + 9.74 + 0.4 + 2.8)m

     = 19.34m

则(10、11、12、13)4 条管线的工程量为

19.34 × 4m = 77.36m

于是得出循环水泵吸水管 DN600 总的工程量为

L = (77.36 + 126.6)m = 203.96m

项目编码:030307001　　项目名称:联合平台制作、安装

项目编码:030307003　　项目名称:梯子、栏杆、扶手制作安装

【例17】　制作安装一套联合平台、梯子、栏杆项目,图3-20 为煤气发生设备的洗涤塔与除焦油器两台设备的联合平台与梯子、栏杆结构示意图。平台的结构为槽钢([12)焊成圆框架,护栏为圆钢(φ22)焊成,支撑为角钢(L66×6)制成三角支撑;梯子由钢板作两侧板,圆钢(φ19)焊成踏步,圆钢(φ22)作扶手。已知各层材料净重,该项目示意图如图3-20 所示。

洗涤塔部分:3m 层平台重 1.5t,7m 层平台重 1.5t,11m 层平台重 1.5t,15m 平台重 0.75t,19m 平台重 1.1t,21m 层护栏架重 0.32t,塔顶平台重 0.19t。

除焦油器部分:5m 层平台重 0.75t,8m 层平台重 1.5t,12.20m 层平台重 1.5t,7m 层到 8m 层的走道重 0.4t,11 层到 12.20 层走台重 0.45t,梯子每座重 0.21t。

试计算其工程量。

【解】　1. 清单工程量

(1)平台制作、安装

项目编码:030307001　平台所用材料为槽钢([12),共重 11.14t,计量单位:t

工程量:11.14t/1(计量单位) = 11.14t

(2)梯子、栏杆总重

项目编码:030307001,总重:(1.89 + 0.32)t = 2.21t,计量单位:t

工程量:2.21t/1(计量单位) = 2.21

则联合平台工程量:(11.14 + 2.21)t = 13.35t

清单工程量计算见表3-15。

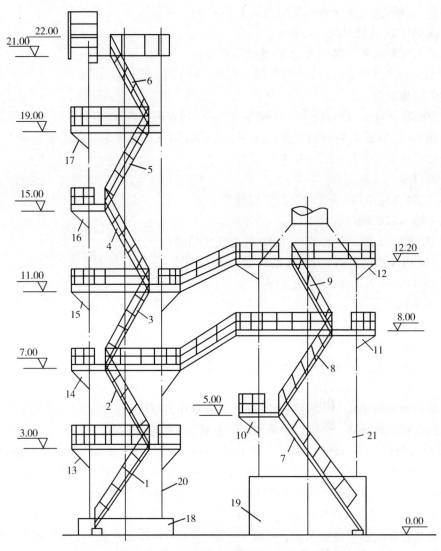

图 3-20　煤气静电除焦油器及洗涤塔平台、梯子、栏杆示意图

1、2、3、4、5、6、7、8、9—斜梯　　10、11、12、13、14、15、16、17—支撑

18—洗涤塔基础　19—静电除焦油器基础　20—洗涤塔　21—静电除焦油器

表 3-15　清单工程量计算表

项目编码	项目名称	项目特征描述	计量单位	工程量
030307001001	联合平台制作、安装	槽钢〔12,共 11.14t	t	13.350

2. 定额工程量

(1)联合平台部分(首先应计算出平台的总重量)

平台总重：$= (1.5 + 1.5 + 1.5 + 0.75 + 1.1 + 0.19 + 0.75 + 1.5 + 1.5 + 0.4 + 0.45)t$

　　　　　$= 11.14t$

斜梯总重：$0.21 \times 9t = 1.89t$

栏杆总重：$0.32t$

106

则联合平台总重：$(11.14+1.89+0.32)t=13.35t$

（2）主材

取主材损耗率为6%，则所需主材总重

$[(11.14+1.89)\times6\%+(11.14+1.89)]t=13.82t$

计量单位：t，工程量：13.82t/1（计量单位）= 13.82

（3）槽钢搣制胎具1套，计量单位：套

工程量：1 套/1（计量单位）= 1

（4）钢结构除锈：总重为13.35t，计量单位：100kg

工程量：$(1000\times13.35)kg/100$（计量单位）= 133.5

（5）钢结构刷防锈漆：全部联合平台、梯子、护栏总重为13.35t，计量单位：100kg

工程量：$13.35\times1000/100$（计量单位）= 133.5

（6）调和漆两遍，总重13.35t，计量单位：100kg

工程量：$(13.35\times1000\times2)kg/100=267.0$

第四章 工业管道工程

项目编码:031001002　　项目名称:低压有缝钢管
项目编码:030807001　　项目名称:低压螺纹阀门

【例1】 如图4-1、图4-2所示,本例为某宿舍楼水房给水系统,管材为低压有缝钢管,其他数据如图4-1、图4-2所示,试计算给水系统工程量。

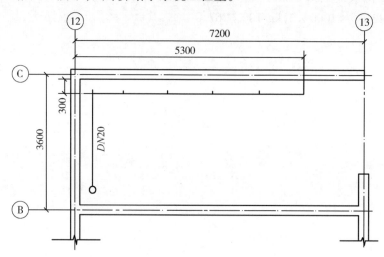

图4-1　宿舍楼给水平面图

【解】 1. 给水管的工程量

给水管包括 $DN50$、$DN32$、$DN20$ 分别计算如下:

(1)$DN20$ 的管段长度:

$$L_1 = (水平管段长) \times 3 + 竖直管段 + 排污管长度$$
$$= [(3.600 - 0.300 \times 2 + 5.300 - 0.300) \times 3 + (9.9 - 6.6)]m$$
$$= 27.3m$$

(2)$DN32$ 的管段长度:

$$L_2 = (6.6 - 3.3)m = 3.3m$$

(3)$DN50$ 的管段长度:

$$L_3 = \{2 + [3.3 - (-1.5)]\}m = 6.8m$$

2. 成品管件

(1)低压螺纹阀门:$DN20$　3 个;$DN50$　2 个

(2)水表　1 组

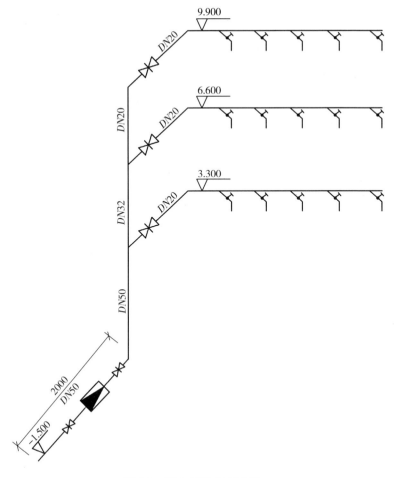

图 4-2　宿舍楼给水系统图

（3）90°弯头：DN20　4 个；DN50　1 个

（4）三通：DN50　1 个；DN32　1 个（注：按主管径计算）

（5）水龙头：5×3 个＝15 个

3. 工程量汇总

（1）根据《通用安装工程工程量计算规范》（GB 50856—2013），清单工程量计算见表 4-1。

表 4-1　清单工程量计算表

序号	项目编码	项目名称	项目特征描述	计量单位	工程量
1	031001002001	低压有缝钢管	DN20 管道水压试验，管道手工除锈，管道防锈漆两遍，管道刷银粉漆两遍	m	27.30
2	031001002002	低压有缝钢管	DN32 管道水压试验，管道手工除锈，管道刷防锈漆两遍，管道刷银粉漆两遍	m	3.30

序号	项目编码	项目名称	项目特征描述	计量单位	工程量
3	031001002003	低压有缝钢管	*DN*50 管道水压试验,管道手工除锈,管道防锈漆两遍,管道刷银粉漆两遍	m	6.80
4	030807001001	低压螺纹阀门	*DN*20	个	3
5	030807001002	低压螺纹阀门	*DN*50	个	2
6	031003013001	水表		组	1
7	030814009001	管道机械搣弯	*DN*20	个	4
8	030814009002	管道机械搣弯	*DN*50	个	1
9	030804003001	低压不锈钢管件	*DN*50,三通连接	个	1
10	030804003002	低压不锈钢管件	*DN*32,三通连接	个	1

（2）根据《全国统一安装工程预算定额》第六册 工业管道工程 GYD – 206 – 2000,定额工程量汇总见表 4-2。

表 4-2　定额工程量计算表

序号	定额编号	项目名称	计量单位	工程量
1	6 – 2	低压碳钢管	10m	2.73
2	6 – 4	低压碳钢管	10m	0.33
3	6 – 6	低压碳钢管	10m	0.68
4	6 – 1259	螺纹阀门	个	3
5	6 – 1263	螺纹阀门	个	2
6	6 – 2144	低中压不锈钢管机械搣弯	10 个	0.4
7	6 – 2145	低中压不锈钢管机械搣弯	10 个	0.1

水表、三通可以直接购买成品。

项目编码:030804001　　项目名称:低压碳钢管件

【例2】　如图 4-3 所示,为一Ⅲ型—长壁式($B = \frac{1}{2}A$)

方形补偿器,已知管道是 *DN*50 有缝钢管,$A = 2B = 300$mm,
$R = 4DN$,试求加工长度 L。

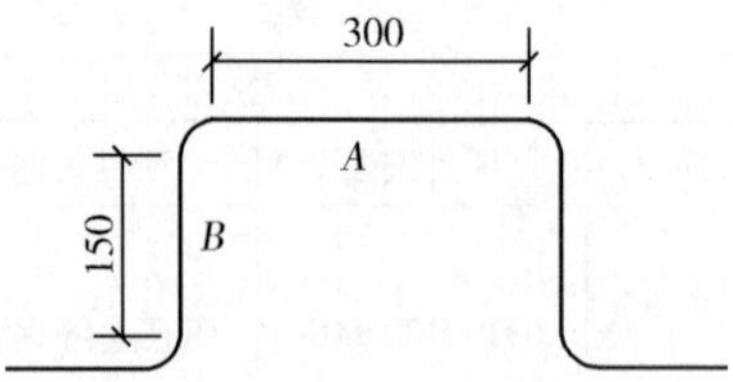

【解】　方形补偿器加工长度计算公式:

$$L = 2\pi R + 2B + A + 2C$$

$$= (2 \times 3.14 \times 4 \times 50 \times \frac{1}{4} \times 4 + 2 \times 150 + 300 + 2 \times 3 \times 50)\text{mm}$$

$$= 2156\text{mm}$$

式中　L——管道加工长度(mm);

图 4-3　方型补偿器

110

R——撤弯半径(mm);

B——短壁长度(mm);

A——方形补偿器长壁长度(mm);

C——加工预留长度,一般取 $C > 3DN$(mm)。

清单工程量计算见表4-3。

表4-3　清单工程量计算表

项目编码	项目名称	项目特征描述	计量单位	工程量
030804001001	低压碳钢管件	Ⅲ型—长壁式方形补偿器 $DN50$ 有缝钢管	m	2.16

项目编码:030806001　　项目名称:高压碳钢管件

项目编码:030803001　　项目名称:高压碳钢管

【例3】　如图4-4、图4-5 所示,本例为某工厂生产厂区蒸汽输送管路,试计算管道的工程量及除锈、防腐、保温工程量。

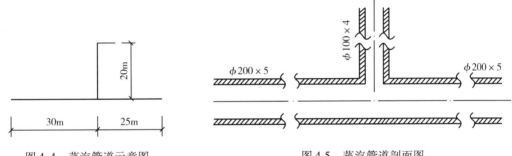

图4-4　蒸汽管道示意图　　　　　　图4-5　蒸汽管道剖面图

【解】　1. 管道工程量

(1)高压碳钢管 $\phi200 \times 5$ 的管道长　定额编号:6 – 536　(10m)

$L = (30 + 25)\text{m} = 55\text{m} = 5.5(10\text{m})$

(2)高压碳钢管 $\phi100 \times 4$ 的管道长　定额编号:6 – 533　(10m)

$L = 20\text{m} = 2(10\text{m})$

2. 管件工程量

碳钢板卷管挖眼三通补强圈制作安装(电弧焊)

数量:1 个　定额编号:6 – 2367　单位:10 个

工程量:0.1(10 个)

3. 除锈工程量

(1)高压碳钢管 $\phi200 \times 5$ 管道动力除锈(轻锈)面积 S_1　定额编号:11 – 16　单位:10m²。

$S_1 = \pi DL = 3.14 \times 0.200 \times 55\text{m}^2 = 34.54\text{m}^2$

式中　D——管道外径(m);

　　　L——管道长度(m)。

(2)高压碳钢管 $\phi100 \times 4$ 管道动力除锈(轻锈)面积 S_2　定额编号:11 – 16　单位:10m²

$S_2 = \pi DL = 3.14 \times 0.100 \times 20\text{m}^2 = 6.28\text{m}^2$

111

4. 防腐蚀涂料工程量

具体计算同除锈工程量：$\phi200 \times 5$　管道面积：$S_1 = 4.08 m^2$

$\phi100 \times 4$　管道面积：$S_2 = 6.28 m^2$

总面积：$S = S_1 + S_2 = (4.08 + 6.28) m^2 = 10.36 m^2$

定额编号：11 - 564　底漆一遍，面漆两遍　单位：$10m^2$

项目名称：红丹环氧防锈漆、环氧磁漆

5. 管道保温层工程量

(1)$\phi200 \times 5$ 管道保温层厚度 $\delta = 20mm$，其所需保温材料 V_1：

$$V_1 = \pi(a + \delta + \delta \times 3.3\%) \times (\delta + \delta \times 3.3\%)L$$

$$= 3.14 \times (0.2 + 0.02 + 0.02 \times 3.3\%) \times (0.02 + 0.02 \times 3.3\%) \times 55 m^3$$

$$= 0.79 m^3$$

式中　a —— 管道外径(mm)；

δ —— 保温层厚度(mm)；

3.3% —— 保温材料允许超厚系数。

(2)$\phi100 \times 4$ 管道保温层厚度 $\delta = 15mm$，其所需保温材料 V_2：

$$V_2 = \pi(a + \delta + \delta \times 3.3\%) \times (\delta + \delta \times 3.3\%)L$$

$$= 3.14 \times (0.1 + 0.015 + 0.015 \times 3.3\%) \times (0.015 + 0.015 \times 3.3\%) \times 20 m^3$$

$$= 0.11 m^3$$

管道保温材料总工程量：$V = V_1 + V_2 = (0.79 + 0.11) m^3 = 0.90 m^3$

定额编号：11 - 1749　项目名称：泡沫玻璃瓦块(管道)安装，管道 $\phi57mm$ 以下(厚度)

计量单位：m^3

6. 管道液压试验工程量

(1)$\phi200 \times 5$ 管道长度

$L = 55m = 0.55 \times 100m$　定额编号：6 - 2439，计量单位：100m

(2)$\phi100 \times 4$ 管道长度

$L = 20m = 0.2 \times 100m$　定额编号：6 - 2438，计量单位：100m

7. 工程量汇总

(1)根据《通用安装工程工程量计算规范》(GB 50856—2013)，清单工程量计算见表4-4。

表4-4　清单工程量计算表

序号	项目编码	项目名称	项目特征描述	计量单位	工程量
1	030803001001	高压碳钢管	$\phi200 \times 5$，碳钢板卷管挖眼三通补强圈制作安装(电弧焊)，高压管道液压试验，动力工具除锈(轻锈)，红丹环氧防锈漆，环氧磁漆，泡沫玻璃瓦块(管道)安装	m	55.00
2	030803001002	高压碳钢管	$\phi100 \times 4$，碳钢板卷管挖眼三通补强圈制作安装(电弧焊)，高压管道液压试验，动力工具除锈(轻锈)，红丹环氧防锈漆，环氧磁漆	m	20.00
3	030806001001	高压碳钢管件	$\phi200 \times 5$，三通	个	1

（2）根据《全国统一安装工程预算定额》第六册 《工业管道工程》（GYD－206－2000）和《全国统一安装工程预算定额》第十一册 《刷油、防腐蚀、绝热工程》（GYD－211－2000）定额工程量汇总见表4-5。

表4-5 定额工程量计算表

序号	定额编号	项目名称	计量单位	工程量
1	6－536	高压碳钢管 φ200×5	10m	5.5
2	6－533	高压碳钢管 φ100×4	10m	2
3	6－2367	碳钢板卷管挖眼三通补强圈制作安装（电弧焊）	10 个	0.1
4	11－16	动力管道除锈（轻锈）	10m²	4
5	11－564	红丹环氧防锈漆、环氧磁漆	10m²	4
6	11－1749	泡沫玻璃瓦块安装 管道φ57mm 以下（厚度）	m³	0.9
7	6－2439	管道液压试验φ200×5	100m	0.55
8	6－2438	管道液压试验φ100×4	100m	0.2

项目编码:030801006   项目名称:低压不锈钢管

【例4】 本工程是某住宅小区燃气管道工程。图4-6为燃气管道平面图,图4-7为燃气管道系统图。燃气管道施工说明如下:燃气管道采用不锈钢(电弧焊)螺纹明装,管道穿墙穿楼板处均应设钢套管,燃气表进口处采用旋塞。燃气灶采用双眼燃气灶。埋地管采用刷油防腐,外露管刷环氧银粉漆两遍,本小区3个单元(1个单元2户)、6层,试计算管道工程量。

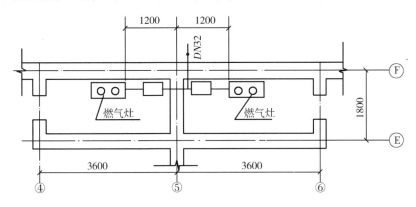

图 4-6 燃气管道平面图

【解】 先计算 1 个单元、6 层的工程量,3 个单元工程量即为所计算工程量的三倍。

1.1 个单元管道工程量

管道包括不锈钢管 DN32、DN25、DN20、DN15 四种,分别计算如下:

（1）DN32 不锈钢管道长度

$$L = [6 - (-1.2) + 1.2]m = 8.4m$$

注:燃气管入户距墙1.2m。

（2）DN25 不锈钢管道长度

$L = (12 - 6)\text{m} = 6\text{m}$

（3）DN20不锈钢管道长度

$L = (15 - 12)\text{m} = 3\text{m}$

（4）DN15不锈钢管道长度

$L = 1.2 \times 2 \times 6\text{m} = 14.4\text{m}$

2. 成品管件工程量

旋塞阀　2个×6＝12个

燃气表　2块×6＝12块

双眼燃气灶　2台×6＝12台

弯头（DN15）　4个×6＝24个

3. 钢管套管安装工程量

DN50套管　6个

4. 埋地管道刷油工程量

埋地管道DN32的刷油面积：

$S = \pi D L = 3.14 \times 0.32 \times 1.2\text{m}^2 = 1.21\text{m}^2$

5. 埋地管道防腐工程量

埋地管DN32的防腐面积：

$S = \pi D L = 3.14 \times 0.32 \times 1.2\text{m}^2 = 1.21\text{m}^2$

6. 外露管道刷环氧银粉漆工程量

（1）DN32管道（不包括埋地管道长度）面积：

$S_1 = \pi D L = 3.14 \times 0.32 \times (8.4 - 1.2 - 1.2)\text{m}^2 = 6.03\text{m}^2$

（2）DN25管道面积：

$S_2 = \pi D L = 3.14 \times 0.25 \times 6\text{m}^2 = 4.71\text{m}^2$

（3）DN15管道面积：

$S_3 = \pi D L = 3.14 \times 0.15 \times 14.4\text{m}^2 = 6.78\text{m}^2$

（4）DN20管道面积：

$S_4 = \pi D L = 3.14 \times 0.2 \times 3\text{m}^2 = 1.88\text{m}^2$

总面积：$S = S_1 + S_2 + S_3 + S_4 = (6.03 + 4.71 + 6.78 + 1.88)\text{m}^2 = 19.4\text{m}^2$

7. 工程量汇总

（1）根据《通用安装工程工程量计算规范》（GB 50856—2013），清单工程量计算见表4-6。

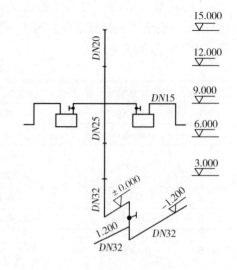

图4-7　燃气管道系统图

表4-6　清单工程量计算表

序号	项目编码	项目名称	项目特征描述	计量单位	工程量
1	030801006001	低压不锈钢管	DN32，埋地管刷油、防腐，外露管刷环氧银粉漆两遍	m	25.20
2	030801006002	低压不锈钢管	DN25，刷环氧银粉漆两遍	m	18.00
3	030801006003	低压不锈钢管	DN20，刷环氧银粉漆两遍	m	9.00
4	030801006004	低压不锈钢管	DN15，刷环氧银粉漆两遍	m	43.20
5	030804004001	低压不锈钢板卷管件	旋塞阀（DN15）	个	36

序号	项目编码	项目名称	项目特征描述	计量单位	工程量
6	030804004002	低压不锈钢板卷管件	燃气表（DN15）	个	36
7	030804004003	低压不锈钢板卷管件	弯头（DN15）	个	72
8	030804004004	低压不锈钢板卷管件	双眼灶具（DN15）	个	36
9	030804004005	低压不锈钢板卷管件	套管（DN50）	个	18

（2）根据《全国统一安装工程预算定额》第六册　工业管道工程 GYD – 206 – 2000 及第十一册　刷油、防腐蚀、绝热工程 GYD – 211 – 2000,定额工程量计算见表4-7。

表 4-7　定额工程量计算表

序号	定额编号	项目名称	计量单位	工程量
1	6 – 116	不锈钢管（电弧焊）	10m	2.52
2	6 – 115	不锈钢管（电弧焊）	10m	1.8
3	6 – 114	不锈钢管（电弧焊）	10m	0.9
4	6 – 113	不锈钢管（电弧焊）	10m	4.32
5	6 – 729	不锈钢管件（电弧焊）	10 个	18
6	6 – 2971	一般穿墙套管制作安装（DN50）	个	18
7	11 – 54	管道刷油	10m²	0.12
8	11 – 547	环氧银粉漆	10m²	3.88

项目编码:030310001　　项目名称:X 光线无损探伤

【例5】　本工程为某氧气加压站工艺管道系统图,管道采用碳钢无缝钢管,连接均为电弧焊,阀门、法兰均为碳钢对焊法兰,管道安装完成要做空气吹扫,水压试验,外壁要刷油漆,缓冲罐引出管线采用厚度60mm 的岩棉绝热层,外缠铝箔保护层。试计算此工程量(具体数据如图4-8所示)。

【解】　1. 管道工程量

管道包括 $\phi108 \times 4$ 和 $\phi133 \times 5$ 两种,工程量分别计算如下:

（1）$\phi108 \times 4$ 碳钢无缝钢管的长度

$L =$ 水平长度 + 竖直长度

$= \{(3 \times 2 + 6 + 20 + 8 + 8 + 6 + 1.8 \times 2 + 5 + 5) + [(3.6 - 1) \times 3 + (3.6 - 1.2) \times 2 + (4.6 -$

$2.8) \times 2]\}$m

$= 83.8$m

【注释】　式子 $(3.6 - 1) \times 3$ 中,3.6 是与氧气加压泵相连接的竖直管道的顶部标高,1 是其底部标高,此管道共有三段,所以为 $(3.6 - 1) \times 3$;式子 $(3.6 - 1.2) \times 2$ 中,3.6 是与止回阀连接的竖直管道的顶部标高,1.2 是此竖直管道的底部标高,图中共有两段这样的竖直管道,所以用 $(3.6 - 1.2) \times 2$;式子 $(4.6 - 2.8) \times 2$ 中,3.6 是与缓冲罐上部连接的竖直管道的顶部标高,2.8 是其底部标高,共有两段,所以用 $(4.6 - 2.8) \times 2$。

（2）$\phi133 \times 5$ 碳钢无缝钢管的长度

$L = (3 \times 3 + 2.6 + 1.7 \times 2)$m = 15m

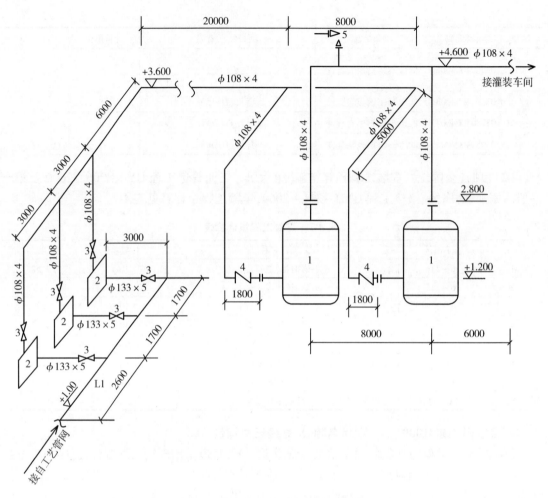

图 4-8　氧气加压站工艺管道系统图

1—缓冲罐　2—氧气加压泵　3—截止阀　4—止回阀　5—安全阀

2. 成品管件工程量

(1)碳钢对焊法兰　4 副

(2)焊接阀门(承插焊)　8 个

(3)弯头　$\phi 108 \times 4$　8 个;$\phi 133 \times 5$　1 个

(4)三通　$\phi 108 \times 4$　4 个;$\phi 133 \times 5$　2 个

3. 喷射除锈工程量

(1)$\phi 108 \times 4$ 碳钢无缝管道除锈面积 S_1:

$$S_1 = \pi DL = 3.14 \times 0.108 \times 83.8 \mathrm{m}^2 = 28.42 \mathrm{m}^2$$

(2)$\phi 133 \times 5$ 碳钢无缝管道除锈面积 S_2:

$$S_2 = \pi DL = 3.14 \times 0.133 \times 15 \mathrm{m}^2 = 6.26 \mathrm{m}^2$$

总除锈工程量:$S = S_1 + S_2 = 34.68 \mathrm{m}^2$

4. 管道水压试验工程量

$\phi 108 \times 4$ 管道长度:$L_1 = 83.8\text{m}$

$\phi 133 \times 5$ 管道长度:$L_2 = 15\text{m}$

水压试验工程量(公称直径200mm以内)为:

$$L = L_1 + L_2 = (83.8 + 15)\text{m} = 98.8\text{m}$$

5. 管道空气吹扫工程量

具体计算同水压试验工程量计算。

管道空气吹扫(公称直径200mm以内)工程量:$L = 98.8\text{m}$

6. 刷油工程量

所有管道都刷油,具体计算同除锈工程量计算

管道系统刷油工程量:$S = 34.68\text{m}^2$

7. 缓冲罐出口管道绝热工程量

(1)缓冲罐出口管道工程量:

长度 $L = 8\text{m} + 6\text{m} + (4.6 - 2.8) \times 2\text{m} = 17.6\text{m}$

(2)60mm厚岩棉绝热层工程量:

$$V = \pi(D + \delta + \delta \times 3.3\%) \times (\delta + \delta \times 3.3\%) \times L$$
$$= 3.14 \times (0.108 + 0.06 + 0.06 \times 3.3\%) \times (0.06 + 0.06 \times 3.3\%) \times 17.6\text{m}^3$$
$$= 0.582\text{m}^3$$

式中　D——管道外径(mm);

　　　δ——绝热层厚度(mm);

　3.3%——绝热材料允许超厚系数。

8. 保护层安装工程量

绝热层外铝箔工程量计算:

$$S = \pi(D + 2.1\delta + 0.0082)L$$
$$= 3.14 \times (0.108 + 2.1 \times 0.06 + 0.0082) \times 17.6\text{m}^2$$
$$= 13.38\text{m}^2$$

9. X光射线探伤工程量

焊缝共包括 a_1 对焊法兰　4副

$108 \times \pi \times 4 \times 2/(300 - 25 \times 2) = 10.8$　取11张

b_1 焊接阀门,8个:

$[108 \times \pi \times 5 \times 2/(300 - 25 \times 2) + 133 \times \pi \times 3 \times 2/(300 - 25 \times 2)] = 23.58$　取24张

c_1 弯头,9个:

$[108 \times \pi \times 8 \times 2/(300 - 25 \times 2) + 133 \times \pi \times 1 \times 2/(300 - 25 \times 2)] = 25.04$　取25张

d_1 三通,6个:

$[108 \times \pi \times 4 \times 3/(300 - 25 \times 2) + 133 \times \pi \times 2 \times 3/(300 - 25 \times 2)] = 26.30$　取27张

共计:$(11 + 24 + 25 + 27)$张 = 87张

10. 工程量汇总

(1)根据《通用安装工程工程量计算规范》(GB 50856—2013),清单工程量计算见表4-8。

表 4-8 清单工程量计算表

序号	项目编码	项目名称	项目特征描述	计量单位	工程量
1	030903001001	中压碳钢管	$\phi 108 \times 4$,喷射除锈管道水压试验,管道系统空气吹扫,管道刷油、焊接缝 X 光射线探伤	m	83.80
2	030903001002	中压碳钢管	$\phi 133 \times 5$,喷射除锈,管道水压试验,管道系统空气吹扫,管道刷油、焊接缝 X 光射线探伤	m	15.00
3	030903001003	中压碳钢管	$\phi 108 \times 4$,管道外壁喷射除锈,管道系统空气吹扫,管道系统水压试验,管道外壁加岩棉绝热层铝箔保护层	m	17.60
4	030805001001	中压碳钢管件	碳钢对焊法兰	个	4
5	030805001002	中压碳钢管件	焊接阀门	个	8
6	030805001003	中压碳钢管件	弯头	个	9
7	030805001004	中压碳钢管件	三通	个	6

(2)根据《全国统一安装工程预算定额》第六册 工业管道工程 GYD – 206 – 2000。及第十一册刷油、防腐蚀、绝热工程 GYD – 211 – 2000,定额工程量计算见表 4-9。

表 4-9 定额工程量计算表

序号	定额编号	项目名称	计量单位	工程量
1	6 – 34	碳钢管(电弧焊)公称直径 125mm 以内	10m	8.38
2	6 – 35	碳钢管(电弧焊)公称直径 150mm 以内	10m	1.5
3	6 – 650	碳钢对焊法兰(公称直径 125mm 以内)	副	4
4	6 – 650	碳钢焊接阀门(公称直径 125mm 以内)	10 个	0.5
5	6 – 651	碳钢焊接阀门(公称直径 150mm 以内)	10 个	0.3
6	6 – 650	弯头(公称直径 125mm 以内)	10 个	0.9
7	6 – 650	三通(公称直径 125mm 以内)	10 个	0.6
8	11 – 23	喷石英砂除锈	$10m^2$	3.468
9	6 – 2429	低中压管道液压试验	100m	0.988
10	6 – 2483	空气吹扫	100m	0.988
11	11 – 54	管道刷油	$10m^2$	3.468
12	11 – 1835	纤维类制品安装	m^3	0.582
13	11 – 2165	铝箔保护层	$10m^2$	1.338
14	6 – 2536	X 光射线探伤	10 张	8.7

项目编码:030810004   项目名称:低压不锈钢平焊法兰

【例 6】 图 4-9 为室外给水管管网的水表安装图,试计算其工程量。

【解】 给水管采用镀锌无缝钢管 DN50,阀门采用公称直径 DN50 的焊接阀门。室外给水管网水表安装图定额工程量计算：

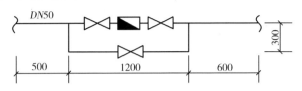

图 4-9　室外给水管网水表安装图

1. 镀锌无缝钢管 $DN50$ 的工程量

$L = (0.5 + 1.2 + 0.6 + 0.3 \times 2 + 1.2)\text{m} = 4.1\text{m}$

2. $DN50$ 的焊接阀门工程量

3 个

3. 水表

1 组

4. 管道系统吹扫工程量

$DN50$ 无缝管道: $L = 4.1\text{m}$

5. 管道系统液压试验

$DN50$ 无缝钢管: $L = 4.1\text{m}$

6. 管道刷红丹防锈漆两遍工程量

$S = \pi DL = 3.14 \times 0.05 \times 4.1\text{m}^2 = 0.64\text{m}^2$

清单工程量计算见表 4-10。

表 4-10　清单工程量计算表

序号	项目编码	项目名称	项目特征描述	计量单位	工程量
1	030801001001	低压碳钢管	镀锌无缝钢管 $DN50$	m	4.10
2	030807002001	低压焊接阀门	$DN50$ 焊接阀门	个	3
3	031003013001	水表	水表	组	1

项目编码:030801001　　项目名称:低压碳钢管

【例7】　如图 4-10 所示为淋浴器安装图,热水管采用碳钢管电弧焊,外刷二遍红丹防锈漆,两遍银粉漆;冷水管采用碳钢管电弧焊;外刷二遍红丹防锈漆,两遍银粉漆,混合水管为不锈钢管;热水管外加 5mm 厚岩棉保温层,外缠保护层铝箔。试计算淋浴器安装的工程量。

【解】　由图 4-10 可知,管道包括公称直径 $DN15$ 不锈钢管道,公称直径 $DN20$ 的碳钢冷水和热水管道,其工程量计算如下:

1. $DN15$ 不锈钢管道工程量

$L = $ 水平长度 + 竖直长度

$= 0.37\text{m} + (1.1 + 0.15)\text{m}$

$= 1.62\text{m}$

2. $DN20$ 碳钢冷水管道工程量

$L = $ 水平长度 + 竖直长度

$= (0.7 + 0.19)\text{m} + (0.15 + 0.27)\text{m}$

$= 1.31\mathrm{m}$

【注释】 0.7 是冷水干管的长度,0.19 是 $DN15$ 不锈钢立管与 $DN20$ 不锈钢立管之间的一段水平管道的长度;(0.15 + 0.27)是冷水 $DN20$ 立管的长度。

3. 热水管道 $DN20$ 碳钢管工程量

$L = $ 水平长度 + 竖直长度

$\quad = (0.7 + 0.19)\mathrm{m} + 0.27\mathrm{m}$

$\quad = 1.16\mathrm{m}$

4. 管件工程量

$DN15$ 不锈钢弯头 2 个

$DN15$ 三通 1 个

$DN20$ 三通 3 个

$DN20$ 弯头 2 个

$DN20$ 截止阀 2 个

5. 管道系统空气吹扫工程量

(1) $DN15$ 管道工程量:

具体计算同 1 $L_1 = 1.62\mathrm{m}$

(2) $DN20$ 冷、热水管道工程量:

具体计算如 2、3。

$L_2 = (1.31 + 1.16)\mathrm{m} = 2.47\mathrm{m}$

(3) 管道系统空气吹扫工程量:

$L = L_1 + L_2 = (1.62 + 2.47)\mathrm{m} = 4.09\mathrm{m}$

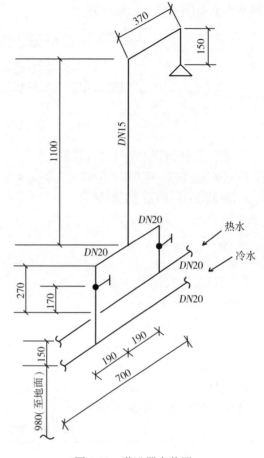

图 4-10 淋浴器安装图

6. 管道液压试验工程量

具体计算同 5: $L = 4.09\mathrm{m}$

7. 防锈工程量

(1) 管道红丹防锈漆两道工程量:

$S = \pi DL = \pi DL_{热水管} + \pi DL_{冷水管}$

$\quad = (3.14 \times 0.02 \times 1.16 + 3.14 \times 0.02 \times 1.31)\mathrm{m}^2$

$\quad = 0.17\mathrm{m}^2$

(2) 银粉漆两遍工程量:

$S = \pi DL = \pi DL_{热水管} + \pi DL_{冷水管}$

$\quad = (3.14 \times 0.02 \times 1.16 + 3.14 \times 0.02 \times 1.31)\mathrm{m}^2$

$\quad = 0.16\mathrm{m}^2$

8. 热水管保温层工程量

$V = \pi(D + \delta + \delta \times 3.3\%) \times (\delta + \delta \times 3.3\%) \times L$

$\quad = 3.14 \times (0.02 + 0.005 + 0.005 \times 3.3\%) \times (0.005 + 0.005 \times 3.3\%) \times 1.16\mathrm{m}^3$

$\quad = 0.0005\mathrm{m}^3$

式中 D ——管道直径(mm);

120

δ ——保温材料厚度(mm);

3.3% ——保温材料厚度允许超厚系数。

9. 铝箔保护层工程量

$$S = \pi(D + 2.1\delta + 0.0082)L$$
$$= 3.14 \times (0.02 + 2.1 \times 0.005 + 0.0082) \times 1.16\,\text{m}^2$$
$$= 0.14\,\text{m}^2$$

式中　D ——管道直径(mm);

　　　δ ——保温材料厚度(mm);

0.0082 ——捆扎线直径(mm)。

清单工程量计算见表4-11。

表 4-11　清单工程量计算表

序号	项目编码	项目名称	项目特征描述	计量单位	工程量
1	030801006001	低压不锈钢管	DN15	m	1.62
2	030801001001	低压碳钢管	DN20	m	2.47
3	030804003001	低压不锈钢管件	弯头,DN15	个	2
4	030804003002	低压不锈钢管件	三通,DN15	个	1
5	030804001001	低压碳钢管件	三通,DN20	个	3
6	030804001002	低压碳钢管件	弯头,DN20	个	2
7	030807001001	低压螺纹阀门	截止阀,DN20	个	2

项目编码:030801019　　项目名称:低压法兰铸铁管

【例8】 如图4-11所示为铸铁省煤器附件及管路图,数据参见图示,计算其工程量。

说明:省煤器对锅炉给水预热采用铸铁,管道采用低压法兰铸铁螺纹连接,便于省煤器更换,管路上附件采用对焊法兰连接。

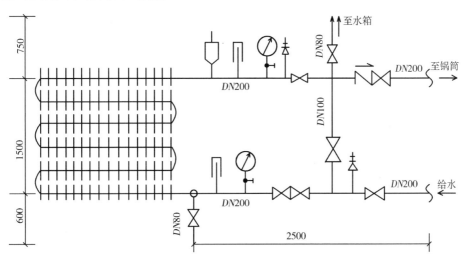

图 4-11　铸铁省煤器附件及管路

【解】 1. 管道的工程量

铸铁管道包括 $DN80$、$DN100$、$DN200$，其工程量分别计算如下：

（1）$DN80$ 铸铁管的长度：$L = (0.75 + 0.6)\text{m} = 1.35\text{m}$

（2）$DN100$ 铸铁管的长度：$L = 1.5\text{m}$

（3）$DN200$ 铸铁管的长度：$L = 2.5 \times 2\text{m} = 5\text{m}$

2. 成品管件工程量

压力表：2 台

温度计：2 支

放气阀：1 个

截止阀（$DN80$）：2 个

截止阀（$DN200$）：4 个

截止阀（$DN100$）：1 个

止回阀（$DN200$）：1 个

安全阀（$DN200$）：2 个

对焊铸铁法兰 $DN200$：8 副

对焊铸铁法兰 $DN100$：1 副

对焊铸铁法兰 $DN80$：2 副

3. 管道系统空气吹洗工程量

$DN200$ 铸铁管道工程量：$L = 5\text{m}$

$DN100$ 铸铁管道工程量：$L = 1.5\text{m}$

$DN80$ 铸铁管道工程量：$L = 1.35\text{m}$

4. 管道系统液压试验工程量

$DN200$ 铸铁管道工程量：$L = 5\text{m}$

$DN100$ 铸铁管道工程量：$L = 1.5\text{m}$

$DN80$ 铸铁管道工程量：$L = 1.35\text{m}$

5. 管道除锈工程量

（1）$DN200$ 铸铁管表面积：$S_1 = \pi DL = 3.14 \times 0.219 \times 5\text{m}^2 = 3.44\text{m}^2$

（2）$DN100$ 铸铁管表面积：$S_2 = \pi DL = 3.14 \times 0.108 \times 1.5\text{m}^2 = 0.51\text{m}^2$

（3）$DN80$ 铸铁管表面积：$S_3 = \pi DL = 3.14 \times 0.089 \times 1.35\text{m}^2 = 0.38\text{m}^2$

注：D 为管道外径。

$S = S_1 + S_2 + S_3 = (3.44 + 0.51 + 0.38)\text{m}^2 = 4.33\text{m}^2$

6. 管道刷防锈漆、两遍银粉漆两遍工程量

具体计算同 5。

$S = S_1 + S_2 + S_3 = 4.33\text{m}^2$

清单工程量计算见表 4-12。

表 4-12　清单工程量计算表

序号	项目编码	项目名称	项目特征描述	计量单位	工程量
1	030801019001	低压法兰铸铁管	$DN200$ 铸铁管	m	5.00

序号	项目编码	项目名称	项目特征描述	计量单位	工程量
2	030801019002	低压法兰铸铁管	DN100 铸铁管	m	1.50
3	030801019003	低压法兰铸铁管	DN80 铸铁管	m	1.35
4	030601001001	温度仪表	温度计	支	2
5	030601002001	压力仪表	压力表	台	2
6	030807006001	低压调节阀门	放气阀	个	1
7	030807001001	低压螺纹阀门	止回阀,DN200	个	1
8	030807001002	低压螺纹阀门	截止阀,DN80	个	2
9	030807001003	低压螺纹阀门	截止阀,DN200	个	5
10	030807001004	低压螺纹阀门	截止阀,DN100	个	1
11	030807006002	低压调节阀门	安全阀,DN200	个	2
12	030810002001	低压碳钢对焊法兰	DN200	副	8
13	030810002002	低压碳钢对焊法兰	DN80	副	2
14	030810002003	低压碳钢对焊法兰	DN100	副	1

项目编码:030804001   项目名称:低压碳钢管件

【**例 9**】   如图 4-12 所示为任意角度弯头,试求此弯头所耗管材工程量。

【**解**】   由图 4-12 可知,弯头的所耗管材工程量为两端直管段长度与中间弧管段长度之和,即

$$L = (A + B) + \alpha R$$

式中 A、B——分别为两直管段长度(mm);

α——为弧管段所对应的弧度。

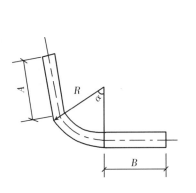

图 4-12 任意角度弯头

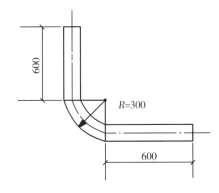

图 4-13 90°弯头

【**例 10**】   如图 4-13 所示为供暖管段 DN50 的一个 90°有缝钢管弯头,要除锈,刷两遍红丹防锈漆、两遍银粉漆,外加 20mm 厚的岩棉保温层,外缠铝箔保护层,试计算此弯头工程量。

【**解**】   1. 弯头所耗 DN50 有缝钢管工程量

$$L = (A + B) + \alpha R = (0.6 + 0.6)\text{m} + \frac{90°}{180°}\pi \times 0.3\text{m} = 1.67\text{m}$$

式中 A、B——分别是两直管段长度(mm)。

2. 除锈工程量

$S = \pi DL = 3.14 \times 0.05 \times 1.67 m^2 = 0.26 m^2$

3. 弯头刷两遍红丹防锈漆工程量

$S = \pi DL = 3.14 \times 0.05 \times 1.67 m^2 = 0.26 m^2$

再刷两遍银粉漆工程量:

$S = \pi DL = 3.14 \times 0.05 \times 1.67 m^2 = 0.26 m^2$

4. 外加20mm厚岩棉保温层工程量

$V = \pi(D + \delta + \delta \times 3.3\%) \times (\delta + \delta \times 3.3\%)L$

$= 3.14 \times (0.05 + 0.02 + 0.02 \times 3.3\%) \times (0.02 + 0.02 \times 3.3\%) \times 1.67 m^3$

$= 0.0077 m^3$

式中　D——管道直径(mm);

　　　δ——保温层厚度(mm);

　3.3%——保温层厚度允许超厚系数。

5. 外缠铝箔保护层工程量

$S = \pi(D + 2.1\delta + 0.0082)L$

$= 3.14 \times (0.05 + 2.1 \times 0.02 + 0.0082) \times 1.67 m^2$

$= 0.53 m^2$

式中　2.1——调整系数。

清单工程量计算见表4-13。

表4-13　清单工程量计算表

项目编码	项目名称	项目特征描述	计量单位	工程量
030804001001	低压碳钢管件	DN50,90°有缝钢管弯头,除锈刷两遍红丹防锈漆,两遍银粉漆,保温层,保护层	个	1

项目编码:030801001　　项目名称:低压碳钢管

【例11】　如图4-14、图4-15分别是氮气加压站工业管道的平面图和立面图,试计算此氮气加压站工业管道工程量。

工程说明如下:

(1)$\phi 273 \times 5$采用无缝钢管,$\phi 325 \times 7$管采用钢板卷管。

(2)管件所用三通为现场挖眼连接,弯头全部采用成品冲压弯头,$\phi 273 \times 5$弯头弯曲半径$R = 400mm$,$\phi 325 \times 7$弯头弯曲半径$R = 500mm$,电动阀门长度按500mm计。

(3)所用法兰采用平焊法兰,阀门采用平焊法连接。

(4)管道系统安装完毕做水压试验。

(5)无缝钢管共有16道焊口,设计要求50%进行X光射线无损探伤,胶片规格为300mm×80mm。

(6)所用管道外除锈后进行一般刷油处理。$\phi 325 \times 7$的管道需绝热,绝热层厚$\delta = 50mm$,外缠纤维布作保护层。

【解】　1. 管道工程量

(1)$\phi 273 \times 5$无缝钢管工程量:

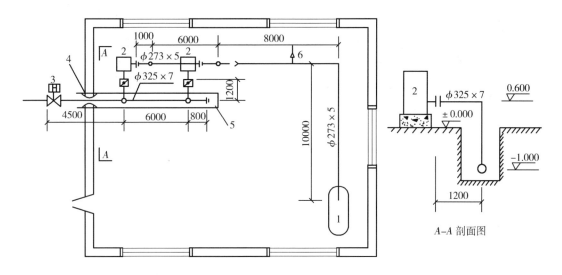

图 4-14　氮化加压站工业管道平面图

1—储气罐　2—压缩机　3—电动阀

4—防水套管　5—沟底盖板　6—安全阀

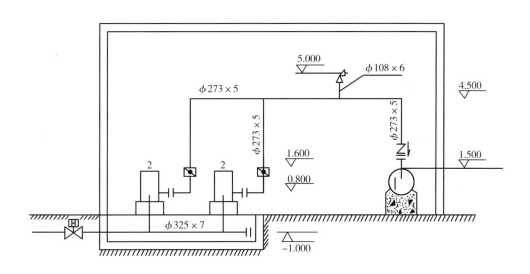

图 4-15　氮气加压站工业管道立面图

L = 水平长度 + 竖直长度

$$= (1 \times 2 + 6 + 8 + 10)\,\mathrm{m} + \left[(4.5 - 0.8) \times 2 + (4.5 - 1.5) \right]\,\mathrm{m}$$

$$= 36.4\,\mathrm{m}$$

【注释】　结合平立面图,水平长度中,1是从压缩机引出的水平管道上的第一个阀门到竖直管道底部的长度,立面图中共有2段,所以为1×2;6是上方第一段水平管道的长度,8是第二段水平管道的长度,10是与储气罐竖直管道连接的水平管道的长度;竖直管道中,$(4.5-0.8)$是两水平管道间的竖直管道的长度,有2段,所以为$(4.5-0.8) \times 2$,$(4.5-1.5)$是与储气罐连接的竖直管道的长度。

(2)$\phi325 \times 7$ 管的长度:

L = 水平长度 + 竖直长度 = (4.5 + 6 + 0.8 + 1.2 × 2)m + [0.6 − (−1.0)] × 2m = 16.9m

【注释】 (4.5 + 6 + 0.8)是地下管沟中水平管道的长度,1.2 在 A − A 剖面图中是竖直管道与阀门之间的水平长度,共有两段;竖直管道的长度为 0.6 − (−1.0),共有两段。

(3)无缝钢管 ϕ108 × 6 工程量:

L = (5.0 − 4.5)m = 0.5m

2. 管件工程量

管件安装 $DN$300:弯头 2 个   三通 2 个

管件安装 $DN$250:弯头 5 个   三通 1 个

电动阀 $DN$300:1 个

法兰阀门 $DN$250:蝶阀 2 个,止回阀 1 个

法兰阀门 $DN$300:蝶阀 2 个

安全阀 $DN$100:1 个

法兰 $DN$250:3 副

法兰 $DN$300:2 副

3. 防水套管工程量

(1)防水套管制作 $DN$300:1 个

(2)防水套管安装 $DN$300:1 个

4. 管道系统水压试验工程量

(1)ϕ273 × 6 无缝钢管工程量 L = 36.4m

(2)ϕ325 × 7 钢板卷管工程量 L = 16.9m

(3)ϕ108 × 6 无缝钢管工程量 L = 0.5m

5. X 光射线无损伤拍片工程量

(1)每个焊口拍张数:273 × π/(300 − 2 × 25) = 3.43   取 4 张

(2)16 个焊口共拍数:4 × 16 张 = 64 张

(3)要求 50% 进行 X 光无损伤探伤工程量:64 × 50% = 32 张

6. 管道除锈工程量

(1)ϕ273 × 5 管道表面积:$S_1 = \pi DL = 3.14 × 0.273 × 36.4m^2 = 31.2m^2$

(2)ϕ325 × 7 管道表面积:$S_2 = \pi DL = 3.14 × 0.325 × 16.9m^2 = 17.25m^2$

(3)ϕ108 × 6 管道表面积:$S_3 = \pi DL = 3.14 × 0.108 × 0.5m^2 = 0.17m^2$

$S = S_1 + S_2 + S_3 = (31.2 + 17.25 + 0.17)m^2 = 48.62m^2$

7. 管道刷防锈漆两遍工程量

具体计算同 6,S = 48.62m²

8. 管道绝热工程量计算

$V = \pi × (D + \delta + \delta × 3.3\%) × (\delta + \delta × 3.3\%)L$

$= 3.14 × (0.325 + 0.05 + 0.05 × 0.033) × (0.05 + 0.05 × 0.033) × 16.9m^3$

$= 1.03m^3$

式中　D ——管道直径(m);

　　　δ ——保温层厚度(m);

　3.3% ——保温层厚度允许超厚系数。

9. 管道保护层工程量

$$S = \pi \times (D + 2.1\delta + 0.0082)L$$
$$= 3.14 \times (0.325 + 2.1 \times 0.05 + 0.0082) \times 16.9\,m^2$$
$$= 23.25\,m^2$$

式中　2.1——调整系数；

0.0082——捆扎线直径(m)。

清单工程量计算见表 4-14。

表 4-14　清单工程量计算表

序号	项目编码	项目名称	项目特征描述	计量单位	工程量
1	030801001001	低压碳钢管	无缝钢管,$\phi 273 \times 5$	m	36.40
2	030801001002	低压碳钢管	无缝钢管,$\phi 108 \times 6$	m	0.50
3	030801005001	低压碳钢板卷管	钢板卷管,$\phi 325 \times 7$	m	16.90
4	030804001001	低压碳钢管件	弯头,$DN250$	个	5
5	030804001002	低压碳钢管件	三通,$DN250$	个	1
6	030804002001	低压碳钢板卷管件	弯头,$DN300$	个	2
7	030804002002	低压碳钢板卷管件	三通,$DN300$	个	2
8	030807004001	低压齿轮、液压传动、电动阀门	电动阀,$DN300$	个	1
9	030807003001	低压法兰阀门	蝶阀,$DN250$	个	2
10	030807003002	低压法兰阀门	止回阀,$DN250$	个	1
11	030807003003	低压法兰阀门	蝶阀,$DN300$	个	2
12	030807006001	低压调节阀门	安全阀,$DN100$	个	1
13	030810002001	低压碳钢平焊法兰	$DN250$	副	3
14	030810002002	低压碳钢平焊法兰	$DN300$	副	2
15	030816003001	焊缝 X 光射线探伤	$300 \times 80, \delta = 25mm, 50\%$ 探伤	张	32

项目编码:030816003　　项目名称:焊缝 X 光射线探伤

【例 12】　如图 4-16 所示为某商场空调机房的气压罐定压安装立面图,图 4-17 为平面图,管道采用低压不锈钢有缝钢管,外壁除锈,刷两遍防锈漆和两道银粉漆;所有阀门采用法兰阀门,法兰连接采用平焊法兰;管件所有三通为现场挖眼连接,弯头全部采用成品冲压弯头;管道系统安装完毕要进行管道系统吹扫,随后进行液体试压;有缝钢管共有 16 道焊口,设计要求 60% 进行 X 光射线无损探伤,胶片规格为 300mm × 80mm。试计算气压罐安装工程量。

【解】　1. 管道系统工程量

管道包括 $DN20$、$DN25$、$DN32$ 的有缝钢管,其工程量分别计算如下:

(1) $DN20$ 有缝钢管工程量计算:

$L = 0.3m$(平面图)

(2) $DN25$ 有缝钢管工程量计算:

$L =$ 水平长度(平面图) + 竖直长度(立面图)
$= [(0.8 \times 2 + 0.6 \times 2 + 1.0) + (0.7 - 0.1) \times 2]m$
$= 5.0m$

(3) $DN32$ 有缝钢管工程量计算:

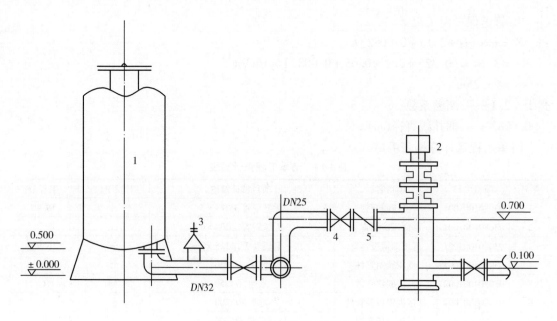

图 4-16　氮气罐定压立面图

1—气压罐　2—手摇泵　3—安全阀　4—蝶阀　5—止回阀

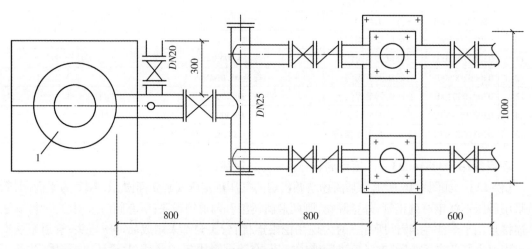

图 4-17　氮气罐定压平面图

$L=$ 水平长度(平面图)+竖直长度(立面图)

$\quad = [0.8+(0.5-0.000)]$ m

$\quad = 1.3$ m

2. 管件工程量

(1) BLY800-0.6　气压罐　1个

(2) WY-25LD　手摇泵　2个

(3) 法兰阀门:

DN25　蝶阀　4个;止回阀　2个

DN32　蝶阀　1个

$DN20$　截止阀　1 个

(4)平焊法兰:8 副

(5)安全阀:1 个($DN25$)

(6)三通:$DN32$　2 个;$DN25$　2 个

(7)弯头:$DN32$　1 个

3. 管道系统吹洗工程量

(1)$DN20$ 有缝钢管工程量计算:$L=0.3$m

(2)$DN25$ 有缝钢管工程量计算:$L=5.0$m

(3)$DN32$ 有缝钢管工程量计算:$L=[0.8+(0.5-0.000)]$m$=1.3$m

4. 管道系统液压试验工程量

(1)$DN20$ 有缝钢管工程量计算:$L=0.3$m

(2)$DN25$ 有缝钢管工程量计算:

$L=[(0.8\times2+0.6\times2+1.0)+(0.7-0.1)\times2]m=5.0$m

(3)$DN32$ 有缝钢管工程量计算:$L=[0.8+(0.5-0.000)]$m$=1.3$m

5. 管道系统除锈工程量

(1)$DN20$ 有缝钢管表面积计算:

$S_1=\pi DL=3.14\times0.22\times0.3m^2=0.02$m^2

(2)$DN25$ 有缝钢管表面积计算:

$S_2=\pi DL=3.14\times0.032\times5.0m^2=0.50$m^2

(3)$DN32$ 有缝钢管表面积计算:

$S_3=\pi DL=3.14\times0.033\times1.3m^2=0.13$m^2

管道系统除锈工程量为

$S=S_1+S_2+S_3=(0.02+0.50+0.13)m^2=0.65$m^2

6. X 光射线无损伤探伤工程量

(1)每道焊缝拍片张数工程量计算:

①$DN20$ 焊缝需拍片张数:$22\times\pi/(300-2\times25)=0.28$　取 1 张。

②$DN25$ 焊缝需拍片张数:$32\times\pi/(300-2\times25)=0.40$　取 1 张。

③$DN32$ 焊缝需拍片张数:$33\times\pi/(300-2\times25)=0.41$　取 1 张。

(2)16 道焊缝包括 $DN20$ 焊缝 2 条,$DN25$ 焊缝 12 条,$DN32$ 焊缝 2 条,其共需拍片张数为:

$(1\times2+1\times12+1\times2)$张 $=16$ 张

(3)设计要求 60% 焊缝进行无损伤探伤,实际工程量:$16\times60\%$张 $=9.6$ 张,取 10 张。

7. 管道系统刷油工程量

(1)$DN25$ 刷油工程量计算:

$S_1=\pi DL=3.14\times0.032\times5.0m^2=0.50$m^2

(2)$DN20$ 刷油工程量计算:

$S_2=\pi DL=3.14\times0.022\times0.3m^2=0.02$m^2

(3)$DN32$ 刷油工程量计算:

$S_3=\pi DL=3.14\times0.033\times1.3m^2=0.13$m^2

总的刷油工程量为:$S=S_1+S_2+S_3=(0.50+0.02+0.13)m^2=0.65$m^2

清单工程量计算见表4-15。

表4-15　清单工程量计算表

序号	项目编码	项目名称	项目特征描述	计量单位	工程量
1	031001002001	低压有缝钢管	不锈钢DN20	m	0.30
2	031001002002	低压有缝钢管	不锈钢DN25	m	5.00
3	031001002003	低压有缝钢管	不锈钢DN32	m	1.30
4	031005008001	集气罐制作安装	气压罐,BLY800-0.6	个	1
5	030816003001	焊缝X光射线探伤	300×800,60%探伤	张	10
6	030817007001	手摇泵安装	WY-25LD	个	2
7	030807003001	低压法兰阀门	蝶阀,DN25	个	4
8	030807003002	低压法兰阀门	止回阀,DN25	个	2
9	030807003003	低压法兰阀门	蝶阀,DN32	个	1
10	030807003004	低压法兰阀门	截止阀,DN20	个	1
11	030807005001	低压安全阀门	DN25	个	1
12	030810002001	低压碳钢平焊法兰		副	8
13	030804001001	低压碳钢管件	三通,DN32	个	2
14	030804001002	低压碳钢管件	三通,DN25	个	2
15	030804001003	低压碳钢管件	弯头,DN32	个	1

项目编码:030808004　　项目名称:中压齿轮、液压传动、电动阀门

【例13】　如图4-18所示为雷诺式煤气调压站工艺流程图,试计算此雷诺式煤气调压管道系统工程量。

工程说明:

(1)管道φ325×7采用中压碳钢管,连接采用平焊法兰连接,φ32×4采用中压不锈钢管,采用螺纹连接。

(2)所有阀门采用平焊法兰连接。

(3)管件中所有三通为现场挖眼制作、安装,弯头采用机械揻弯。

(4)管道系统安装完成之后要进行管道系统空气吹扫,低中压管道泄漏性试验。

(5)管道系统需除锈、刷油、防腐,刷油为红丹防锈漆两遍,外涂NSJ特种防腐涂料。

(6)焊缝接口要进行X光射线无损伤探测,胶片规格为80mm×150mm,设计要求100%进行探测。

【解】　1.管道系统工程量

由于图比较复杂,因此分成5个部分进行计算,管道系统中共包括φ325×7中压碳钢管和φ32×4中压不锈钢管。其中φ325×7中压碳钢管包括③和⑤部分,φ32×4中压不锈钢管包括①、②、④三部分。

(1)①部分管道长度工程量计算:

L_1 = 水平长度 + 竖直长度 = [2.4 + (2.2 - 1.2 + 2.2 - 1.8)]m = 3.8m

(2)②部分管道长度工程量计算:

L_2 = 水平长度 + 竖直长度

= [(2.2 + 0.8 + 0.8 + 0.8) + (2.2 - 1.8 + 2.2 - 1.8 + 2.2 - 0.3)]m

= 7.3m

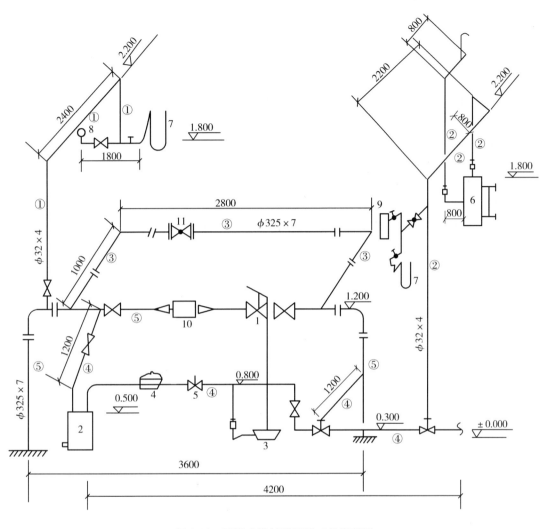

图 4-18 雷诺式煤气调压站工艺流程图
1—主调压器（液压传动,电动阀门） 2—脱萘筒 3—压力平衡器
4—中压辅助调压器 5—针形阀 6—液位计 7—U 形压力计
8—中压自动压力计 9—低压自动压力计 10—过滤器 11—球阀

（3）③部分管道长度工程量计算：

$L_3 = 水平长度 + 竖直长度 = (2.8 + 1 \times 2 + 0) \text{m} = 4.8 \text{m}$

（4）④部分管道长度工程量计算：

$L_4 = 水平长度 + 竖直长度$

$\quad = \{(1.2 \times 2 + 4.2) + [(0.8 - 0.5) \times 2 + 0.8 - 0.3]\} \text{m}$

$\quad = 7.7 \text{m}$

（5）⑤部分管道长度工程量计算：

$L_5 = 水平长度 + 竖直长度 = [3.6 + (1.2 \times 2)] \text{m} = 6 \text{m}$

小计：$\phi 325 \times 7$ 中压碳钢管工程量为

$L = L_3 + L_5 = (4.8 + 6) \text{m} = 10.8 \text{m}$

$\phi 32 \times 4$ 中压不锈钢管工程量为

$L = L_1 + L_2 + L_4 = (5.6 + 7.3 + 7.7)\text{m} = 20.6\text{m}$

2. 管件工程量

液压传动、电动阀门　$DN300$　1个

脱萘筒　$DN25$　1个

中压辅助调节器　$DN25$　1台

压力平衡器　$DN25$　1台

中压自动压力计　$DN25$　1台

低压自动压力计　$DN25$　1台

气体过滤器　$DN300$　1台

U形压力计　$DN25$　2台

液位计　$DN25$　1组

调节阀:Z41H-25闸阀　$DN300$　2个

　　　球阀　1个

　　　内螺纹暗杆楔式单闸阀　Z15W-10K　$DN25$　3个

　　　内螺纹暗杆楔式闸阀　Z15W-10　$DN25$　5个

弯头:$DN25$　10个;$DN300$　4个

三通:$DN25$　2个;$DN300$　4个

法兰:$DN25$　8副;$DN300$　10副

3. 管道系统空气吹扫工程量

$DN50$以内管道长度工程量计算:

$L = L_1 + L_2 + L_4 = (5.6 + 7.3 + 7.7)\text{m} = 20.6\text{m}$

$DN400$以内管道长度工程量计算:

$L = L_3 + L_5 = (4.8 + 6)\text{m} = 10.8\text{m}$

4. 低中压管道泄漏性试验工程量

公称直径50mm以内管道工程量计算:

$L = L_1 + L_2 + L_4 = (5.6 + 7.3 + 7.7)\text{m} = 20.6\text{m}$

公称直径400mm以内管道工程量计算:

$L = L_3 + L_5 = (4.8 + 6)\text{m} = 10.8\text{m}$

5. 管道系统除锈工程量

(1)$\phi 32 \times 4$管道外表面积:

$S_1 = \pi DL = 3.14 \times 0.032 \times 20.6\text{m}^2 = 2.07\text{m}^2$

(2)$\phi 325 \times 7$管道外表面积:

$S_2 = \pi DL = 3.14 \times 0.325 \times 10.8\text{m}^2 = 11.02\text{m}^2$

管道系统的除锈工程量计算:

$S = S_1 + S_2 = (2.07 + 11.02)\text{m}^2 = 13.09\text{m}^2$

6. 管道外表面刷红丹防锈漆两遍工程量

具体计算同5:$S = S_1 + S_2 = (2.07 + 11.02)\text{m}^2 = 13.09\text{m}^2$

7. 管道外涂 NSJ 特种防腐材料工程量

具体计算同 5: $S = S_1 + S_2 = (2.07 + 11.02) \mathrm{m}^2 = 13.09 \mathrm{m}^2$

8. X 光射线无损伤探测工程量

管道焊缝共 22 条,其中 $\phi325 \times 7$ 焊缝 6 条,$\phi32 \times 4$ 中压碳钢管焊缝共 16 条。

(1)每条焊缝所需拍片张数:

$\phi325 \times 7$ 管道上每条焊缝所需张数:

$325 \times \pi/(80 - 25 \times 2) = 34$ 张

$\phi32 \times 4$ 管道上每条焊缝所需张数:

$32 \times \pi/(80 - 25 \times 2) = 3.35$ 取 4 张

(2)X 光射线无损伤探测工程量:

$(34 \times 6 + 4 \times 16)$ 张 $= 268$ 张

清单工程量计算见表 4-16。

表 4-16 清单工程量计算表

序号	项目编码	项目名称	项目特征描述	计量单位	工程量
1	030802003001	中压不锈钢管	$\phi32 \times 4$	m	20.60
2	030802001001	中压碳钢管	$\phi325 \times 7$	m	10.80
3	0310080011001	过滤器	气体过滤器 DN300	台	1
4	030703001001	碳钢调节阀制作、安装	Z41H – 25 闸阀 DN300	个	2
5	030703001002	碳钢调节阀制作、安装	球阀	个	1
6	030703001003	碳钢调节阀制作安装	内螺纹暗杆楔式单闸阀 Z15W – 10K DN25	个	3
7	030703001004	碳钢调节阀制作安装	内螺纹暗杆楔式闸阀 Z15W – 10 DN25	个	5
8	030816003001	焊缝 X 光射线探伤	80 × 150,100% 探测	张	268
9	030808004001	中压齿轮、液压传动、电动阀门	DN300	个	1
10	030817003001	空气分气筒制作安装	脱萘筒,DN25	组	1
11	030817006001	水位计安装	液位计,DN25	组	1
12	030601002001	压力仪表	中压自动压力计,DN25	台	1
13	030601002002	压力仪表	低压自动压力计,DN25	台	1
14	030601002003	压力仪表	U 形压力计,DN25	台	1
15	030805001001	中压碳钢管件	弯头,DN300	个	4
16	030805001002	中压碳钢管件	三通,DN300	个	4
17	030805003001	中压不锈钢管件	弯头,DN25	个	10
18	030805003002	中压不锈钢管件	三通,DN25	个	2
19	030811002001	中压碳钢焊接法兰	DN300	副	10
20	030811004001	中压不锈钢法兰	DN25	副	8

项目编码:030816005   项目名称:焊缝超声波探伤

【例 14】   如图 4-19 所示为某化工厂装置中的部分热交换工艺管道系统图,管道系统工作压力为 2.0MPa,试计算此换热装置管道系统工程量。

工程说明：

（1）管道采用 20 根无缝钢管,管件弯头采用成品冲压弯头,三通、四通现场挖眼连接,异径管现场制作。

（2）法兰、阀门,所有法兰为碳钢对焊法兰;阀门除图中说明外,均为 J41H-25,采用对焊法兰连接;系统连接全部采用电弧焊。

（3）管道支架为普通支架,其中 φ219×6 管支架共 12 处,每处 25kg,φ159×6 管支架共 10 处,每处 20kg;支架手工除锈后刷防锈漆、调和漆两遍。

（4）管道安装完毕做水压试验,对管道焊口按 50% 的比例进行超声波探伤,其焊口总数为:φ219×6 管道焊口 12 口,φ159×6 管道焊口 24 口。

（5）管道安装就位后,除有管道外壁除锈后刷漆两遍;采用岩棉管壳(厚度 60mm)作绝热层,外包铝箔保护层。

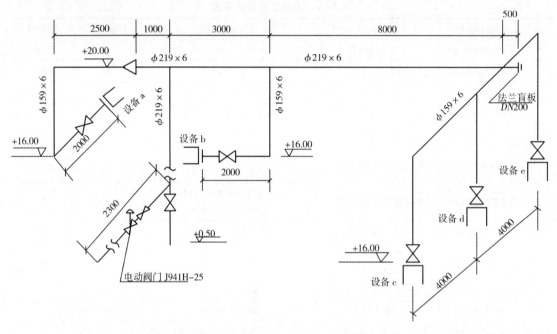

图 4-19　热交换站装置管道系统图

【解】　1. 管道工程量

$P = 2.0\text{MPa}, 1.6\text{MPa} < P \leq 10\text{MPa}$,为中压。

（1）φ219×6 无缝钢管的工程量:

$L = [(1+3+8+0.5+2.3) + (20-0.5)]\text{m} = 34.3\text{m}$

（2）φ159×6 无缝钢管的工程量:

$L = \{(2.5+4×2+2+2) + [(20-16)+20-16+(20-16)×3]\}\text{m} = 34.5\text{m}$

2. 管件工程量

（1）中压碳钢管件 DN200 电弧焊接:三通 3 个;四通 1 个

（2）中压碳钢管件 DN150 电弧焊接:三通 1 个;弯头 5 个

（3）中压法兰阀门 DN200:J41T-25,2 个

(4)中压法兰阀门 $DN150$:J41T – 25,5 个

(5)中压电动阀门:J941H – 25,1 个

3. 管架制作,除锈(手工)刷防锈漆、调和漆两遍工程量

(1)$\phi219 \times 6$ 管支架:$25 \times 12kg = 300kg$

(2)$\phi159 \times 6$ 管支架:$20 \times 10kg = 200kg$

共计:$(300 + 200)kg = 500kg$

4. 低中压管道液压试验工程量

$\phi219 \times 6$ 无缝碳钢管长度:$L = 34.3m$

$\phi159 \times 6$ 无缝碳钢管长度:$L = 34.5m$

5. 管道系统除锈工程量

$\phi219 \times 6$ 无缝碳钢管外壁面积:

$S_1 = \pi DL = 3.14 \times 0.219 \times 34.3m^2 = 23.59m^2$

$\phi159 \times 6$ 无缝碳钢管外壁面积:

$S_2 = \pi DL = 3.14 \times 0.159 \times 34.5m^2 = 17.23m^2$

共计:$S = S_1 + S_2 = (23.59 + 17.23)m^2 = 40.82m^2$

6. 管道系统刷防锈漆两遍工程量

具体计算同5:$S = 40.82m^2$

7. 管道系统 60mm 厚岩棉绝热层工程量

$\phi219 \times 6$ 管绝热层工程量计算:

$$V_1 = \pi \times (D + 1.033\delta) \times 1.033\delta L$$
$$= 3.14 \times (0.219 + 1.033 \times 0.06) \times 1.033 \times 0.06 \times 34.3m^3$$
$$= 1.88m^3$$

$\phi159 \times 6$ 管绝热层工程量计算:

$$V_2 = \pi \times (D + 1.033\delta) \times 1.033\delta L$$
$$= 3.14 \times (0.159 + 1.033 \times 0.06) \times 1.033 \times 0.06 \times 34.5m^3$$
$$= 1.484m^3$$

共计:$V = V_1 + V_2 = (1.88 + 1.484)m^3 = 3.36m^3$

8. 外包铝箔保护层的工程量

$$S = \pi(D_1 + 2.1\delta + 0.0082) \times L_1 + \pi(D_2 + 2.1\delta + 0.0082) \times L_2$$
$$= 3.14 \times (0.219 + 2.1 \times 0.06 + 0.0082) \times 34.3m^2 + 3.14 \times (0.159 + 2.1 \times 0.06 + 0.0082) \times 34.5m^2$$
$$= 69.80m^2$$

9. 管道焊口按 50% 的比例作超声波探伤工程量

$\phi219 \times 6$ 管焊口:$12 \times 50\% = 6$ 口

$\phi159 \times 6$ 管焊口:$24 \times 50\% = 12$ 口

共计:$(6 + 12)$ 口 $= 18$ 口

清单工程量计算见表4-17。

表 4-17　清单工程量计算表

序号	项目编码	项目名称	项目特征描述	计量单位	工程量
1	030802001001	中压碳钢管	$\phi219 \times 6$ 无缝钢管	m	34.30
2	030802001002	中压碳钢管	$\phi159 \times 6$ 无缝钢管	m	34.50
3	030808003001	中压法兰阀门	中压法兰阀门,$DN200/J41T-25$	个	2
4	030808003002	中压法兰阀门	中压法兰阀门,$DN150/J41T-25$	个	5
5	030815001001	管架制作安装	普通支架,$\phi219 \times 6$,除锈,刷漆两遍	kg	300
6	030815001002	管架制作安装	普通支架,$\phi159 \times 6$,除锈,刷漆两遍	kg	200
7	030816005001	焊缝超声波探伤	$\phi219 \times 6$ 管焊口	口	6
8	030816005002	焊缝超声波探伤	$\phi159 \times 6$ 管焊口	口	12
9	030805001001	中压碳钢管件	三通,电弧焊接,$DN200$	个	3
10	030805001002	中压碳钢管件	四通,电弧焊接,$DN200$	个	1
11	030805001003	中压碳钢管件	三通,电弧焊接,$DN150$	个	1
12	030805001004	中压碳钢管件	弯头,电弧焊接,$DN150$	个	5
13	030808004001	中压齿轮、液压传动、电动阀门	$J941H-25$	个	1

项目编码:031001002　　项目名称:低压有缝钢管

【例 15】　如图 4-20 所示为某造船厂压缩空气站局部平面图,如图 4-21 是其剖面图,试计算其管道系统工程量。

工程说明:

(1)管道采用低压有缝钢管 $DN32$、$DN50$、$DN80$、$DN100$,所有管道表面要除锈、刷油、防腐,外加泡沫玻璃瓦块 30mm 绝热层,外缠铝箔保护层。

(2)管件阀门采用 J44H-10 法兰阀门,弯头采用机械掰弯,三通现场挖眼制作,法兰采用平焊连接,系统连接采用氩电联焊。

(3)管道安装完毕做水压试验、泄漏性试验。

(4)焊缝要求按 50% 作超声波无损探伤探测。

【解】　1. 低压有缝钢管工程量

(1)$DN32$ 有缝钢管长度:

$L = (2.8 - 2.6) \times 3m = 0.6m$

(2)$DN50$ 有缝钢管长度:

$L = [(1.2 - 0.25) \times 3 + 3.2 \times 3 + (0.25 - 0.000) \times 3]m = 13.2m$

(3)$DN80$ 有缝钢管长度:

$L = $ 平面长度 + 剖面长度

$= \{[(0.5 + 0.8 + 2.5 + 1.2 + 1.5) \times 3 + 2.5 \times 2] + [(2.5 - 0.6) \times 3 + (2.5 - 1.2) \times 3 + (2.0 - 0.8) \times 3]\}m$

$= 37.7m$

(4)$DN100$ 有缝钢管长度:

$L = (1.0 + 1.0)m = 2.0m$

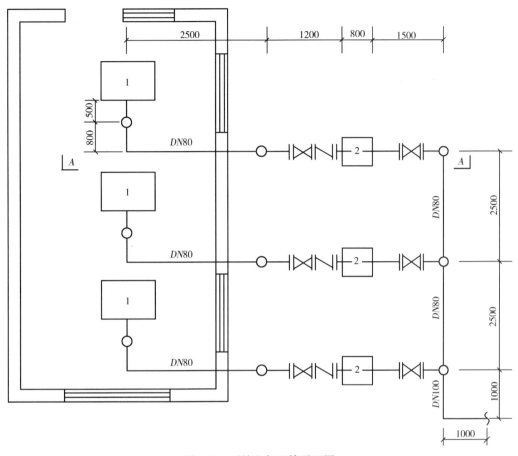

图 4-20 压缩空气配管平面图
1—空气压缩机 2—储气罐

2. 管件工程量

法兰:9 副(DN80)

阀门:J44H-10 6 个(DN80)

H44H-10 3 个(DN80)

A41H-25 3 个(DN32)

Z41H-10 6 个(DN50)

弯头:DN80 10 个

DN50 6 个

DN100 1 个

三通:DN80 3 个

温度计:3 支

压力表:6 个

3. 管道系统做水压试验工程量

(1) DN32 有缝碳钢管工程量:$L_1 = 0.6$ m

(2) DN50 有缝碳钢管工程量:$L_2 = 6.3$ m

(3) DN80 有缝碳钢管工程量:$L_3 = 37.7$ m

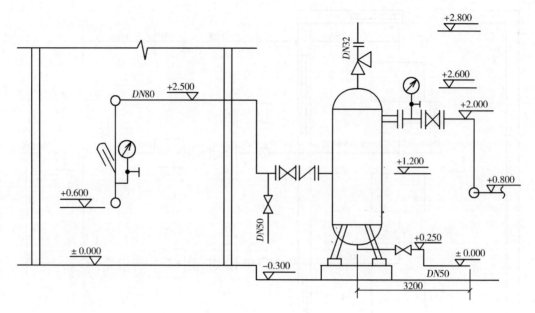

图 4-21 压缩空气配管 $A-A$ 剖面图

(4) $DN100$ 有缝碳钢管工程量:$L_4 = 2.0m$

共计:100mm 以内:$L = L_1 + L_2 + L_3 + L_4 = (0.6 + 6.3 + 37.7 + 2.0)m = 46.6m$

4. 管道系统泄漏性试验工程量

(1) $DN32$ 有缝碳钢管工程量:$L_1 = 0.6m$

(2) $DN50$ 有缝碳钢管工程量:$L_2 = 6.3m$

(3) $DN80$ 有缝碳钢管工程量:$L_3 = 37.7m$

(4) $DN100$ 有缝碳钢管工程量:$L_4 = 2.0m$

共计:50mm 以内:$L = L_1 + L_2 = (0.6 + 6.3)m = 6.9m$

50 ~ 100mm 以内:$L' = L_3 + L_4 = (37.7 + 2.0)m = 39.7m$

5. 管道系统除锈工程量

(1) $DN32$ 管道外壁表面积:$S_1 = \pi DL = 3.14 \times 0.033 \times 0.6m^2 = 0.06m^2$

(2) $DN50$ 管道外壁表面积:$S_2 = \pi DL = 3.14 \times 0.057 \times 6.3m^2 = 1.13m^2$

(3) $DN80$ 管道外壁表面积:$S_3 = \pi DL = 3.14 \times 0.089 \times 37.7m^2 = 10.54m^2$

(4) $DN100$ 管道外壁表面积:$S_4 = \pi DL = 3.14 \times 0.108 \times 2m^2 = 0.68m^2$

共计:$S = S_1 + S_2 + S_3 + S_4 = (0.06 + 1.13 + 10.54 + 0.68)m^2 = 12.41m^2$

6. 管道系统刷油、两遍红丹防锈漆工程量

具体计算同 5,工程量共计为:$S = 12.41m^2$

7. 管道系统防腐工程量

外漆酚树脂漆,底漆两遍,中间漆两遍,面漆两遍。

工程量计算同 5:$S = 12.41m^2$

8. 管道系统 $DN80$ 管道外加泡沫玻璃瓦(30mm)绝热层工程量

$V = \pi (D + \delta + \delta \times 3.3\%) \times (\delta + \delta \times 3.3\%) L$

$$= 3.14 \times (0.089 + 0.03 + 0.03 \times 0.033) \times (0.03 + 0.03 \times 0.033) \times 37.7 m^3$$
$$= 0.44 m^3$$

9. $DN80$ 外缠保护层工程量

$$S = \pi(D + 2.1\delta + 0.0082)L$$
$$= 3.14 \times (0.089 + 2.1 \times 0.03 + 0.0082) \times 37.7 m^2$$
$$= 18.96 m^2$$

10. 焊缝作超声波检测的工程量

焊缝共计:2×9 口 = 18 口

要求:50% 比例作超声波无损伤探测量:$18 \times 50\%$ 口 = 9 口

清单工程量计算见表 4-18。

表 4-18   清单工程量计算表

序号	项目编码	项目名称	项目特征描述	计量单位	工程量
1	031001002001	低压有缝钢管	$DN32$ 有缝碳钢管	m	0.60
2	031001002002	低压有缝钢管	$DN50$ 有缝碳钢管	m	6.30
3	031001002003	低压有缝钢管	$DN80$ 有缝碳钢管	m	37.70
4	031001002004	低压有缝钢管	$DN100$ 有缝碳钢管	m	2.00
5	030816005001	焊缝超声波探伤	按焊缝 50% 比例作超声波探伤	口	9
6	030810002001	低压碳钢平焊法兰	$DN80$	副	9
7	030807003001	低压法兰阀门	J44H – 10,$DN80$	个	6
8	030807003002	低压法兰阀门	H – 44H – 10,$DN80$	个	3
9	030807003003	低压法兰阀门	A41H – 25,$DN32$	个	3
10	030807003004	低压法兰阀门	Z41H – 10,$DN50$	个	6
11	030804001001	低压碳钢管件	弯头,$DN80$	个	10
12	030804001002	低压碳钢管件	三通,$DN80$	个	3
13	030601001001	温度仪表	温度计	支	3
14	030601002001	压力仪表	压力表	台	6

项目编码:031001002   项目名称:低压有缝钢管

【例 16】   如图 4-22 所示是颈状弯管(来回弯),试计算其管道工程量。

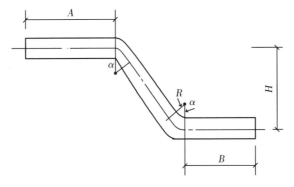

图 4-22   颈状弯管

【解】   计算公式为:

$$L = A + B + H/\sin\alpha - 4I + 2\widehat{L}$$

式中　L——颈状弯管下料长度(mm);

　A、B——直管管端至颈状弯与直管中心线交点的长度(mm);

　H——颈曲的高度(mm);

　α——弯曲角度(°);

　I——弯头弯曲角对应的直角边长度;

　$\widehat{L}$——弯头弯曲角对应的圆弧长度。

项目编码:031001002　项目名称:低压有缝钢管

【例17】 图4-23所示为低压有缝钢管$\phi 125 \times 4$的来回弯,已知$\alpha = 60°$,$R = 200$mm,试计算其管道工程量。

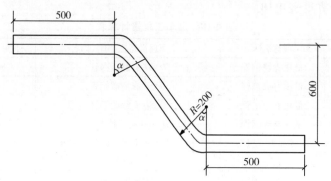

图4-23　低压有缝钢管

【解】 来回弯管件工程量计算:

$$L = A + B + H/\sin\alpha - 4I + 2\widehat{L}$$

其中 $I = \tan\dfrac{\alpha}{2} R = \tan 30° \times 0.2 = 0.115$

$$\widehat{L} = \frac{\alpha}{360} \times 2\pi R = \frac{60}{360} \times 2 \times \pi \times 0.2 = 0.209$$

$$L = \left(0.5 + 0.5 + \frac{0.6}{\sin 60°} - 4 \times 0.115 + 2 \times 0.209\right)\text{m} = 1.65\text{m}$$

清单工程量计算见表4-19。

表4-19　清单工程量计算表

项目编码	项目名称	项目特征描述	计量单位	工程量
031001002001	低压有缝钢管	$\phi 125 \times 4$	m	1.65

项目编码:030801007　项目名称:低压不锈钢板卷管

【例18】 如图4-24所示两根钢管$DN100$、$DN200$的剖面图,采用$\delta_1 = 60$mm,$\delta_2 = 80$mm的水泥珍珠岩瓦作为保温层,外涂酚醛树脂漆两遍,试计算它们的工程量。

说明:$DN100$的钢管长1380m,$DN200$钢管长850m。

【解】 1. 管道保温工程量

(1)$DN100$钢管外保温层工程量:

$$V_1 = \pi(D + \delta + \delta \times 3.3\%) \times (\delta + \delta \times 3.3\%)L$$

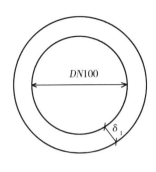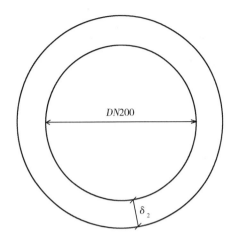

图 4-24 管道剖面图

$$= 3.14 \times (0.108 + 0.06 + 0.06 \times 3.3\%) \times (0.06 + 0.06 \times 3.3\%) \times 1380 m^3$$
$$= 43.50 m^3$$

（2）$DN200$ 管道外保温层工程量：

$$V_2 = \pi (D + \delta + \delta \times 3.3\%) \times (\delta + \delta \times 3.3\%) \times L$$
$$= 3.14 \times (0.209 + 0.08 + 0.08 \times 0.033) \times (0.08 + 0.08 \times 0.033) \times 830 m^3$$
$$= 60.87 m^3$$

式中　V——管道保温层体积（m^3）；

　　　D——管道外径（m）；

　　　δ——保温层厚度（m）；

　3.3%——保温层允许超厚系数。

共计：$V = V_1 + V_2 = 104.37 m^3$

2. 外涂酚醛树脂漆两遍工程量

（1）$DN100$ 钢管外涂保护层工程量：

$$S_1 = \pi (\alpha + 2\delta + 2\delta \times 5\% + 2d_1 + 3d_2) L$$
$$= 3.14 \times (0.108 + 2 \times 0.06 + 2 \times 0.06 \times 5\% + 0.005 + 0.0032) \times 1380 m^2$$
$$= 1014.8 m^2$$

式中　S_1——$DN100$ 的保护层表面积（m^2）；

　　　D——管道外径（m）；

　　　δ——保护层厚度（m）；

　　　d_1——用于捆托保温材料的金属线或钢带厚度（m），（一般取定 16# 线 $2d_1 = 0.0032$）；

　　5%——保温材料允许超厚系数；

　　　d_2——防潮层厚度（m）（取定 350g 油毡纸 $3d_2 = 0.005$）。

（2）$DN200$ 钢管外涂保护层工程量：

$$S_2 = \pi (D + 2\delta + 2\delta \times 5\% + 2d_1 + 3d_2) L$$
$$= 3.14 \times (0.209 + 2 \times 0.08 + 2 \times 0.08 \times 0.05 + 0.005 + 0.0032) \times 850 m^2$$
$$= 1004.10 m^2$$

共计: $S = S_1 + S_2 = (1014.80 + 1004.10) \, \mathrm{m}^2 = 2018.90 \mathrm{m}^2$

清单工程量计算见表 4-20。

表 4-20　清单工程量计算表

序号	项目编码	项目名称	项目特征描述	计量单位	工程量
1	030801007001	低压不锈钢板卷管	$DN100$ 钢管	m	1380.00
2	030801007002	低压不锈钢板卷管	$DN200$ 钢管	m	850.00

项目编码:030814010　　**项目名称:管道中频煨弯**

项目编码:030815001　　**项目名称:管架制作安装**

【例 19】　如图 4-25、图 4-26、图 4-27 分别是空压机安装平面图、$A-A$ 剖面图、$B-B$ 剖面图,根据图中尺寸试计算此空压机安装的管道工程工程量。

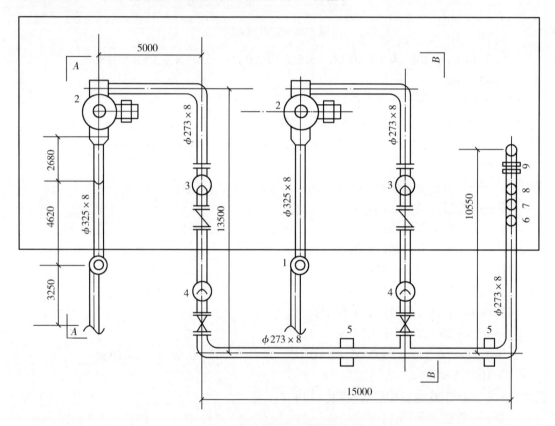

图 4-25　空压机安装平面图

1—油浴式过滤器　2—空压机　3—后冷却器　4—储气罐　5—管道支架

6—温度变送器　7—压力变送器　8—流量变送器　9—节流装置

工程说明:

(1)管道采用碳钢无缝钢管,管道压力是 3.2MPa,管道连接采用氩电联焊。

(2)阀门采用平焊法兰连接,所有三通均为现场挖眼制作,弯头采用低中压碳钢管中频煨弯,变径管现场制作。

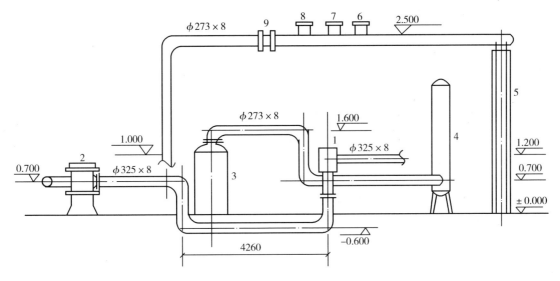

图 4-26　A－A 剖面图

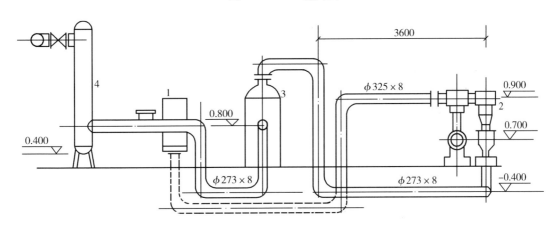

图 4-27　B－B 剖面图

（3）管道安装前要除锈,完成后要进行空气吹扫、低中压管道气压试验、低中压管道泄漏性试验。

（4）管道系统要进行刷油防腐处理,空压机之后管道采用 $\delta=80mm$ 的岩棉保温,外加麻布面、石棉布面刷调和漆两遍。

（5）埋地管段进行刚性防水套管制作安装。

（6）管道系统焊口要进行 X 光射线无损伤探测,胶片规格为 $300mm \times 80mm$,设计要求100% 进行探测。

（7）管道支架两个,每个 25kg。

【解】　管道压力为 3.2MPa,因 1.6MPa $< P \le 10MPa$ 时为中压,则管道为中压。

1. 管道工程量

管道包括无缝碳钢管 $\phi273 \times 8$ 和 $\phi325 \times 8$ 两种,分别计算其工程量如下:

（1）$\phi273 \times 8$ 管道长度:

L = 平面长度 + 剖面长度

$= \{(5 \times 2 + 13.5 \times 2 + 15 + 10.55) + [2.5 - 1.0 + 1.6 - 0.7 + 0.8 - (-0.4) + 1.6 - (-0.4) + 0.8 - (-0.4) + 0 - (-0.4)] \times 2\}$ m

$= 76.95$m

【注释】 在平面图中,5×2 是图北端管道的长度,13.5×2 是与后冷却器连接的两段管道的长度,$(15 + 10.55)$ 是图南端干管的长度。计算剖面长度时,在 $A - A$ 剖面图中 $(2.5 - 1.0)$ 是代号 9 后面立管的高度,$(1.6 - 0.7)$ 是代号 3 和 4 之间立管的高度,在 $B - B$ 剖面图中,代号 3 和 4 之间有两段立管,其高度均为 $[0.8 - (-0.4)]$,所以式子中出现了两个 $[0.8 - (-0.4)]$,从 $A - A$ 剖面图中可以看出代号 3 上部管道的标高为 1.600,所以在 $B - B$ 剖面图中代号 3 上部管道标高同为 1.600,从代号 3 上部引出的与水平管道相连接的立管高度为 $[1.6 - (-0.4)]$,图中的一条水平实线的标高为 0.000,图东侧地下管道与代号为 2 的空压机连接的一段立管的高度为 $[0 - (-0.4)]$,因为平面图是由两个相同的空压机系统组成,所以要用这些高度之和乘以 2,即为 $\phi 273 \times 8$ 管道的总立管长度。

(2)$\phi 325 \times 8$ 管道长度:

L = 平面长度 + 剖面长度

$= \{[(2.68 + 4.62 + 3.25) \times 2] + [0.4 - (-0.6) + 0.7 - (-0.6) + 0.9 - (-0.6)] \times 2\}$ m

$= 28.7$m

2. 管件工程量

(1)油浴式过滤器:2 台

(2)空压机(3.2MPa):2 台

(3)冷却器(3.2MPa):2 台

(4)储气罐:2 台

(5)温度变送器($DN250$):1 个

(6)压力变送器($DN250$):1 个

(7)流量变送器($DN250$):1 个

(8)阀门:止回阀　H45H－32　$DN250$　2 个

　　　　　截止阀　J46H－32　$DN250$　2 个

　　　　　节流阀　L46H－32　$DN250$　1 个

(9)三通:$DN250$　1 个(氩电联焊)

(10)弯头:$DN250$　21 个,$DN300$　6 个(中频揻弯)

(11)变径:$DN300$　2 个(氩电联焊)

(12)法兰:$DN250$　6 副(氩电联焊),$DN300$　2 副(氩电联焊)

3. 管道系统除锈工程量

(1)$\phi 273 \times 8$ 管道外表面积:

$S_1 = \pi DL = 3.14 \times 0.273 \times 76.95$m^2 = 65.96m^2

(2)$\phi 325 \times 8$ 管道外表面积:

$S_2 = \pi DL = 3.14 \times 0.325 \times 28.7$m^2 = 29.29m^2

共计除锈工程量:$S = S_1 + S_2 = (65.96 + 29.29)$m^2 = 95.25m^2

4. 管道系统空气吹扫工程量

（1）公称直径300mm 以内空气吹扫工程量：

$L = \{(5 \times 2 + 13.5 \times 2 + 15 + 10.55) + [0 - (-0.4) + 1.6 - (-0.4) + 0.8 - (-0.4) + 2.5 - 1.0 + 1.6 - 0.7 + 0.8 - (-0.4)] \times 2\} \text{m}$

$= 76.95\text{m} = 0.7695 \times 100\text{m}$

（2）公称直径400mm 以内空气吹扫工程量：

$L = \{[(2.68 + 4.62 + 3.25) \times 2] + [0.4 - (-0.6) + 0.7 - (-0.6) + 0.9 - (-0.6)] \times 2\} \text{m}$

$= 28.7\text{m} = 0.287 \times 100\text{m}$

5. 管道系统低中压管道气压试验工程量

（1）公称直径300mm 以内低中压管道气压试验工程量：

$L = \{(5 \times 2 + 13.5 \times 2 + 15 + 10.55) + [0 - (-0.4) + 1.6 - (-0.4) + 0.8 - (-0.4) + 2.5 - 1.0 + 1.6 - 0.7 + 0.8 - (-0.4)] \times 2\} \text{m}$

$= 76.95\text{m} = 0.7695 \times 100\text{m}$

（2）公称直径400mm 以内低中压管道气压试验工程量：

$L = \{[(2.68 + 4.62 + 3.25) \times 2] + [0.4 - (-0.6) + 0.7 - (-0.6) + 0.9 - (-0.6)] \times 2\} \text{m}$

$= 28.7\text{m} = 0.287 \times 100\text{m}$

6. 管道系统低中压泄漏性试验工程量

（1）公称直径300mm 以内低中压泄漏性试验工程量：

具体计算同5 （1）：$L = 0.7695 \times 100\text{m}$

（2）公称直径400mm 以内低中压泄漏性试验工程量：

具体计算同5 （2）：$L = 0.287 \times 100\text{m}$

7. 管道系统刷油工程量

（1）$\phi273 \times 8$ 管道刷红丹防锈漆两遍工程量：

$S_1 = \pi DL = 3.14 \times 0.273 \times 76.95\text{m}^2 = 65.96\text{m}^2 = 6.596 \times 10\text{m}^2$

（2）$\phi325 \times 8$ 管道刷红丹防锈漆两遍工程量：

$S_2 = \pi DL = 3.14 \times 0.325 \times 28.7\text{m}^2 = 29.29\text{m}^2 = 2.929 \times 10\text{m}^2$

合计刷油工程量：$S = S_1 + S_2 = (6.596 + 2.929) \times 10\text{m}^2 = 9.525 \times 10\text{m}^2$

8. 管道系统保温工程量

（1）$\phi273 \times 8$ 管道 $\delta = 80\text{mm}$ 厚岩棉的工程量：

$V_1 = \pi(D + \delta + \delta \times 3.3\%) \times (\delta + \delta \times 3.3\%)L$

$= 3.14 \times (0.273 + 0.08 + 0.08 \times 0.033) \times (0.08 + 0.08 \times 0.033) \times 76.95\text{m}^3$

$= 7.10\text{m}^3$

（2）$\phi325 \times 8$ 管道 $\delta = 80\text{mm}$ 厚岩棉保温层工程量：

$V_2 = \pi(D + \delta + \delta \times 3.3\%) \times (\delta + \delta \times 3.3\%)L$

$= 3.14 \times (0.325 + 0.08 + 0.08 \times 0.033) \times (0.08 + 0.08 \times 0.033) \times 28.7\text{m}^3$

$= 3.04\text{m}^3$

合计保温层岩棉工程量：$V = V_1 + V_2 = (7.10 + 3.04)\text{m}^3 = 10.14\text{m}^3$

9. 外缠麻布面、石棉面刷调和漆工程量

（1）$\phi273 \times 8$ 管道外缠麻布面工程量：

$S_1 = \pi(\alpha + 2\delta + 2\delta \times 5\% + 2d_1 + 3d_2)L$

$$= 3.14 \times (0.273 + 2 \times 0.08 + 2 \times 0.08 \times 0.05 + 0.005 + 0.0032) \times 76.95 \text{m}^2$$
$$= 108.54 \text{m}^2$$

（2）$\phi 325 \times 8$ 管道外缠麻布面,石棉布刷调和漆工程量：

$$S_2 = \pi(\alpha + 2\delta + 2\delta \times 5\% + 2d_1 + 3d_2)L$$
$$= 3.14 \times (0.325 + 2 \times 0.08 + 2 \times 0.08 \times 0.05 + 0.0032 + 0.005) \times 28.7 \text{m}^2$$
$$= 45.17 \text{m}^2$$

合计工程量：$V = V_1 + V_2 = (108.54 + 45.17) \text{m}^2 = 153.71 \text{m}^2$

10. 防水套管工程量

防水套管共两段,一段为油浴过滤器到空压机有一段 $\phi 325 \times 8$ 管段,长为 4.26m,另一段为空压机到储气罐有一段 $\phi 273 \times 8$ 管段,长为 3.6m。

（1）防水套管制作安装：$DN450$,1 个（$\phi 325 \times 8$ 管段）

（2）防水套管制作安装：$DN350$,1 个（$\phi 273 \times 8$ 管段）

11. 管道系统焊口进行 X 光射线无损伤探测工程量

（1）$\phi 273 \times 8$ 钢管上共有焊口 2 × 5 个 = 10 个

（2）每个焊口需拍张数：

$273 \times \pi / (300 - 25 \times 2) = 3.4$ 张　取 4 张

（3）10 个焊口共需拍张数：

4×10 张 = 40 张

（4）设计要求 100% 进行探测的工程量：

$40 \times 100\%$ 张 = 40 张

12. 管道支架制作安装工程量

2 个 × 25kg/个 = 50kg

清单工程量计算见表 4-21。

表 4-21　清单工程量计算表

序号	项目编码	项目名称	项目特征描述	计量单位	工程量
1	030802001001	中压碳钢管	无缝钢管,$\phi 273 \times 8$	m	76.95
2	030802001002	中压碳钢管	无缝钢管,$\phi 325 \times 8$	m	28.70
3	030814010001	管道中频揻弯	碳钢,$DN250$	个	21
4	030814010002	管道中频揻弯	碳钢,$DN300$	个	6
5	030701001001	冷却器		台	2
6	030701010001	过滤器	油浴式	台	2
7	030805001001	中压碳钢管件	三通,$DN250$,氩电联焊	个	2
8	030805001002	中压碳钢管件	变径管,$DN300$,氩电联焊	个	2
9	030811002001	中压碳钢焊接法兰	$DN250$,氩电联焊	副	6
10	030811002002	中压碳钢焊接法兰	$DN300$,氩电联焊	副	2
11	030808003001	中压法兰阀门	止回阀,H45H - 32,$DN250$	个	2
12	030808003002	中压法兰阀门	截止阀,J46H - 32,$DN250$	个	2
13	030808003003	中压法兰阀门	节流阀,L46H - 32,$DN250$	个	1

（续）

序号	项目编码	项目名称	项目特征描述	计量单位	工程量
14	030815001001	管架制作安装		kg	50
15	030816003001	焊缝 X 光射线探伤	$300mm \times 80mm, \delta = 80mm$	张	40
16	031008010001	储气罐		台	2

项目编码:030801007   项目名称:低压不锈钢板卷管

【例 20】 如图 4-28 所示为室内民用燃气系统平面图,如图 4-29 所示为室内民用燃气系统 $A - A$ 剖面图,试计算此系统图的管道系统工程量。

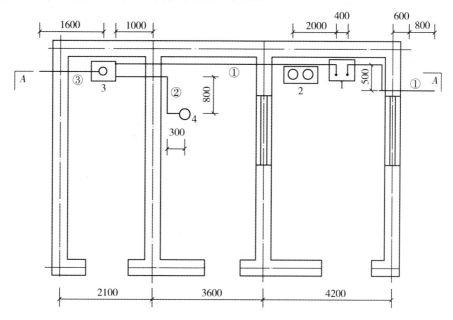

图 4-28 室内民用燃气平面图

1—燃气表 2—双眼燃气灶 3—热水器 4—洗澡莲蓬头

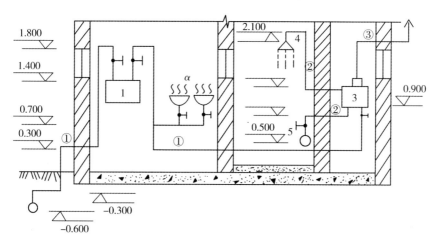

图 4-29 室内民用燃气系统 $A - A$ 剖面图

147

工程说明:此民用燃气系统包括燃气管道系统、冷热水管道系统、排烟管道系统。其中,燃气管道采用DN15的镀锌无缝钢管φ18×3,连接采用螺纹连接,穿墙采用刚性套管,室外埋地管采用黑铁管,与室外燃气管道连接采用焊接(氩电联焊)。埋地管要人工除锈,进行防腐处理(沥青、玻璃丝布各三层)。冷、热水管道采用镀锌有缝钢管DN20,管道连接采用螺纹连接。排烟管采用不锈钢板卷制而成(φ108×3)。燃气管道系统安装完成要做空气吹扫,低中压管道气压试验,泄漏性试验,冷、热水管道系统要做液体压力试验。

【解】 1. 管道工程量

此系统图包括三种系统:燃气系统、冷热水系统和排烟系统,工程量分别计算如下:

(1)燃气系统管道工程量:

①埋地黑铁管长度:

$$L = [0.8 + 0 - (-0.3) + (-0.3) - (-0.6)]m = 1.4m$$

【注释】 0.8是水平管道的长度,[0 - (-0.3)]是水平管道与地坪之间的立管高度,[(-0.3) - (-0.6)]是水平管道以下立管的高度。

②φ18×3镀锌无缝钢管长度:

$$L = [0.6 + 0.5 + (4.2 + 3.6 + 1 - 0.4) + 2 + (0.8 - 0.7) \times 2 + (1.8 - 0.3) \times 2 + (1.8 - 1.4) \times 2 + (0.9 - 0.3) + 0.3]m$$
$$= 16.4m$$

【注释】 水平长度:平面图中由东向西看,0.6是室外管道引入墙中心的长度,0.5是改变引入管方向的一段管道的长度,(4.2 + 3.6 + 1)是从外墙的中心线到热水器的长度,0.4是燃气表两线间的距离,应当减去,2是燃气灶下方从燃气干管分出的水平支管的长度,这段长度在A - A剖面图中可以看出;竖直长度:(0.8 - 0.7) × 2是燃气灶下方立支管的高度,(1.8 - 0.3)是进入室内的第一段立管的高度,其右侧有一段与其高度相同的立管,所以为(1.8 - 0.3) × 2,(1.8 - 1.4) × 2是与燃气表连接的两段立管的高度,(0.9 - 0.3)是热水器下方的立管的高度,0.3是室外立管的高度。

(2)烟管系统管道工程量:

$$L = 1.6m + (2.1 - 1.3)m = 2.4m$$

【注释】 位于热水器上方的管道属于烟管系统管道,1.6m是其水平管道的长度,(2.1 - 1.3)m是其竖直管道的长度。

(3)冷、热水管系统管道工程量:

DN20镀锌有缝钢管长度:

$$L = [(1 + 0.15(距墙)) \times 2 + 0.8 + 0.3 + (2.1 - 1.3) + (0.9 - 0.5) + (0.8 - 0.5)]m$$
$$= 4.90m$$

【注释】 (1 + 0.15)是散热器引出的穿墙水平管道的长度,上下共有2段;(0.8 + 0.3)是平面图中与莲蓬头相连接的水平管道的长度;在剖面图中,(2.1 - 1.3)是上方供水立管的高度,(0.9 - 0.5)是下方供水支管的高度。

2. 管件工程量

(1)燃气系统管件工程量:

①燃气表:1块

②双眼燃气灶:1台

③截止阀:J41K 5个

④弯头:$DN15$ 10个

⑤三通:$DN15$ 2个

(2)冷热水系统管件工程量:

①热水器:1台

②截止阀:J41K 1个

③弯头:$DN15$ 6个

(3)排烟系统管件工程量:

①变径:1个

②弯头(不锈钢板弯头制作、安装):2个($DN100$)

③雨帽:1个

3. 埋地管段进行的除锈工程量

$$S = \pi DL = 3.14 \times 0.018 \times 1.4 m^2 = 0.079 m^2$$

4. 埋地管段进行防腐处理工程量(沥青、玻璃丝布各三层)

(1)沥青三遍的工程量:

$$S_1 = \pi DL = 3.14 \times 0.018 \times 1.4 m^2 = 0.079 m^2 (三遍)$$

(2)玻璃丝布的工程量:

$$S_2 = \pi(D + 2d_1 + 3d_2)L$$
$$= 3.14 \times (0.018 + 0.005 + 0.0032) \times 1.4 m^2$$
$$= 0.115 m^2 (三层)$$

5. 空气吹扫工程量

公称直径50mm以内工程量:

具体计算同1.(1):$L = $ 埋地黑铁管长度 $+ \phi 18 \times 3$ 镀锌钢管长度
$$= (1.4 + 16.1) m = 17.5 m$$

6. 低中压管道气压试验工程量

公称直径50mm以内工程量:

具体计算同1.(1):$L = $ 埋地黑铁管长度 $+ \phi 18 \times 3$ 镀锌钢管长度
$$= (1.4 + 16.1) m = 17.5 m$$

7. 泄漏性试验工程量

公称直径50mm以内管道系统泄漏性试验工程量:

详细计算同1.(1):$L = $ 埋地黑铁管长度 $+ \phi 18 \times 3$ 镀锌钢管长度
$$= (1.4 + 16.1) m = 17.5 m$$

8. 冷热水管道系统液体压力试验工程量

公称直径100mm以内管道系统低中压管道液压试验工程量:

$$L = \{[1 + 0.15(距墙)] \times 2 + 0.8 + 0.3 + (2.1 - 1.3) + (0.9 - 0.5)\} m = 4.60 m$$

9. 刚性套管工程量

燃气管道系统穿墙时,外做刚性套管,其工程量为:

刚性套管($DN30$):3个

清单工程量计算见表4-22。

149

表 4-22   清单工程量计算表

序号	项目编码	项目名称	项目特征描述	计量单位	工程量
1	031001001001	镀锌钢管	$\phi 18 \times 3$, 镀锌无缝钢管	m	16.40
2	031001001002	镀锌钢管	$DN20$, 镀锌有缝钢管	m	4.90
3	031003001001	螺纹阀门	截止阀 J41K(燃气系统)	个	5
4	031003001002	螺纹阀门	截止阀 J41K(冷热水系统)	个	1
5	031001005001	铸铁管	黑铁管, 氩电联焊	m	1.40
6	030801007001	低压不锈钢板卷管件	$\phi 108 \times 3$	m	2.40
7	031007005001	燃气表		块	1
8	031007006001	燃气灶具	民用, 双眼燃气灶	台	1
9	031007004001	燃气快速热水器		台	1
10	031004014001	给、排水附件	洗澡莲蓬头	个	1

项目编码:031005008   项目名称:集气罐制作安装

【例 21】   图 4-30 为某生活小区供暖锅炉房平面图,图 4-31 为锅炉房系统图,锅炉房包括有供暖供水系统、供暖回水系统、生活用水系统、排污系统、放散系统。试计算此锅炉房的管道系统工程量。

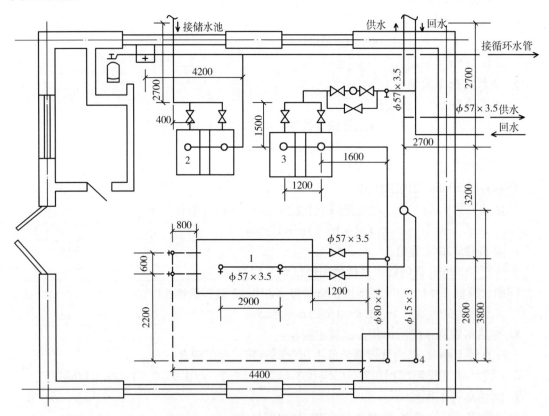

图 4-30   锅炉房平面图

1—锅炉   2—生活给水泵   3—循环水泵   4—集水坑

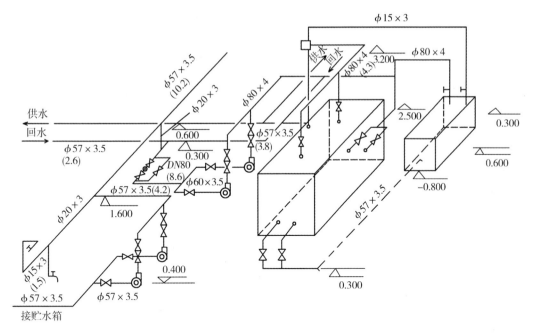

图 4-31　锅炉房系统图

工程说明：

(1)供暖供水系统、回水系统、排污系统、放散系统、生活用水系统采用无缝不锈钢管,连接采用电弧焊。

(2)管件:弯头现场机械揻弯,三通现场挖眼制作,变径现场制作;连接采用平焊连接(电弧焊)。

(3)管道系统除生活用水系统外,安装完毕要进行管道系统吹扫,中低压管道做泄漏性试验。

(4)管道外壁要进行动力工具除锈,刷两遍红丹防锈漆,外壁加绝热层纤维类制品,$\delta = 30mm$,外缠保护层玻璃布三层。

(5)生活用水管道系统安装完毕要进行空气吹扫,中低压管道做液压试验;管道外壁要除锈(动力工具除锈),刷两遍红丹防锈漆、两遍调和漆。

(6)所有阀门采用法兰阀门,法兰采用电弧焊平焊连接。

(7)穿墙管道要做刚性套管。

(8)所用焊口(除生活给水系统外)要求100%做X光射线无损伤探测,胶片规格是80mm×150mm。

注:排污系统管道和放散系统管道要做绝热层和保护层,外刷调和漆三遍。

【解】　1.管道系统工程量

管道系统包括供暖供水系统、供暖回水系统、排污系统、放散系统、生活给水系统,下面分别按管径计算如下

(1)供暖供水系统工程量:

供水系统管道包括φ57×3.5和φ80×4两种不同管径管道,其工程量分别计算如下:

①φ57×3.5管道长度:$L_{13} = $平面长度 + 垂直长度

$$= \left[(2.9 + 2.7 + 2.7) + (3.2 - 2.5) \times 2 \right] m$$

151

$$= 9.7\text{m}$$

【注释】 2.9是锅炉上方两段立管之间的管道长度;在平面图的东北方向,两个2.7分别是穿墙的供水支管的长度;(3.2-2.5)×2是连接在锅炉上方的两个立管的长度。

②$\phi 80 \times 4$管道长度:L_{11} = 平面长度 + 垂直长度

$$= [(4.3+3.2)+(3.2-0.6)]\text{m} = 10.1\text{m}$$

【注释】 在系统图中,4.3是锅炉上方第二个立管后面一段管道的长度,3.2是其后与立管上下端连接的两段水平管道的总长度,(3.2-0.6)是立管的长度。

(2)供暖回水系统工程量:

回水系统管道包括$\phi 80 \times 4$、$\phi 60 \times 3.5$、$\phi 57 \times 3.5$、$\phi 20 \times 3$(补水管,不做绝热层和保护层),其工程量分别计算如下:

注:$\phi 80 \times 4(4.3)$,表示外径80mm,管壁厚4mm,长度为4.3m。

①$\phi 80 \times 4$管道长度:L_{21} = 水平长度 + 垂直长度

$$= [(1.6-1.2)+3.2+1.6+(1.6-0.6)]\text{m}$$
$$= 6.2\text{m}$$

【注释】 回水系统中$\phi 80 \times 4$的管道是循环水泵与锅炉之间的回水干管。在平面图中,(1.6-1.2)是连接在锅炉东侧的两段$\phi 57 \times 3.5$管道之后的一段干管长度,(1.6-0.6)是此管道上方立管的高度(该回水立管的顶部到立管三通处为止),顶部标高(同生活给水泵上方立管的顶部标高)1.6,底部标高为0.6,(3.2+1.6)是与该立管顶部相连接的水平管道的长度。

②$\phi 60 \times 3.5$管道长度:L_{22} = 水平长度 + 垂直长度

$$= [(1.5 \times 2+1.2 \times 2)+(1.6-0.4) \times 2]\text{m}$$
$$= 7.8\text{m}$$

【注释】 循环水泵的引入和引出管道均为$\phi 60 \times 3.5$管道。1.5是平面图中南北方向的管道长度,共有两段,1.2是循环水泵上方两立管之间的管道长度,另外一个1.2是从回水干管分出的东西方向上的两段支管的总长度,(1.6-0.4)×2是在循环水泵上方的两支管的总高度,支管顶部和底部标高均同生活给水泵上方立管的顶部和底部标高。

③$\phi 57 \times 3.5$管道长度:L_{23} = 水平长度 + 垂直长度

$$= (2.6+3.8+1.2 \times 2+0.6+8.6+0)\text{m}$$
$$= 18\text{m}$$

④$\phi 20 \times 3$管道长度:L_{24} = 水平长度 + 垂直长度

$$= [0+(1.6-0.4)]\text{m} = 1.2\text{m}$$

【注释】 $\phi 20 \times 3$管道在回水系统中没有水平部分,计为0;竖直管道是系统图中回水干管与接循环水管的水平管道之间的立管,其顶部标高为1.6,底部标高为0.4。

(3)放散系统管道工程量:

放散系统管道包括$\phi 80 \times 4$和$\phi 15 \times 3$两种,其工程量分别计算如下

①$\phi 80 \times 4$管道长度:L_{31} = 水平长度 + 垂直长度

$$= [2.8+0.3+(1.6+0.3-0.3)]\text{m}$$
$$= 4.7\text{m}$$

【注释】 放散系统管道$\phi 80 \times 4$是连接回水管道与集水坑的管道。2.8是平面图东南角

处的一段水平管道长度;在系统图中,0.3 是与水平管道连接的左侧立管高度,该放散立管的底部到立管三通处为止;$(1.6+0.3-0.3)$ 是右侧立管高度,其中的 1.6 是与左侧立管连接的三通处的标高,0.3 是左侧立管高度,则 $(1.6+0.3)$ 是水平管道的标高,最后的一个 0.3 是集水坑顶部标高,所以 $(1.6+0.3-0.3)$ 即为右侧立管高度。

②$\phi15\times3$ 管道长度:L_{35} = 水平长度 + 垂直长度

$$= [3.8+0.3+(3.2+0.3-0.3)]\text{m}$$
$$= 7.3\text{m}$$

【注释】 放散系统管道 $\phi15\times3$ 是连接供水管道与集水坑的管道。3.8 是平面图东南角处的一段水平管道长度;在系统图中,0.3 是与水平管道连接的左侧立管高度,该放散立管的底部到立管三通处为止;$(3.2+0.3-0.3)$ 是右侧立管高度,其中的 3.2 是与左侧立管连接的三通处的标高,0.3 是左侧立管高度,则 $(3.2+0.3)$ 是水平管道的标高,最后的一个 0.3 是集水坑顶部标高,所以 $(3.2+0.3-0.3)$ 即为右侧立管高度。

(4)排污系统管道(包括 $\phi57\times3.5$ 管道)工程量:

$\phi57\times3.5$ 管道长度计算:

$$L_{43} = 水平长度 + 垂直长度$$
$$= [(0.8\times2+0.6+2.2+4.4)+(0.6-0.3)\times2]\text{m}$$
$$= 9.4\text{m}$$

【注释】 排污系统管道是从锅炉后侧下方的排水口到集水坑后侧下方的进水口之间的管道。从平面图中可以看出,其水平管道长度为 $(0.8\times2+0.6+2.2+4.4)$;在系统图中,立管顶部标高同锅炉前侧下方引出的回水管的标高,即 0.6,立管底部标高为 0.3,有两段立管,所以为 $(0.6-0.3)\times2$。

(5)生活给水系统管道工程量:

生活给水系统管道包括 $\phi57\times3.5$、$\phi20\times3$、$\phi15\times3$ 三种管道,其工程量分别计算如下:

①$\phi57\times3.5$ 管道长度:$L_{53} = [(2.7+0.4+1.2\times2+1.5\times2+4.2+10.2)+(1.6-0.4)\times2]\text{m}$
$$= 25.3\text{m}$$

【注释】 水平长度:在平面图的西北方向,2.7 是接储水池穿墙的管道长度;0.4 是与之垂直的第一段管道的长度;1.2 是第二段管道长度,生活给水泵上方的水平管道长度也为 1.2,所以为 1.2×2;1.5 是与给水泵底部连接的南北方向上的管道长度,共有两段;4.2 是与接循环水管的管道垂直的管道长度;10.2 是接循环水管的管道中 $\phi57\times3.5$ 的管道长度。垂直长度:垂直管道是指生活给水泵的立管,其顶部标高为 1.6,底部标高为 0.4,共有 2 段,所以为 $(1.6-0.4)\times2$。

②$\phi20\times3$ 管道长度:$L_{54}=4.2\text{m}$

【注释】 $\phi20\times3$ 管道是接循环水管的管道中间的部分,长度为 4.2。

③$\phi15\times3$ 管道长度:

$$L_{55}=1.5\text{m}$$

【注释】 $\phi15\times3$ 管道是接循环水管的管道末端的部分,长度为 1.5。

锅炉房管道工程量汇总:

$\phi80\times4$ 管道长度:$L_1=L_{11}+L_{21}+L_{31}=(10.1+6.2+4.7)\text{m}=21.00\text{m}$

$\phi60\times3.5$ 管道长度:$L_2=L_{22}=7.8\text{m}$

$\phi57 \times 3.5$ 管道长度: $L_3 = L_{13} + L_{23} + L_{43} + L_{53} = (9.7 + 18 + 9.4 + 25.3)\text{m} = 62.4\text{m}$

$\phi20 \times 3$ 管道长度: $L_4 = L_{24} + L_{54} = (1.2 + 4.2)\text{m} = 5.4\text{m}$

$\phi15 \times 3$ 管道长度: $L_5 = L_{35} + L_{55} = (7.3 + 1.5)\text{m} = 8.8\text{m}$

2. 锅炉房管道系统管件工程量

(1)供水管道系统中管件工程量:

①阀门:截止阀 J86H-2.4 $DN$60 2个

②弯头:$DN$60 1个;$DN$80 2个

③三通:$DN$80 2个

④法兰(电弧焊平焊) 2副 $DN$60

(2)回水管道系统中管件工程量:

①阀门:闸阀 Z46H-2.4 $DN$80 3个

蝶阀 D46H-2.4 $DN$60 4个

止回阀 H46H-2.4 $DN$60 2个

截止阀 J46H-2.4 $DN$60 2个

②三通:$DN$80 7个

③弯头:$DN$80 5个;$DN$60 6个

④除污器:$DN$80 1个

⑤法兰:$DN$80 3副;$DN$60 8副(电弧焊平焊)

⑥水泵:ZBA-6 2台

(3)放散系统管道中管件工程量:

①阀门:安全阀:A74H-3.0 $DN$80 1个

安全阀:A74H-3.0 $DN$15 1个

②弯头:$DN$80 2个;$DN$15 2个

③法兰:$DN$80 1副;$DN$15 1副

(4)除污系统管道中管件工程量:

①阀门:闸阀 Z46H-2.5 $DN$60 2个

②弯头:$DN$60 4个

③三通:$DN$60 1个

④法兰:$DN$60 2副

(5)生活给水管道系统中管件工程量:

①阀门:蝶阀 D46H-2.4 $DN$60 4个

止回阀 H46H-2.4 $DN$60 2个

②弯头:$DN$60 4个;$DN$15 3个

③三通:$DN$60 4个;$DN$20 1个

④水龙头:$DN$15 2个

⑤水泵:ZBA-6 2台

⑥法兰:$DN$60 6副(电弧焊平焊)

锅炉房管件工程量汇总:

a. 阀门:截止阀 J86H-2.4 $DN$60 2个;J46H-2.4 $DN$60 2个

闸阀 Z46H - 2.4 *DN*80 3 个;Z46H - 2.4 *DN*60 2 个

蝶阀 D46H - 2.4 *DN*60 8 个

止回阀 H46H - 2.4 *DN*60 4 个

安全阀 A74H - 3.0 *DN*80 1 个;*DN*15 1 个

  b. 弯头:*DN*15 5 个;*DN*60 15 个;*DN*80 9 个

  c. 三通:*DN*60 5 个;*DN*80 9 个;*DN*20 1 个

  d. 法兰:*DN*15 1 副;*DN*60 18 副;*DN*80 4 副

  e. 除污器:*DN*80 1 台

  f. 水龙头:*DN*15 2 个

  g. 水泵:ZBA - 6 4 台

3. 锅炉房管道系统动力工具除锈工程量

锅炉房管道系统包括采暖供水系统,回水系统,排污系统,放散系统和生活给水系统,均需除锈,工程量计算如下:

(1)$\phi80 \times 4$ 管道外壁表面积:

$S_1 = \pi D L_1 = 3.14 \times 0.08 \times 14.6 m^2 = 3.67 m^2$

(2)$\phi60 \times 3.5$ 管道外壁表面积:

$S_2 = \pi D L_2 = 3.14 \times 0.06 \times 7.8 m^2 = 1.47 m^2$

(3)$\phi57 \times 3.5$ 管道外壁表面积:

$S_3 = \pi D L_3 = 3.14 \times 0.057 \times 62.4 m^2 = 11.17 m^2$

(4)$\phi20 \times 3$ 管道外壁表面积:

$S_4 = \pi D L_4 = 3.14 \times 0.02 \times 5.4 m^2 = 0.34 m^2$

(5)$\phi15 \times 3$ 管道外壁表面积:

$S_5 = \pi D L_5 = 3.14 \times 0.015 \times 8.8 m^2 = 0.41 m^2$

合计动力工具除锈工程量计算:

$$S = S_1 + S_2 + S_3 + S_4 + S_5$$
$$= (3.67 + 1.47 + 11.17 + 0.34 + 0.41) m^2$$
$$= 17.06 m^2$$
$$= 1.706 \times 10 m^2$$

4. 锅炉房刷油(两遍红丹防锈漆)工程量

锅炉房五个系统管道除锈之后都要刷油处理,其工程量具体计算同 3 除锈工程量,因此,刷油工程量:
$$S = S_1 + S_2 + S_3 + S_4 + S_5$$
$$= (3.67 + 1.47 + 11.17 + 0.34 + 0.41) m^2$$
$$= 1.706 \times 10 m^2$$

5. 锅炉房给水系统管道外保护层(刷调和漆两遍)工程量

(1)$\phi57 \times 3.5$ 管道刷调和漆面积:

$S_1 = \pi D L_{53} = 3.14 \times 0.057 \times 25.3 m^2 = 4.53 m^2$

(2)$\phi20 \times 3.5$ 管道刷调和漆面积:

$S_2 = \pi D L_{54} = 3.14 \times 0.02 \times 4.2 m^2 = 0.26 m^2$

(3)$\phi15\times3$ 管道刷调和漆面积：

$$S_3 = \pi DL_{55} = 3.14 \times 0.015 \times 1.5 m^2 = 0.071 m^2$$

合计刷调和漆面积：$S = S_1 + S_2 + S_3 = (4.53 + 0.26 + 0.07) m^2 = 4.86 m^2 = 0.486 \times 10 m^2$

6. 锅炉房绝热层工程量

锅炉房管道系统中除生活给水系统不用做绝热外，其他四个系统均需做绝热，其工程量计算如下：

(1)$\phi80\times4$ 管道长度：$L_1' = L_{11} + L_{21} + L_{31} = (3.7 + 6.2 + 4.7) m = 14.6 m$

$\phi80\times4$ 管道外加 $\delta = 30mm$ 纤维类工程量：
$$\begin{aligned}V_1 &= \pi(D + \delta + \delta \times 3.3\%) \times (\delta + \delta \times 3.3\%)L_1' \\ &= 3.14 \times (0.08 + 0.03 + 0.03 \times 0.033) \times \\ &\quad (0.03 + 0.03 \times 0.033) \times 14.6 m^3 \\ &= 0.157 m^3\end{aligned}$$

(2)$\phi60\times3.5$ 管道长度：$L_2' = L_{22} = 7.8 m$。

$\phi60\times4$ 管道外绝热层工程量：
$$\begin{aligned}V_2 &= \pi(D + \delta + \delta \times 3.3\%) \times (\delta + \delta \times 3.3\%)L_2' \\ &= 3.14 \times (0.06 + 0.03 + 0.03 \times 0.033) \times (0.03 + 0.03 \times \\ &\quad 0.033) \times 7.8 m^3 \\ &= 0.069 m^2\end{aligned}$$

(3)$\phi57\times3.5$ 管道长度：$L_3' = L_{13} + L_{23} + L_{43} = (9.7 + 18 + 9.4) m = 37.1 m$

$\phi57\times3.5$ 管道保温层工程量：
$$\begin{aligned}V_3 &= \pi(D + \delta + \delta \times 3.3\%) \times (\delta + \delta \times 3.3\%)L_3' \\ &= 3.14 \times (0.057 + 0.03 + 0.03 \times 0.033) \times (0.03 + \\ &\quad 0.03 \times 0.033) \times 37.1 m^3 \\ &= 0.318 m^3\end{aligned}$$

(4)$\phi20\times3$ 管道长度：$L_4' = L_{24} = 1.2 m$

$\phi20\times3$ 管道外绝热层工程量：
$$\begin{aligned}V_4 &= \pi(D + \delta + \delta \times 3.3\%) \times (\delta + \delta \times 3.3\%)L_4' \\ &= 3.14 \times (0.02 + 0.03 + 0.03 \times 0.033) \times (0.03 + \\ &\quad 0.03 \times 0.033) \times 1.2 m^3 \\ &= 0.006 m^3\end{aligned}$$

(5)$\phi15\times3$ 管道长度：$L_5' = L_{35} = 7.3 m$

$\phi15\times3$ 管道外绝热层工程量：
$$\begin{aligned}V_5 &= \pi(D + \delta + \delta \times 3.3\%) \times (\delta + \delta \times 3.3\%)L_5' \\ &= 3.14 \times (0.015 + 0.03 + 0.03 \times 0.033) \times (0.03 + \\ &\quad 0.03 \times 0.033) \times 7.3 m^3 \\ &= 0.033 m^3\end{aligned}$$

合计绝热层工程量：
$$\begin{aligned}V &= V_1 + V_2 + V_3 + V_4 + V_5 \\ &= (0.157 + 0.069 + 0.318 + 0.006 + 0.033) m^3 \\ &= 0.583 m^3\end{aligned}$$

7. 锅炉房管道系统保护层工程量

锅炉房管道系统除生活给水系统外所有管道做绝热层外加保护玻璃布三层，其工程量计算如下：

(1)$\phi80\times4$ 管道外保护层外一层工程量：

$$S_1 = \pi(D + 2\delta + 2\delta \times 5\% + 2d_1 + 3d_2)L_1'$$
$$= 3.14 \times (0.08 + 2 \times 0.03 + 2 \times 0.03 \times 0.05 + 0.0032 + 0.005) \times 14.6\text{m}^2$$
$$= 6.93\text{m}^2$$

式中　D——管道外径(m);

5%——保温材料允许超厚系数;

d_1——用于捆托保温材料的金属线或钢带厚度(取定 $16^\#$ 线,$2d_1 = 0.0032\text{m}$);

d_2——防潮层厚度(取定 $350g$ 油毡线 $3d_2 = 0.005\text{m}$)。

(2)$\phi60 \times 3.5$ 管道外一层玻璃布工程量:

$$S_2 = \pi(D + 2\delta + 2\delta \times 5\% + 2d_1 + 3d_2)L_2'$$
$$= 3.14 \times (0.06 + 2 \times 0.03 + 2 \times 0.03 \times 0.05 + 0.0032 + 0.005) \times 7.8\text{m}^2$$
$$= 3.21\text{m}^2$$

(3)$\phi57 \times 3.5$ 管道外一层玻璃布工程量:

$$S_3 = \pi(D + 2\delta + 2\delta \times 5\% + 2d_1 + 3d_2)L_3'$$
$$= 3.14 \times (0.057 + 2 \times 0.03 + 2 \times 0.03 \times 0.05 + 0.0032 + 0.005) \times 37.1\text{m}^2$$
$$= 14.93\text{m}^2$$

(4)$\phi20 \times 3$ 管道外一层玻璃布工程量:

$$S_4 = \pi(D + 2\delta + 2\delta \times 5\% + 2d_1 + 3d_2)L_4'$$
$$= 3.14 \times (0.02 + 0.03 \times 2 + 2 \times 0.03 \times 0.05 + 0.0032 + 0.005) \times 1.2\text{m}^2$$
$$= 0.34\text{m}^2$$

(5)$\phi15 \times 3$ 管道外一层玻璃布工程量:

$$S_5 = \pi(D + 2\delta + 2\delta \times 5\% + 2d_1 + 3d_2)L_5'$$
$$= 3.14 \times (0.015 + 2 \times 0.03 + 2 \times 0.03 \times 0.05 + 0.0032 + 0.005) \times 7.3\text{m}^2$$
$$= 1.97\text{m}^2$$

三层玻璃布工程量:
$$S = (S_1 + S_2 + S_3 + S_4 + S_5) \times 3$$
$$= (6.93 + 3.21 + 14.93 + 0.34 + 1.97) \times 3\text{m}^2$$
$$= 82.14\text{m}^2$$

8. 锅炉房管道吹扫工程量

锅炉房五个管道系统安装完毕之后都要进行空气吹扫,其工程量计算同1。

公称直径 50mm 以内管道空气吹扫工程量:$L = L_3 + L_4 + L_5 = (62.4 + 5.4 + 8.8)\text{m} = 76.6\text{m} = 0.766(100\text{m})$

公称直径 $50 \sim 100\text{mm}$ 管道空气吹扫工程量:$L = L_1 + L_2 = (14.6 + 7.8)\text{m} = 22.4\text{m} = 0.224(100\text{m})$

9. 锅炉房管道系统低中压管道液压试验工程量

公称直径 50mm 以内管道液压试验:

$L = L_3 + L_4 + L_5 = (62.4 + 5.4 + 8.8)\text{m} = 76.6\text{m} = 0.766(100\text{m})$

公称直径 $50 \sim 100\text{mm}$ 管道液压试验:

$L = L_1 + L_2 = (14.6 + 7.8)\text{m} = 22.4\text{m} = 0.224(100\text{m})$

10. 穿墙刚性套管制作、安装工程量

刚性防水套管制作:$DN160$ 6个

刚性防水套管安装:$DN160$ 6个

11. X光射线无损伤探测工程量

需做 X光射线无损伤探测的焊口:

$DN60$ 的焊口:2×12 个 $= 24$ 个,$DN80$ 的焊口

2×4 个 $= 8$ 个,$DN15$ 的焊口 2×1 个 $= 2$ 个

(1)一个 $DN60$ 焊口需拍张数:

$60 \times \pi/(150 - 25 \times 2)$ 张 $= 1.88$ 张 取 2 张

一个 $DN80$ 焊口需拍张数:

$80 \times \pi/(150 - 25 \times 2)$ 张 $= 2.51$ 张 取 3 张

一个 $DN15$ 焊口需拍张数:

$15 \times \pi/(150 - 25 \times 2)$ 张 $= 0.47$ 张 取 1 张

(2)100% 做 X光射线无损伤探测工程量:

$(2 \times 24 + 3 \times 8 + 1 \times 2) \times 100\%$ 张 $= 74$ 张

清单工程量计算见表4-23。

表 4-23 清单工程量计算表

序号	项目编码	项目名称	项目特征描述	计量单位	工程量
1	030801006001	低压不锈钢管	$\phi 57 \times 3.5$ 无缝不锈钢管,电弧焊	m	62.40
2	030801006002	低压不锈钢管	$\phi 80 \times 4$ 无缝不锈钢管,电弧焊	m	21.00
3	030801006003	低压不锈钢管	$\phi 20 \times 3$ 无缝不锈钢管,电弧焊	m	5.40
4	030801006004	低压不锈钢管	$\phi 60 \times 3.5$ 无缝不锈钢管,电弧焊	m	7.80
5	030801006005	低压不锈钢管	$\phi 15 \times 3$ 无缝不锈钢管,电弧焊	m	8.80
6	030807003001	低压法兰阀门	截止阀 J86H -2.4,$DN60$	个	2
7	030807003002	低压法兰阀门	截止阀 J46H -2.4,$DN60$	个	2
8	030807003003	低压法兰阀门	闸阀 Z46H -2.4,$DN80$	个	3
9	030807003004	低压法兰阀门	闸阀 Z46H -2.4,$DN60$	个	2
10	030807003005	低压法兰阀门	蝶阀 D46H -2.4,$DN60$	个	8
11	030807003006	低压法兰阀门	止回阀 H46H -2.4,$DN60$	个	4
12	030807006001	低压调节阀门	安全阀,A74H -3.0,$DN80$	个	1
13	030807006002	低压调节阀门	安全阀,$DN15$,A74H -3.0	个	1
14	030814009001	管道机械煨弯	弯头,$DN15$	个	5
15	030814009002	管道机械煨弯	弯头,$DN60$	个	15
16	030814009003	管道机械煨弯	弯头,$DN80$	个	9
17	030810004001	低压不锈钢焊接法兰	$DN15$	副	1
18	030810004002	低压不锈钢焊接法兰	$DN60$	副	18

序号	项目编码	项目名称	项目特征描述	计量单位	工程量
19	030810004003	低压不锈钢焊接法兰	DN80	副	4
20	031004014001	给、排水附件	水龙头,DN15	个	2
21	030816003001	焊缝 X 光射线探伤	胶片规格 80mm × 150mm,100% X 射线无损探伤	张	74
22	030804003001	低压不锈钢管件	三通,DN60	个	5
23	030804003002	低压不锈钢管件	三通,DN80	个	9
24	030804003003	低压不锈钢管件	三通,DN20	个	1
25	030225001001	除尘器	除污器,DN80	台	1
26	030211003001	循环水泵	ZBA－6	台	4

项目编码:030804003   项目名称:低压不锈钢管件

【例22】 如图 4-32 所示为某商场空调机房螺杆式压缩机冷却水系统图,试计算此系统图的管道工程量。

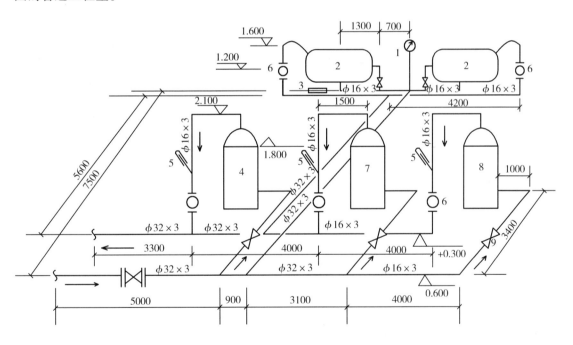

图 4-32 螺杆式压缩机冷却水系统图
1—压力表 2—空压机主体 3—压力继电器 4—中间冷却器
5—玻璃温度计 6—透视镜 7—末端冷却器 8—油冷却器 9—截止阀

工程说明:

(1)管道采用无缝不锈钢管材,管道连接采用电弧焊。

(2)三通现场挖眼制作,弯头机械揻弯,与管道电弧焊连接,阀门采用螺纹阀门。

(3)管道安装前要除锈、刷油(两遍红丹防锈漆,两遍调和漆)。

(4)管道安装完毕要进行管道系统空气吹扫,低中压管道要进行液压试验。

(5)焊口设计要求按50%比例做超声波无损伤探测。

【解】 1. 管道系统工程量

管道系统包括 $\phi32 \times 3$ 和 $\phi16 \times 3$ 两种无缝钢管,其工程量分别计算如下:

(1) $\phi32 \times 3$ 管道工程量:

$$
\begin{aligned}
L &= 水平长度 + 垂直长度 \\
&= [(5 + 0.9 + 3.1 + 3.3 + 4 + 7.5 + 5.6) + 0] m \\
&= 29.4 m
\end{aligned}
$$

【注释】 水平长度: $\phi32 \times 3$ 引入干管的长度为 $(5 + 0.9 + 3.1)$,引出干管的长度为 $(3.3 + 4)$,从引入干管到空压机主体的水平管之间的长度为7.5,从引出干管到空压机主体水平管的长度为5.6;垂直长度为0。

(2) $\phi16 \times 3$ 管道工程量:

$$
\begin{aligned}
L &= 水平长度 + 垂直长度 \\
&= [(4 + 3.4 \times 3 + 1 \times 3 + 4 + 1.5 \times 3 + 4.2 \times 2 + 1.3 \times 2 + 0.7 \times 2) + (2.1 - 0.3) \times 3 + \\
&\quad (2.1 - 1.8) \times 3 + (1.6 - 1.2) \times 2 + (1.2 - 0.6) \times 2 + (1.2 - 0.3) \times 2] m \\
&= 48.2 m
\end{aligned}
$$

【注释】 水平长度:引入干管最后一段长为4,引入干管至三个冷却器的水平长度为 $(3.4 \times 3 + 1 \times 3)$,最后一段水平引出干管的长度为4,标高2.1m处与冷却器上部连接的水平管的长度为 1.5×3 ,与空压机主体连接的水平管的长度为 4.2×2 ,两个空压机主体中心的距离为 $(1.3 \times 2 + 0.7 \times 2)$;垂直长度:从三个冷却器引出的竖直管的总长为 $[(2.1 - 0.3) \times 3 + (2.1 - 1.8) \times 3]$,空压机主体引出管的竖直管道的长度为 $(1.6 - 1.2) \times 2$,引入两个空压机主体的竖直管道为 $(1.2 - 0.6) \times 2$ 。

2. 管件工程量

(1)压缩机　2台

(2)冷却器　2台

(3)油冷却器　1台

(4)透视镜　$DN16$　5支

(5)温度计　3支

(6)压力计　1台

(7)阀门:J42T-1.0　$DN16$　5个,Z42T-1.0　$DN32$　1个

(8)三通:$DN16$　2个;$DN32$　7个

(9)弯头:$DN16$　15个

3. 管道系统除锈工程量

(1) $\phi32 \times 3$ 管道表面积:

$$S_1 = \pi D L = 3.14 \times 0.032 \times 29.4 m^2 = 2.95 m^2$$

(2) $\phi16 \times 3$ 管道表面积:

$$S_2 = \pi D L = 3.14 \times 0.016 \times 46.4 m^2 = 2.33 m^2$$

共计除锈工程量:

$$S = S_1 + S_2 = (2.95 + 2.33)\,\text{m}^2 = 5.28\,\text{m}^2 = 0.53 \times 10\,\text{m}^2$$

4. 管道系统刷油(两遍红丹防锈漆,两遍调和漆)工程量

(1) $\phi 32 \times 3$ 管道刷油工程量:

$$S_1 = \pi DL = 3.14 \times 0.032 \times 46.4\,\text{m}^2 = 4.66\,\text{m}^2$$

(2) $\phi 16 \times 3$ 管道刷油工程量:

$$S_2 = \pi DL = 3.14 \times 0.016 \times 46.4\,\text{m}^2 = 2.33\,\text{m}^2$$

管道系统合计刷油工程量:

$$S = S_1 + S_2 = (4.66 + 2.33)\,\text{m}^2 = 6.99\,\text{m}^2 = 0.69 \times 10\,\text{m}^2$$

5. 管道系统进行空气吹扫工程量

$\phi 32 \times 3$ 管道长度: $L_1 = 29.4\,\text{m}$　详见 1

$\phi 16 \times 3$ 管道长度: $L_2 = 46.4\,\text{m}$　详见 1

公称直径 50mm 以内管道空气吹扫工程量:

$$L = L_1 + L_2 = (29.4 + 46.4)\,\text{m} = 75.8\,\text{m} = 0.758 \times 100\,\text{m}$$

6. 管道系统进行低中压管道液压试验工程量

$\phi 32 \times 3$ 管道长度: $L_1 = 29.4\,\text{m}$　详见 1

$\phi 16 \times 3$ 管道长度: $L_2 = 46.4\,\text{m}$　详见 1

公称直径 50mm 以内管道进行低中压管道液压试验工程量:

$$L = L_1 + L_2 = (29.4 + 46.4)\,\text{m} = 75.8\,\text{m} = 0.758 \times 100\,\text{m}$$

7. 焊口做超声波无损伤探测工程量

管道系统中三通和弯头与管道连接采用电弧焊,其中三通共 9 个,弯头 15 个,焊口共计:

$$(3 \times 9 + 2 \times 15)\,\text{口} = 57\,\text{口}$$

设计要求按 50% 比例做超声波无损伤探测工程量为: $57 \times 50\%\,\text{口} = 28.5\,\text{口}$,取 29 口。

清单工程量计算见表 4-24。

表 4-24　清单工程量计算表

序号	项目编码	项目名称	项目特征描述	计量单位	工程量
1	030801006001	低压不锈钢管	$\phi 32 \times 3$,不锈钢管	m	29.40
2	030801006002	低压不锈钢管	$\phi 16 \times 3$,不锈钢管	m	46.40
3	030807001001	低压螺纹阀门	J42T-1.0,DN16	个	5
4	030807001002	低压螺纹阀门	Z42T-1.0,DN32	个	1
5	030814009001	管道机械煨弯	DN16	个	15
6	030816005001	焊缝超声波探伤	焊口按 50% 比例做超声波无损探伤	口	29
7	030110002001	回转式螺杆压缩机		台	2
8	030113016001	中间冷却器		台	2
9	030113016002	中间冷却器	油冷却器	台	1
10	030601001001	温度仪表	玻璃温度计	支	3

序号	项目编码	项目名称	项目特征描述	计量单位	工程量
11	030601002001	压力仪表	压力计	台	1
12	030804003001	低压不锈钢管件	三通, $DN16$	个	2
13	030804003002	低压不锈钢管件	三通, $DN32$	个	7
14	030113020001	油视镜	透视镜, $DN16$	支	5

项目编码:031001004　　项目名称:低压铜管

项目编码:030804010　　项目名称:低压铜管件

项目编码:030807003　　项目名称:低压法兰阀门

【例23】　如图4-33所示是压缩机润滑油系统图,试计算此系统图的管道工程量。

工程说明:压缩机润滑油系统图包括蒸汽管道系统、冷却水管道系统、润滑油管道系统。

(1)蒸汽管道采用中压碳钢无缝钢管,管道连接采用电弧焊平焊。三通现场挖眼制作,弯头机械搬弯,法兰采用电弧焊平焊,阀门均采用法兰阀门。管道安装用动力工具除锈,刷油、防腐(醇酸清漆两遍,有机硅耐热漆两遍),外缠岩棉绝热层 $\delta = 30mm$,外包玻璃布保护层。安装完毕管道系统应蒸汽吹扫,低中压管道气压试验,低中压管道泄漏性试验。焊口要求按100%比例进行X射线无损伤探测。胶片规格为80mm×150mm。

(2)冷却水管道系统采用低压碳钢有缝钢管,管道连接电弧焊。三通、弯头直接购买成品件,阀门采用法兰阀门,法兰与管道对焊连接。管道用动力工具除锈,刷油、防腐处理(刷油红丹防锈漆两遍,防腐是调和漆两遍),焊口要求按50%比例做X光射线无损伤探测,胶片规格为80mm×150mm。管道安装完成要做空气吹扫,低中压管道做液压试验,低中压管道做泄漏性试验。

(3)润滑油管道系统:管道采用低压无缝铜管,管道连接采用氧乙炔焊,铜三通现场挖眼制作,弯头机械搬弯,阀门采用法兰阀门,法兰是翻边活套法兰。管道安装时要除锈(手工除锈)刷油醇酸清漆、有机硅耐热漆各两遍,外加绝热层 $\delta = 5mm$,泡沫玻璃瓦块,外加铝箔—复合玻璃钢保护层。焊口要按50%比例做X射线无损伤探测,胶片规格80mm×150mm。安装完毕要进空气吹扫、液压试验,之后进行管道系统碱清洗、油清洗。

【解】　1. 管道系统工程量

压缩机润滑油系统由工程量说明可知包括三种管道系统:蒸汽管道系统、冷却水管道系统、润滑油管道系统,它们的工程量分别计算如下:

(1)蒸汽管道系统管道工程量:

$\phi 108 \times 4$ 无缝碳钢管长度:$L_1 = ① + ② = (12.8 + 2.4)m = 15.2m$

式中　①——代表蒸汽给汽管段长度(m);

　　　②——代表蒸汽回汽管道管段长度(m)。

(2)冷却水管道系统工程量:

$DN100$ 低压碳钢有缝钢管长度:$L_2 = ③ + ④ = (3.8 + 2.6)m = 6.4m$

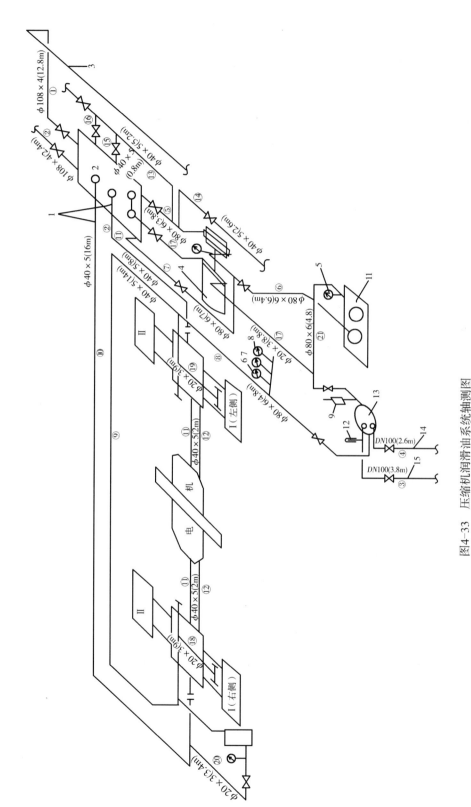

图4-33 压缩机润滑油系统轴测图

1—润滑油管 2—油箱 3—蒸汽管 4—油泵 5、6—压力表 7、8—连接点压力表
9—热电阻 11—凸线油过滤器 12—水银温度计 13—油冷却器 14—制冷却水管 15—米自冷却水

式中 ③——冷却水供水管管道长度(m);

④——冷却水回水管管道长度(m)。

(3)润滑油管道系统工程量:

润滑油管道系统的管道是低压纯铜无缝管,包括 $\phi 80 \times 6, \phi 40 \times 5, \phi 20 \times 3$ 三种规格的管道,其管道工程量分别计算如下:

$\phi 80 \times 6$ 管道长度:$L_3 = ⑤ + ⑥ + ⑦ + ⑧ + ㉑ = (3.8 + 6.4 + 7.0 + 4.8 \times 2)m = 26.8m$

式中 ⑤——油泵加压前管道长度(m);

⑥——油泵加压后管道长度(m);

⑦——油泵旁通管道长度(m);

⑧——油冷却器出口处布油管 $\phi 80 \times 6$ 管道长度(m);

㉑——连接过滤器与冷却器管道长度(m)。

$\phi 40 \times 5$ 管道长度:$L_4 = ⑨ + ⑩ + ⑪ + ⑫ + ⑬ + ⑭ + ⑮ + ⑯ = [14 + 16 + 8 + (2 \times 2) + 5.2 + 2.6 + 0.8 + 0.8]m = 51.40m$

式中 ⑨——布油管 $\phi 40 \times 5$ 管道长度(m);

⑩——回油管 $\phi 40 \times 5$ 管道长度(m);

⑪——回油管 $\phi 40 \times 5$ 管道长度(m);

⑫——机械中旁通管管道长度(m);

⑬——油箱至加压油泵的旁通管道长度(m);

⑭——油箱加油管道长度(m);

⑮——旁通管开启处管道长度(m);

⑯——油箱检查放油管道长度(m)。

$\phi 20 \times 3$ 润滑油管道长度:$L_5 = ⑰ + ⑱ + ⑲ + ⑳ = (8.8 + 9 + 9 + 3.4)m = 30.2m$

式中 ⑰——油泵处润滑油布油管道长度(m);

⑱——电机左侧布油管管道长度(m);

⑲——电机右侧布油管管道长度(m);

⑳——润滑油供油管与润滑油回油管连接管的管道长度(m)。

2. 压缩机润滑油系统管件工程量

(1)蒸汽管道系统管件工程量:弯头 $DN100$ 3 个

法兰 $DN100$ 2 副

法兰阀门:J41K—3.0 $DN100$ 2 个

(2)冷却水管道系统管件工程量:

法兰:$DN100$ 2 副

法兰阀门:J41K – 1.0 $DN100$ 2 个

弯头:$DN100$ 2 个

温度计(玻璃):1 支

(3)润滑油系统管件工程量:

三通:$DN80$ 6 个;$DN40$ 4 个;$DN20$ 4 个

弯头:$DN80$ 12 个;$DN40$ 10 个;$DN20$ 2 个

截止阀:J41W – 0.6 $DN80$ 5 个

164

J41W – 0.6 DN20 2 个

压力表:6 台

法兰:DN80 2 副;DN20 4 副

（4）油箱 1 台

（5）凸线过滤器 1 台

（6）油冷却器 1 台

（7）油泵 1 台

（8）螺杆式压缩机 1 台

3. 压缩机润滑油系统管道除锈工程量

压缩机润滑油系统包括蒸汽管道系统、冷却水管道系统和润滑油管道系统。管道除锈工程量分别计算如下：

（1）蒸汽管道系统动力工具除锈工程量：

$\phi 108 \times 4$ 无缝碳钢管表面积：$S_1 = \pi D L_1 = 3.14 \times 0.108 \times 15.2 \text{m}^2 = 5.15 \text{m}^2$

（2）冷却水管道系统动力工具除锈工程量：

$DN100$ 有缝钢管表面积：$S_2 = \pi D L_2 = 3.14 \times 0.108 \times 6.4 \text{m}^2 = 2.17 \text{m}^2$

（3）润滑油管道系统除锈工程量：

$\phi 80 \times 6$ 管道表面积：$S_3 = \pi D L_3 = 3.14 \times 0.08 \times 26.8 \text{m}^2 = 6.73 \text{m}^2$

$\phi 40 \times 6$ 管道表面积：$S_4 = \pi D L_4 = 3.14 \times 0.04 \times 51.4 \text{m}^2 = 6.46 \text{m}^2$

$\phi 20 \times 3$ 管道表面积：$S_5 = \pi D L_5 = 3.14 \times 0.02 \times 30.2 \text{m}^2 = 1.90 \text{m}^2$

压缩机润滑油管道系统中动力工具除锈工程量：$S = S_1 + S_2 = (5.15 + 2.17) \text{m}^2 = 7.32 \text{m}^2 = 0.732 \times 10 \text{m}^2$

压缩机润滑油管道系统中手工除锈工程量：$S = S_3 + S_4 + S_5 = (6.73 + 6.46 + 1.90) \text{m}^2 = 15.09 \text{m}^2 = 1.509 \times 10 \text{m}^2$

4. 压缩机润滑油系统刷油工程量

压缩机润滑油系统管道刷油,其中蒸汽管道系统和润滑油管道系统除锈后刷醇酸清漆、有机硅耐热漆各两遍,冷却水管道系统刷红丹防锈漆、调和漆各两遍,其工程量分别计算如下：

（1）蒸汽管道刷油工程量：

$S_1 = \pi D L_1 = 3.14 \times 0.108 \times 15.2 \text{m}^2 = 5.15 \text{m}^2$

（2）润滑油管道系统刷油工程量：

$\phi 80 \times 6$ 无缝铜管刷油工程量：$S_2 = \pi D L_3 = 3.14 \times 0.08 \times 26.8 \text{m}^2 = 6.73 \text{m}^2$

$\phi 40 \times 5$ 无缝铜管刷油工程量：$S_3 = \pi D L_4 = 3.14 \times 0.04 \times 51.4 \text{m}^2 = 6.46 \text{m}^2$

$\phi 20 \times 3$ 无缝铜管刷油工程量：$S_4 = \pi D L_5 = 3.14 \times 0.02 \times 30.2 \text{m}^2 = 1.90 \text{m}^2$

合计刷醇酸清漆,有机硅耐热漆的工程量：$S = S_1 + S_2 + S_3 + S_4 = (5.15 + 6.73 + 6.46 + 1.90) \text{m}^2 = 20.24 \text{m}^2 = 2.024 \times 10 \text{m}^2$

（3）冷却水管道系统刷油工程量：

$DN100$ 有缝碳钢刷油工程量：$S = \pi D L_2 = 3.14 \times 0.108 \times 6.4 \text{m}^2 = 2.17 \text{m}^2 = 0.217 \times 10 \text{m}^2$

合计刷红丹防锈漆、调和漆各两遍工程量：$S = 0.217 \times 10 \text{m}^2$

5. 压缩机润滑油系统绝热工程量

压缩机润滑油系统中蒸汽管道系统和润滑油管道系统做绝热层,其工程量分别计算如下:

(1)蒸汽管道外加 $\delta=30$mm 厚岩棉绝热层工程量:

$$V = \pi(D+\delta+\delta\times3.3\%)\times(\delta+\delta\times3.3\%)L$$
$$= 3.14\times(0.108+0.03+0.03\times0.033)\times(0.03+0.03\times0.033)\times15.2\text{m}^3$$
$$= 0.21\text{m}^3$$

(2)润滑油管道系外 $\delta=5$mm 厚泡沫玻璃瓦绝热工程量:

$\phi80\times6$ 管道外绝热工程量:$V_1 = \pi(D+\delta+\delta\times3.3\%)\times(\delta+\delta\times3.3\%)L_3$
$$= 3.14\times(0.08+0.005+0.005\times0.033)\times(0.005+0.005\times0.033)\times26.8\text{m}^3$$
$$= 0.037\text{m}^3$$

$\phi40\times5$ 管道外绝热工程量:$V_2 = \pi(D+\delta+\delta\times3.3\%)\times(\delta+\delta\times3.3\%)L_4$
$$= 3.14\times(0.04+0.005+0.005\times0.033)\times(0.005+0.005\times0.033)\times51.4\text{m}^3$$
$$= 0.038\text{m}^3$$

$\phi20\times3$ 管道外绝热工程量:$V_3 = \pi(D+\delta+\delta\times3.3\%)\times(\delta+\delta\times3.3\%)L_5$
$$= 3.14\times(0.02+0.005+0.005\times0.033)\times(0.005+0.005\times0.033)\times30.2\text{m}^3$$
$$= 0.012\text{m}^3$$

合计泡沫玻璃绝热层工程量:$V = V_1+V_2+V_3$
$$= (0.037+0.038+0.012)\text{m}^3$$
$$= 0.087\text{m}^3$$

6. 压缩机润滑油系统管道外保护层工程量

压缩机润滑油三个系统中,蒸汽管道系统和润滑油管道系统外做保护层,其工程量分别计算如下:

(1)蒸汽管道系统外包玻璃布保护层工程量:

$$S = \pi(D+2\delta+2\delta\times5\%+2d_1+3d_2)L_1$$
$$= 3.14\times(0.108+2\times0.03+2\times0.03\times0.05+0.0032+0.005)\times15.2\text{m}^2$$
$$= 8.55\text{m}^2$$

式中　D——管道外径(m);

δ——绝热层厚度(m);

5%——绝热材料允许超厚系数;

d_1——用于捆托保温材料的金属线或钢带厚度(一般取定 16#线,$2d_1=0.0032$m);

d_2——防潮层厚度(取定 350g 油毡纸,$3d_2=0.005$m)。

(2)润滑油管道外保护层(缠铝箔—复合玻璃钢)工程量:

$\phi80\times6$ 管道外保护层工程量:$S_1 = \pi(D+2\delta+2\delta\times5\%+2d_1+3d_2)L_3$
$$= 3.14\times(0.08+2\times0.005+2\times0.005\times5\%+0.0032+0.005)\times26.8\text{m}^2$$
$$= 8.31\text{m}^2$$

$\phi 40 \times 5$ 管道外保护层工程量：$S_2 = \pi (D + 2\delta + 2\delta \times 5\% + 2d_1 + 3d_2) L_4$

$= 3.14 \times (0.04 + 2 \times 0.005 + 2 \times 0.005 \times 0.05 + 0.0032 + 0.005) \times 51.4 \, \text{m}^2$

$= 9.47 \, \text{m}^2$

$\phi 20 \times 3$ 管道外保护层工程量：$S_3 = \pi (D + 2\delta + 2\delta \times 5\% + 2d_1 + 3d_2) L_5$

$= 3.14 \times (0.02 + 2 \times 0.005 + 2 \times 0.005 \times 0.05 + 0.0032 + 0.005) \times 30.2 \, \text{m}^2$

$= 3.67 \, \text{m}^2$

铝箔—复合玻璃钢保护层工程量：$S = S_1 + S_2 + S_3 = (8.31 + 9.47 + 3.67) \, \text{m}^2 = 21.45 \, \text{m}^2$

7. 蒸汽吹扫工程量

压缩机润滑油系统图中仅有蒸汽管道系统进行蒸汽吹扫，其工程量：

公称直径 $DN100\text{mm}$ 以内管道长度：$L = L_1 = 15.2 \, \text{m} = 0.152 \times 100 \, \text{m}$

8. 空气吹扫工程量

压缩机润滑油管道系统中冷却水管道系统和润滑油管道系统分别进行空气吹扫，其工程量分别计算如下：

（1）冷却水管道系统空气吹扫工程量：

公称直径 $50 \sim 100\text{mm}$ 以内管道工程量：$L_{11} = L_2 = 6.4 \, \text{m}$

（2）润滑油管道系统空气吹扫工程量：

公称直径 50mm 以下管道工程量：$L_{12} = L_4 + L_5 = (51.4 + 30.2) \, \text{m} = 81.6 \, \text{m}$

公称直径 $50 \sim 100\text{mm}$ 管道工程量：$L_{13} = L_3 = 26.8 \, \text{m}$

空气吹扫工程量：

公称直径 50mm 以下管道工程量：$L = L_{12} = 81.6 \, \text{m} = 0.816 \times 100 \, \text{m}$

公称直径 $50 \sim 100\text{mm}$ 管道工程量：$L = L_{11} + L_{13} = (6.4 + 26.8) \, \text{m} = 33.2 \, \text{m} = 0.332 \times 100 \, \text{m}$

9. 蒸汽管道进行气压试验工程量

公称直径 100mm 以内低中压管道气压试验工程量：$L = L_1 = 15.2 \, \text{m} = 0.152 \times 100 \, \text{m}$

10. 压缩机润滑油系统进行低中压管道液压试验工程量

（1）冷却水管道系统进行低中压管道液压试验工程量：

公称直径 100mm 以内管道工程量：$L'' = L_2 = 6.4 \, \text{m} = 0.064 \times 100 \, \text{m}$

（2）润滑油管道系统进行低中压管道液压试验工程量：

公称直径 50mm 以内管道低中压管道液压试验工程量：$L''' = L_4 + L_5 = (51.4 + 30.2) \, \text{m} = 81.6 \, \text{m} = 0.816 \times 100 \, \text{m}$

公称直径 $50 \sim 100\text{mm}$ 以内管道低中压管道液压试验工程量：$L'''' = L_3 = 26.8 \, \text{m} = 0.268 \times 100 \, \text{m}$

11. 压缩机润滑油系统泄漏性试验工程量

（1）蒸汽管道泄漏性试验工程量：

公称直径 100mm 以内管道工程量：$L = L_1 = 15.2 \, \text{m} = 0.152 \times 100 \, \text{m}$

（2）冷却水管道泄漏性试验工程量：

公称直径 100mm 以内管道工程量：$L = L_2 = 6.4 \, \text{m} = 0.064 \times 100 \, \text{m}$

12. 压缩机润滑油系统 X 射线无损伤探测工程量

(1)蒸汽管道系统的焊口：

$(2 \times 3 + 2 \times 2)$ 个 $= 10$ 个

每个焊口需拍张数：$108 \times \pi / (150 - 25 \times 2) = 3.4$，取 4 张

设计要求按 100% 比例做 X 射线无损伤探测的工程量：

$(4 \times 10) \times 100\%$ 张 $= 40$ 张

(2)冷却水管道系统做 X 射线无损伤探测工程量：

$DN100$ 的焊口合计：$(2 \times 2 + 2 \times 2)$ 个 $= 8$ 个

每个 $DN100$ 焊口需拍张数：$100 \times \pi / (150 - 25 \times 2) = 3.14$，取 4 张

设计要求按 50% 比例做 X 射线无损伤探测工程量：$(8 \times 4) \times 50\%$ 张 $= 16$ 张

(3)润滑油管道系统做 X 射线无损伤探测工程量：

$\phi 20 \times 3$ 焊口合计：$(3 \times 4 + 2 \times 2 + 4 \times 2)$ 个 $= 24$ 个

$\phi 40 \times 5$ 焊口合计：$(3 \times 4 + 2 \times 10)$ 个 $= 32$ 个

$\phi 80 \times 6$ 焊口合计：$(3 \times 6 + 2 \times 12 + 2 \times 2)$ 个 $= 46$ 个

一个 $\phi 20 \times 3$ 焊口需拍张数：$20 \times \pi / (150 - 25 \times 2) = 0.628$　取 1 张

一个 $\phi 40 \times 5$ 焊口需拍张数：$40 \times 3.14 / (150 - 25 \times 2) = 1.256$　取 2 张

一个 $\phi 80 \times 6$ 焊口需拍张数：$80 \times 3.14 / (150 - 25 \times 2) = 2.512$　取 3 张

设计要求按 50% 比例做 X 射线无损伤探测，共需拍张数：$(1 \times 24 + 2 \times 32 + 3 \times 46) \times 50\% = 113$ 张

13. 润滑油管道系统碱清洗工程量

(1)公称直径 25mm 以内管碱清洗工程量：

$L = L_5 = 30.2\text{m} = 0.302 \times 100\text{m}$

(2)公称直径 25 ~ 50mm 以内管($\phi 40 \times 5$ 管)碱清洗工程量：

$L = L_4 = 51.4\text{m} = 0.514 \times 100\text{m}$

(3)公称直径 50 ~ 100mm 以内管($\phi 80 \times 6$ 管)碱清洗工程量：

$L = L_3 = 26.8\text{m} = 0.268 \times 100\text{m}$

14. 润滑油管道系统油清洗管道工程量

(1)公称直径 15 ~ 20mm 以内管道油清洗工程量：

$L = L_5 = 30.2\text{m} = 0.302 \times 100\text{m}$　($\phi 20 \times 3$ 管)

(2)公称直径 32 ~ 40mm 以内管管道($\phi 40 \times 5$ 管)油清洗工程量：

$L = L_4 = 51.4\text{m} = 0.514 \times 100\text{m}$

(3)公称直径 65 ~ 80mm 以内管管道($\phi 80 \times 6$ 管)油清洗工程量：

$L = L_3 = 26.8\text{m} = 0.268 \times 100\text{m}$

清单工程量计算见表 4-25。

表 4-25　清单工程量计算表

序号	项目编码	项目名称	项目特征描述	计量单位	工程量
1	030802001001	中压碳钢管	蒸汽管道系统，中压碳钢无缝钢管，电弧焊，$\phi 108 \times 4$	m	15.2
2	031001002001	低压有缝钢管	冷却水管道系统，低压碳钢有缝钢管，电弧焊，$DN100$	m	6.4

序号	项目编码	项目名称	项目特征描述	计量单位	工程量
3	031001004001	低压铜管	润滑油管道系统,低压纯铜无缝管,氧乙炔焊,$\phi80\times6$	m	26.8
4	031001004002	低压铜管	润滑油管道系统,低压纯铜无缝管,氧乙炔焊,$\phi40\times5$	m	51.4
5	031001004003	低压铜管	润滑油管道系统,低压纯铜无缝管,氧乙炔焊,$\phi20\times3$	m	30.2
6	030811002001	中压碳钢平焊法兰	电弧平焊,$DN100$	副	2
7	030810002001	低压碳钢对焊法兰	电弧对焊,$DN100$	副	2
8	030810003001	铜管翻边活动法兰	翻边活套,$DN80$	副	2
9	030810003002	铜管翻边活动法兰	翻边活套,$DN20$	副	49
10	030808003001	中压法兰阀门	$J41R-3.0,DN100$	个	2
11	030807003001	低压法兰阀门	$J41K-1.0,DN100$	个	2
12	030807003002	低压法兰阀门	截止阀,$J41W-0.6,DN80$	个	5
13	030807003003	低压法兰阀门	截止阀,$J41W-0.6,DN20$	个	2
14	030814009001	管道机械揻弯	$DN100$,平焊	个	3
15	030814009002	管道机械揻弯	$DN80$,翻边活套	个	12
16	030814009003	管道机械揻弯	$DN40$,翻边活套	个	10
17	030814009004	管道机械揻弯	$DN20$,翻边活套	个	2
18	030816003001	焊缝 X 光射线探伤	胶片规格:$80mm\times150mm,\phi108\times4$	张	40
19	030816003002	焊缝 X 光射线探伤	胶片规格:$80mm\times150mm,DN100$	张	16
20	030816003003	焊缝 X 光射线探伤	胶片规格:$80mm\times150mm,\phi20\times3$	张	12
21	030816003004	焊缝 X 光射线探伤	胶片规格:$80mm\times150mm,\phi40\times5$	张	69
22	030816003005	焊缝 X 光射线探伤	胶片规格:$80mm\times150mm,\phi80\times6$	张	32
23	030804001001	低压碳钢管件	弯头,$DN100$	个	2
24	030804010001	低压铜管件	三通,$DN80$	个	6
25	030804010002	低压铜管件	三通,$DN40$	个	4
26	030804010003	低压铜管件	三通,$DN20$	个	4
27	030601001001	温度仪表	水银温度计	支	1
28	030601002001	压力仪表	压力表	台	6
29	030113018001	集油器	油箱	台	1
30	030113015001	过滤器	凸线	台	1
31	030113016001	中间冷却器	油冷却器	台	1
32	030109008001	齿轮油泵		台	1
33	030110002001	回转式螺杆压缩机		台	1

第五章 消防及安全防范设备安装工程

项目编码:030901001　　项目名称:水喷淋镀锌钢管

【例1】　如图5-1所示为某教学楼消防系统图,竖直管段及水平引入管均采用DN100镀锌钢管,一层水平管段采用DN80镀锌钢管,其连接采用螺纹连接。

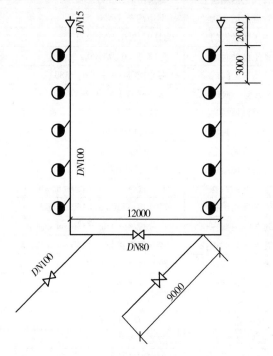

图5-1　某教学楼消防系统示意图

【解】　1. 清单工程量

(1)DN100水喷淋镀锌钢管:

室内部分:3×5×2m＝30m(3为层高,5为楼层数,2为两个竖管系统)

室外部分:9×2m＝18m(水平引入管的长度)

(2)DN80水喷淋镀锌钢管:12m

清单工程量计算见表5-1

表5-1　清单工程量计算表

序号	项目编码	项目名称	项目特征描述	计量单位	工程量
1	030901001001	水喷淋钢管	室内安装,DN100,螺纹连接,镀锌钢管	m	30.00
2	030901001002	水喷淋钢管	室外安装,DN100,螺纹连接,镀锌钢管	m	18.00
3	030901001003	水喷淋钢管	室内安装,DN80,螺纹连接,镀锌钢管	m	12.00

2. 定额工程量

(1)DN100 水喷淋镀锌钢管:

采用定额 7 - 73 计算,基价 100.95 元,其中人工费 76.39 元,材料费 15.30 元,机械费 9.26 元。

(2)DN80 水喷淋镀锌钢管:

采用定额 7 - 72 计算,基价 96.80 元,其中人工费 67.80 元,材料费 18.53 元,机械费 10.47 元。

项目编码:030901001   项目名称:水喷淋镀锌无缝钢管

项目编码:030901002   项目名称:消火栓镀锌钢管

【例2】 如图 5-2 所示为室外地上式消火栓示意图,直径为 150mm,栓口直径为 65mm,采用镀锌钢管,其连接方式为法兰连接,承压 10MPa。

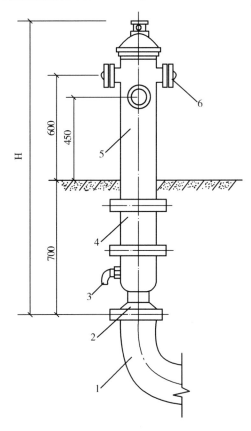

图 5-2 室外地上式消火栓示意图

1—弯管 2—阀体 3—排水阀 4—法兰连接管 5—本体 6—KW65 型接口

【解】 1. 清单工程量

DN150 消火栓镀锌钢管长度:(0.60 + 0.70)m = 1.30m(地上部分与地下部分之和)

清单工程量计算见表 5-2。

171

表 5-2　清单工程量计算表

项目编码	项目名称	项目特征描述	计量单位	工程量
030901002001	消火栓钢管	DN150,栓口直径 65mm,镀锌钢管,法兰连接,承压 10MPa	m	1.30

2. 定额工程量

采用定额 8 – 7 计算,基价 42.58 元,其中人工费 20.43 元,材料费 20.64 元,机械费 1.51 元。

项目编码:030901002　　项目名称:消火栓钢管　计算方法同例 2

项目编码:031003001　　项目名称:螺纹阀门

螺纹阀门:采用螺纹连接的阀门,由阀体、阀瓣、阀盖、阀杆及手轮等部件组成,用来开启或关闭管道内流体的流动或调节输送流体的流向、压力或间接调节流体速度,以达到控制流体流动的目的。具有类似作用的阀门还有螺纹法兰阀门、焊接法兰阀门、带短管甲乙的法兰阀门,其项目编码分别为 031003002、031003003、031003004。

项目编码:031003013　　项目名称:水表

【例 3】　如图 5-3a 所示为水表节点示意图,5-3b 图中水表为带旁通管的旋翼式湿式水表,采用螺纹连接,公称直径为 DN25。试计算其工程量。

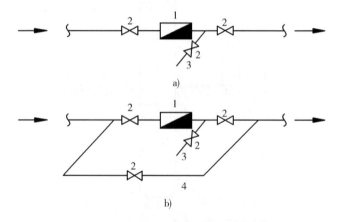

图 5-3　水表节点示意图

a)不带旁通的水表节点　b)带旁通管的水表节点

1—水表　2—阀门　3—泄水检查管　4—旁通管

【解】　1. 清单工程量

螺纹水表　DN25 一组

清单工程量计算见表 5-3。

表 5-3　清单工程量计算表

项目编码	项目名称	项目特征描述	计量单位	工程量
031003013001	水表	带旁通管的旋翼式湿式水表,螺纹连接,DN25	组	1

2. 定额工程量

采用定额 8 – 359 计算,定额基价 25.85 元,其中人工费 11.15 元,材料费 14.70 元。

项目编码:031006015   项目名称:消防水箱制作安装

消防水箱:消防用的给水设备,对扑救初期火灾起着非常重要的作用,一般置于建筑物顶楼或地下室,当置于地下室时,使用消防水泵维持管路中的正常压力。消防用水宜与生活、生产用水合用水箱,但应保证水箱内的水不受消防管网中水的污染。

【例4】 如图5-4所示为矩形钢板水箱接管示意图,箱重1500kg,水箱容积为15m³。试计算其工程量。

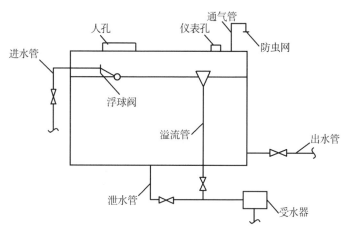

图5-4 消防水箱、管件示意图

【解】 1. 清单工程量

矩形钢板水箱一台,箱重1500kg。

清单工程量计算见表5-4。

表5-4 清单工程量计算表

项目编码	项目名称	项目特征描述	计量单位	工程量
031006015001	水箱制作安装	矩形钢板水箱,箱重1500kg,水箱容积为15m³	台	1

2. 定额工程量

矩形钢板水箱制作采用定额8-540计算,计量单位:100kg,工程基价436.18元,其中人工费34.83元,材料费384.67元,机械费16.68元。矩形钢板水箱安装采用定额8-555,计量单位:个,工程基价178.17元,其中人工费128.17元,材料费3.91元,机械费46.09元。

项目编码:030901003   项目名称:水喷头

水喷头:发生火灾时能自动打开喷头喷水灭火并同时发出火警信号的消防灭火设施。

【例5】 如图5-5所示为某综合楼,地上7层;喷头流量特性系数为80,喷头处压力为0.1MPa,其平面布置如图5-5。试计算其工程量。

【解】 1. 清单工程量

水喷头DN25数量为18个

清单工程量计算见表5-5。

表5-5 清单工程量计算表

项目编码	项目名称	项目特征描述	计量单位	工程量
030901003001	水喷头	喷头流量特性系数为80,喷头处压力为0.1MPa,DN25	个	18

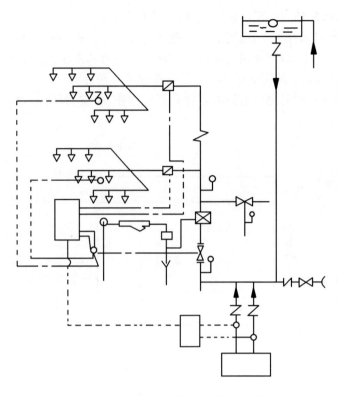

图 5-5　湿式自动喷水灭火系统示意图

2. 定额工程量

采用定额 7－160 计算,计量单位:10 个,工程基价 147.27 元,其中人工费 59.68 元,材料费 49.29 元,机械费 38.30 元。

项目编码:030901004　　项目名称:报警装置

说明:可分为湿式报警装置、干湿两用报警装置、电动雨淋报警装置、预作用报警装置。

项目编码:030901005　　项目名称:温感式水幕装置

说明:水幕装置由雨淋阀、水幕喷头(包括窗口、檐口等各种类型)、供水设施、管网及探测系统及报警系统等组成。

温感式水幕装置:定额计算时采用《全国统一安装工程预算定额》第七册,《消防及安全防范设备安装工程》37 页关于温感式水幕装置安装定额。

项目编码:030901006　　项目名称:水流指示器

说明:水流指示器应竖直安装于水平管道上侧,由管网内水流作用起动后产生电信号,传至报警装置,适用于湿式喷水灭火系统。图 5-6 给出了水流指示器的示意图。当选择法兰连接公称直径为 100mm 的水流指示器时,套用定额 7－94 计算。

项目编码:030901007　　项目名称:减压孔板

说明:对于高层建筑消防系统,高低层消火栓所受水压上小下大,实际出水量相差很大。一般上部满足要求时,下部消火栓出水压力会过大,从而使消防水箱或水池内的水很快用完。为了满足消防用水的水量与时间要求,应在低层消火栓前装设减压节流孔板。图 5-7 所示为减压节流孔板的示意图。

174

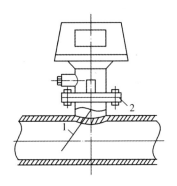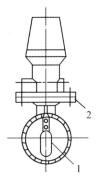

图 5-6　水流指示器示意图

1—桨片　2—连接法兰

　　当选择公称直径为 $DN80$ 的减压孔板时,定额计算采用定额 7 – 99 计算,计量单位为个,工程基价 61.36 元,其中人工费 12.31 元,材料费 40.79 元,机械费 8.26 元。

　　项目编码:030901008　　项目名称:末端试水装置

　　说明:由连接管、排水管、压力表、控制阀等组成,可用于消防系统的监测与控制,即检测管道中水流量压力等,一般安装在系统管网的或分区管网的末端。图 5-8 所示,给出了末端试水装置的使用图示。

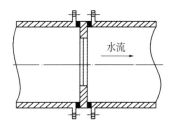

图 5-7　减压节流孔板示意图

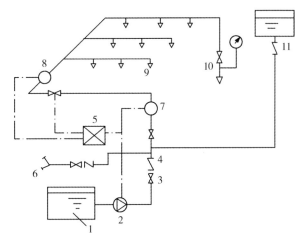

图 5-8　湿式喷水灭火系统示意图

1—消防水池　2—消防水泵　3—闸阀　4—止回阀

5—报警控制器　6—水泵接合器　7—湿式报警阀组

8—水流指示器　9—水喷头　10—末端试水装置　11—消防水箱

　　末端试水装置选用公称直径为 $DN32$ 时,定额计算采用定额 7 – 103,计量单位为组,工程基价 89.04 元,其中人工费 38.31 元,材料费 47.75 元,机械费 2.98 元。

　　项目编码:030901009　　项目名称:集热板制作安装

　　说明:对于高架仓库分层板上有孔洞缝隙时,应在喷头上方设置集热板。集热板个数与喷水头数对应,计量单位为个,定额计算时采用定额 7 – 104。

项目编码:030901010　项目名称:消火栓

【例6】 如图5-9所示为四层办公楼消防供水系统图,消火栓的栓口直径采用65mm,配备的水带长度为20m,水枪喷嘴口径为16mm,试计算消火栓的分项工程量。

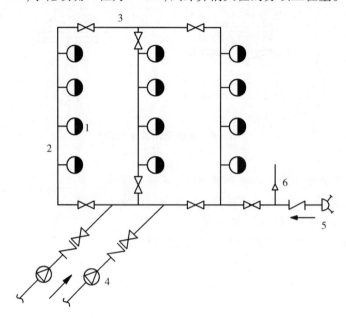

图5-9　消防供水系统示意图

1—室内消火栓　2—消防立管　3—干管　4—消防水泵　5—水泵接合器　6—安全阀

【解】 1. 清单工程量

消火栓数量:12,计量单位:套。

清单工程量计算见表5-6。

表5-6　清单工程量计算表

项目编码	项目名称	项目特征描述	计量单位	工程量
030901010001	消火栓	栓口直径65mm,水带长20m,水枪喷嘴口径16mm	套	12

2. 定额工程量

采用定额7–105。

项目编码:030901012　项目名称:消防水泵接合器

说明:为配合建筑物消防自救,方便连接消防车、机动泵等,为建筑消防灭火管网输送消防用水而设置,多设于室外空阔处;可分为地上式和地下式。地上式消防水泵接合器接口位于建筑物周围附近地上,有明显标志,不可与地下式消火栓混淆。地下式设在建筑物附近的专用井内,不占用地上面积,适用于寒冷地区。

如图5-10所示,给出了地上式水泵接合器的示意图,一般建筑只设一个消防水泵接合器,计算工程量时计量单位为套,定额计算采用定额7–123。

项目编码:031006004　项目名称:隔膜式气压水罐

说明:实现消防给水系统自动化,在消防系统给水中安装了气压水罐和电接点压力表,根

176

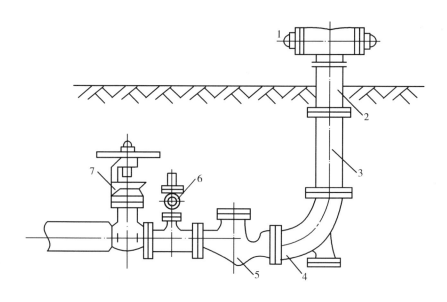

图 5-10　地上式水泵接合器示意图

1—消防接口　2—本体　3—法兰短管　4—弯管　5—止回阀　6—安全阀　7—闸阀

据不同的压力值,使补压泵和消防泵能自动的开启和停止,使消防系统给水最高需要工作压力值处于稳定状态,隔膜式气压水罐的设计压力有 6 个等级,分别是 0.4MPa、0.6MPa、 0.8MPa、 1.0MPa、 1.2MPa、1.58MPa。隔膜式气压给水设备如图 5-11 所示。

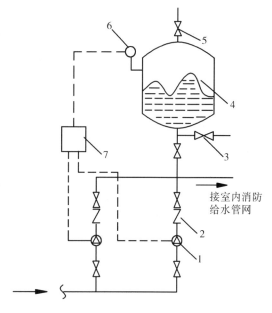

图 5-11　隔膜式气压给水设备示意图

1—水泵　2—止回阀　3—泄水阀　4—隔膜式气压水罐
5—安全阀　6—压力信号器　7—控制器

计算工程量时,定额计算计量单位为台,当选用公称直径为 1000mm 的隔膜式气压水罐时套用定额 7-128 计算。

气体灭火系统适用于不能用泡沫灭火或水灭火的场所,根据灭火所使用的介质,可分为二氧化碳灭火系统、卤代烷灭火系统、蒸汽灭火系统等。

气体灭火系统清单项目特征如下:

(1)管道。材质为无缝钢管(冷拔、热扎、钢号要求)、不锈钢管、纯铜管、黄铜管,规格为公称直径或外径(外径应按外径×壁厚表示),其连接方式采用螺纹连接、法兰连接、焊接,除锈清洗后采用油漆防腐。

(2)气体喷头。型号主要指全淹没灭火方式用喷头 EQT 型和局部应用槽边型喷头(ECT 型)、局部应用架空型喷头(EJT 型),规格主要指喷头代号。

(3)储存装置。包括灭火剂贮存容器和驱动气瓶的安装固定和支框架、系统组件(集流管、容器阀、单向阀、高压软管)、安全阀等贮存装置和阀驱动装置的安装及氮气增压,一般以"L"为计量单位。

(4)选择阀。不同规格和连接方式分别以"个"为计量单位。

(5)管道按设计图示管道中心线长度以"延长米"计算,不扣除阀门、管件及各种组件所占长度。

(6)气体灭火系统可按自动报警系统和气体管道灭火系统分别计算。

项目编码:030902001　项目名称:无缝钢管

说明:顾名思义,无缝钢管即管身无缝,具有品质均匀、强度高的优点,因而应用较广。按生产工艺不同,无缝钢管可分为热轧(挤压、扩)和冷拔(轧)无缝钢管,其中冷轧的在精度方面比热轧无缝钢管要高。

定额编号:7-138~7-147,计量单位:10m

项目编码:030902002　项目名称:不锈钢管

说明:在不锈钢中含有一些特殊的合金元素,如 Ni、Mo、Cr、Mn 等,可使其在空气中始终保持金属光泽,但是其耐腐蚀性与不锈钢自身、环境、结构状态等因素有关,要防止不锈钢受腐蚀,必须考虑到钢种并且正确加工安装。系统试压压力为 1.5 倍设计压力,用水做密封性试验,试验压力为设计压力值。

定额编号:6-113~6-151　P24~P33,计量单位:10m

项目编码:030903003　项目名称:铜管

说明:铜管指铜或铜合金管道,具有优良的导热性,延展性,熔点低,易于铸造,耐腐蚀性强,分为纯铜管和黄铜管两种,成分不同,适用条件不同,选用应根据说明及条件确定。

定额编号:6-252~6-265　P49-P50　计量单位:10m

项目编码:030902004　项目名称:气体驱动装置管道

说明:用于供给启动气源,一般采用 1~2L 的二氧化碳钢瓶。

定额编号:7-148~7-149　P62,计量单位:10m

项目编码:030902005　项目名称:选择阀

说明:一般用于组合分配系统的流管的出口处,用以控制灭火剂的流动方向,启动方式有自动和手动两种。

定额编号:7-163~7-169　P66~P67,计量单位:个

项目编码:030902006　项目名称:气体喷头

说明:气体灭火系统中用于控制灭火剂流速和均匀分布灭火剂的重要部件,主要技术指标有喷头计算面积(mm^2)、当量标准、应用高度(m)、保护半径(m)或最大保护面积及喷射形式等。工程中常用三种喷头类型:液流型、雾化型、开花型。

定额编号:7-158~7-162　P65,计量单位:10 个

项目编码:030902007　项目名称:贮存装置

说明:由贮存容器、容器阀、单向阀和集流管组成,用于储存二氧化碳灭火剂,并且靠驱动装置驱动二氧化碳气体喷出灭火,容器内二氧化碳处于气液平衡状态。

定额编号:7-170~7-175,计量单位:套

项目编码:030902008　项目名称:二氧化碳称重检漏装置

说明:检查气体泄漏,凡检查出贮存瓶内净重损失在5%以上或充装压力损失在10%以上的必须补充或更换。如图5-12所示为二氧化碳灭火系统示意图。

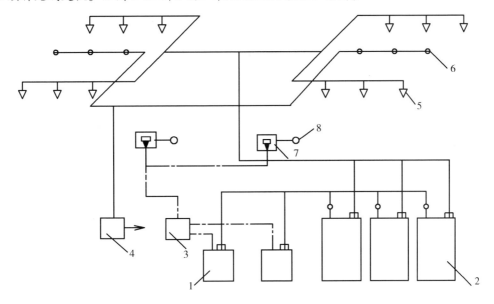

图 5-12　二氧化碳灭火系统示意图

1—启动用气容器　2—CO_2 贮存容器　3—控制盘　4—检测盘

5—气体喷头　6—探测器　7—手动启动装置　8—报警器

项目编码:030902001	项目名称:无缝钢管
项目编码:030903003	项目名称:铜管
项目编码:030902004	项目名称:气体驱动装置管道
项目编码:030902005	项目名称:选择阀
项目编码:030902006	项目名称:气体喷头
项目编码:030902007	项目名称:贮存装置
项目编码:030902008	项目名称:二氧化碳称重检漏装置
项目编码:030808004	项目名称:中压电动阀门

【例7】　如图5-13所示为某综合大楼地下室配电房 CO_2 灭火系统平面图,图中给出了建筑尺寸及喷头的相对位置,计算消防安装工程工程量。

【解】　1. 清单工程量

(1)DN25 无缝钢管:

$3 \times 7m = 21m$

(2)DN32 无缝钢管:

$(0.8 \times 3 + 2.0 \times 2 + 4.3)m = 10.7m(4.3m 为高压房中末端干管长度)$

【注释】　0.8×3 为高压房中三段消防分支管 DN32 的长度;低压房和变压房中 DN32 无缝钢管的长度均为2.0,所以为2.0×2;高压房中末端干管长度4.30 = 3.50 + 0.8。

(3)DN50 无缝钢管:

气瓶室外:$(2.3 \times 2 + 23.7 + 19.5 + 8)m = 55.8m$

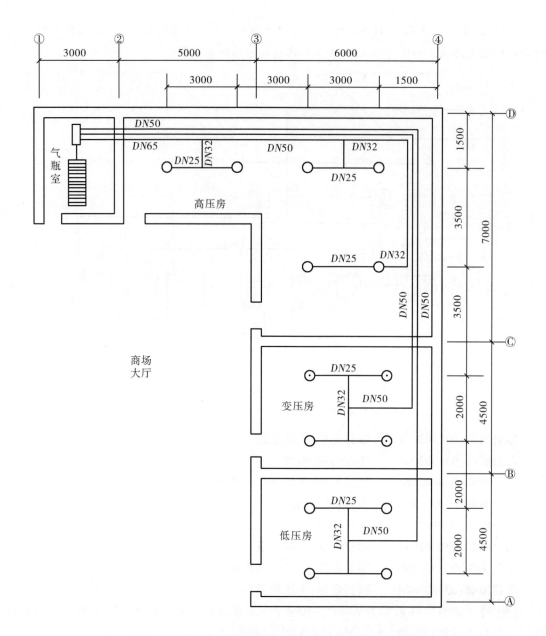

图 5-13　某综合大楼地下室配电房 CO_2 灭火系统平面图

【注释】　低压房和变压房中东西走向 DN50 无缝钢管的长度均为(3.0/2 + 1.5/2),即 2.3,所以为 2.3×2;依次穿高压房、变压房、低压房的 DN50 无缝钢管长度为 23.7,从图中可以看出 23.7 = (5.0 + 6.0 - 1.5×1/3 + 7.0 - 1.5×1/3 + 4.5 + 4.5/2),其中(5.0 + 6.0 - 1.5×1/3)是高压房中东西方向的钢管长度,东端一段钢管的长度占 1.5 的三分之二,所以用 6.0 减去 1.5 的三分之一,(7.0 - 1.5×1/3 + 4.5 + 4.5/2)是南北方向的长度,高压房北端一段钢管的长度占 1.5 的三分之二,所以用 7.0 减去 1.5 的三分之一,4.5 是变压房中钢管的长度,4.5/2 是低压房中钢管的长度;无缝钢管 DN50 依次穿高压房、变压房的钢管长度为 19.5,从图中可以看出(19.5 = 5.0 + 6.0 - 1.5×1/3 + 1.5×2/3 + 3.5 + 3.5 + 2.0×1/2),其中(5.0 + 6.0 - 1.5×1/3)是高压房中东西方向的长度,东端一段钢管的长度占1.5的三分之二,所以用6.0减去1.5的三分之一,$(1.5 \times 2/3 + 3.5 + 3.5 + 2.0 \times 1/2)$是南北方向的长度,高压房北端一段钢管的长度占1.5的三分之二,$(3.5 + 3.5)$是中间一部分的长度,最后一部分钢管的长度是2.0的一半长,所以用$2.0 \times 1/2$;高压房中连接在$DN65$后面的一段长度为8,从图中可看出$8 = (3.0 \times 1/2 + 3.0 + 3.0 + 1.5 \times 1/3)$,与$DN65$连接的一段长度是$3.0 \times 1/2$,中间部分是$3.0 + 3.0$,最后一段占1.5的三分之一长,即$1.5 \times 1/3$。

气瓶室内:

$1.5 \times 2m = 3.0m$

【注释】 气瓶室内北面两段为$DN50$钢管,每根钢管的长度为室内宽度3.0的一半。

(4)$DN65$无缝钢管:

气瓶室外3.0m,气瓶室内1.5m

气体灭火系统汇集管之前的管道均采用氧乙炔焊铜管,长度为3.7m,外径40mm

气体驱动装置管道,管外径14mm,长度为8.7m

螺纹连接选择阀$DN32$(EXF32) 1个

螺纹连接选择阀$DN50$(EXF50) 1个

螺纹连接选择阀$DN65$(EXF65) 1个

公称直径$DN25$全淹没性气体喷头ZET12 14个

按设计图示数量计算(包括灭火剂存储器、驱动气瓶等)

灭火剂存储器ZE45 15套,瓶组支架 15位

驱动气瓶及装置EQF6 3套,瓶组支架 3位

气体单向阀BD5 5个,液体单向阀 15个,集流管 19瓶组,高压软管 $DN16$ 15条

采用ZECZ45型减重报警装置19套,压力信号器ZEJY12 3个

中压安全阀门EAF65 3个,压力信号器ZEJY12 3个

清单工程量计算见表5-7。

表5-7 清单工程量计算表

序号	项目编码	项目名称	项目特征描述	计量单位	工程量
1	030902001001	无缝钢管	CO_2灭火系统,钢管,$DN25$,螺纹连接	m	21.00
2	030902001002	无缝钢管	CO_2灭火系统,钢管,$DN32$,螺纹连接	m	10.70
3	030902001003	无缝钢管	CO_2灭火系统,钢管,$DN50$,螺纹连接,气瓶室外	m	55.80
4	030902001004	无缝钢管	CO_2灭火系统,钢管,$DN50$,螺纹连接,气瓶室内	m	3.00
5	030902001005	无缝钢管	CO_2灭火系统,钢管,$DN65$,螺纹连接,气瓶室外	m	3.00
6	030902001006	无缝钢管	CO_2灭火系统,钢管,$DN65$,螺纹连接,气瓶室内	m	1.50

序号	项目编码	项目名称	项目特征描述	计量单位	工程量
7	030902003001	不锈钢管管件	CO_2 灭火系统,氧乙炔焊铜管,管外径 40mm	个	3.7
8	030902004001	气体驱动装置管道	CO_2 灭火系统,φ10,管外径 14mm	m	8.70
9	030902005001	选择阀	EXF32,螺纹连接,DN32	个	1
10	030902005002	选择阀	EXF50,螺纹连接,DN50	个	1
11	030902005003	选择阀	EXF65,螺纹连接,DN65	个	1
12	030902006001	气体喷头	全淹没性气体喷头,公称直径 DN25	个	14
13	030902007001	贮存装置	ZE45,15 位瓶组支架	套	15
14	030902007002	贮存装置	EQF6,3 位瓶组支架	套	3
15	030808004001	中压齿轮、液压传动、电动阀门	中压电动阀门,气体单向阀,BD5	个	5
16	030808004002	中压齿轮、液压传动、电动阀门	中压电动阀门,液体单向阀	个	15
17	030901004001	报警装置	ZECZ45 型减重报警装置	组	15
18	030808004003	中压齿轮、液压传动、电动阀门	中压电动阀门,EAF65	个	3

2. 定额工程量

（1）DN25 无缝钢管(螺纹连接)：

21m,采用定额 7 - 140 计算,计量单位：10m

（2）DN32 无缝钢管(螺纹连接)：

10.7m,采用定额 7 - 141 计算,计量单位：10m

（3）DN50 无缝钢管(螺纹连接)：

55.8m,采用定额 7 - 143 计算,计量单位：10m

（4）DN65 无缝钢管(螺纹连接)：

4.5m,采用定额 7 - 144 计算,计量单位：10m

说明：按照国家标准 DN70 螺纹连接无缝钢管应改写为 DN65 无缝钢管,所以套用定额时 DN65 无缝钢管套用 DN70 无缝钢管定额来计算。

（5）氧乙炔焊铜管：外径 40mm。

长度为 3.7m,采用定额 6 - 254 计算,计量单位：10m

（6）气体驱动装置管道 φ10：

工作内容：包括切管、搣弯、安装、固定、调整、卡套连接、气体驱动装置管道 8.7m,采用定额 7 - 148 计算,计量单位：10m

（7）选择阀(螺纹连接)：

公称直径 32 选择阀 1 个,采用定额 7 - 164 计算,计量单位：个

公称直径 50mm 选择阀 1 个,采用定额 7 - 166 计算,计量单位：个

公称直径65mm选择阀1个,采用定额7－167计算,计量单位:个

（8）全淹没性气体喷头：

14个,采用定额7－160计算,计量单位:10个

（9）贮存装置安装：

工作内容:外观检查、搬运、称重、支架安装,阀驱动装置安装,氮气增压,15套,采用定额7－171计算,计量单位:套

（10）二氧化碳称重检漏装置安装：

19套,采用定额7－176计算,计量单位:套

（11）安全阀门：

DN32　1个　采用定额6－1433计算,计量单位:个

DN50　1个　采用定额6－1435计算,计量单位:个

DN65　1个　采用定额6－1436计算,计量单位:个

项目编码:030903001　　项目名称:碳钢管

项目编码:030903002　　项目名称:不锈钢管

项目编码:030903003　　项目名称:铜管

泡沫灭火系统指能与水互溶,并且可以发生化学反应或以机械方式产生灭火泡沫的灭火剂为灭火介质,连接成的管网及控制系统。

泡沫灭火剂组成包括发泡剂、泡沫稳定剂、降粘剂、抗冻剂、助溶剂、防腐剂及水。该灭火系统主要用于扑灭非水溶性可燃液体及一般固体火灾。灭火原理是泡沫灭火剂的水溶液通过化学、物理反应,产生大量的 CO_2 气体,形成无数小气泡,覆盖于燃烧物的燃烧表面,使燃烧物与氧气隔绝,同时可部分阻断火焰的热辐射,从燃烧的两个基本条件来阻断燃烧的继续进行。如图5-14所示,给出了手动控制全淹没式泡沫灭系统工作原理图。

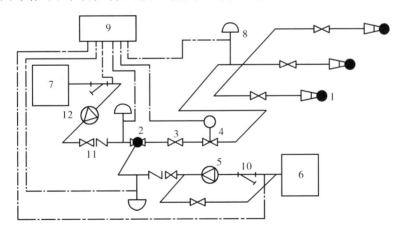

图5-14　手动控制全淹没式泡沫灭火系统工作原理图

1—发生器　2—比例混合器　3—手动阀门　4—电磁阀　5—泡沫液泵　6—泡沫液储存罐
7—水池　8—压力开关　9—手动控制箱　10—管道过滤器　11—止回阀　12—水泵

说明:碳钢管制造方便,规格品种多,价格低廉,同时具有较稳定的化学性能和较好的物理性能,易于加工,因此广泛用于石油化工等。用于泡沫灭火消防系统中,体现了碳钢管的承受高温高压及性质稳定不易腐蚀等性能。

项目编码:030903004　　项目名称:不锈钢管管件

说明:法兰常用于连接管道,具有接口严密性好,拆卸安装方便等优点,根据材质不同可分为碳钢法兰、不锈钢法兰、合金钢法兰、铜法兰等,采用定额计算分部分项工程量时套用定额 6 – 1490 ~ 6 – 1957 计算,计量单位:副。

项目编码:030903005　　项目名称: 铜管管件

法兰阀门适用于高、中、低压管道系统当中,当对法兰阀门进行定额计算时分别套用定额 6 – 1454 ~ 6 – 1471,6 – 1376 ~ 6 – 1393,6 – 1270 ~ 6 – 1297,计量单位:个。

项目编码:030903006　　项目名称:泡沫发生器

说明:一个特定的反应容器能够产生大量泡沫的填料置于其中,它与比例混合器和喷嘴连通,当按设定的比例在比例混合器内混合后的原料通过阀门到达发生器后,迅速发生化学反应而产生大量泡沫由喷嘴喷出,达到灭火的目的。如图 5-15 为泡沫发生器的发泡原理图。

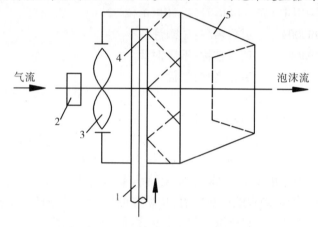

图 5-15　泡沫发生器的发泡原理示意图

1—泡沫混合液　2—原动机　3—风叶　4—喷嘴　5—发泡网

采用定额 7 – 179 ~ 7 – 183 计算,计量单位:台。

项目编码:030903007　　项目名称:泡沫比例混合器

说明:能够根据设定的比例通入各种基料并将其充分混合的容器,分为固定式和半固定式。

定额计算时采用定额 7 – 184 ~ 7 – 187,计量单位:台。

项目编码:030903008　　项目名称:泡沫液贮罐

说明:泡沫灭火系统中的灭火剂在不使用时不会大量产生泡沫,此时就需将药剂贮存在泡沫液贮罐内,以备火灾发生时能够迅速产生大量的泡沫。

定额计算时采用定额 7 – 184 ~ 7 – 187,计量单位:台。

项目编码:030903002　　项目名称:不锈钢管

项目编码:030903006　　项目名称:泡沫发生器

项目编码:030903007　　项目名称:泡沫比例混合器

项目编码:030903008　　项目名称:泡沫液贮罐

项目编码:031002001　　项目名称:管道支吊架

【例8】 某综合楼为6层建筑,该建筑的消防设施为:1~2层采用消防喷淋系统,3~6层

184

采用 PH32 型泡沫自动灭火系统。

PH32 型泡沫自动灭火系统为组合分配式管网布置,各防护区的设计灭火泡沫液 PH32 与水的比例为 1:16(体积)。

灭火剂用量按组合分配系统中最大防护设计量计算,储存压力为 1.2MPa,充装密度为 1050kg/m³,喷射时间为 10min。

各 PH32 型泡沫自动灭火系统均设自动控制、手动控制和机械应急操作三种控制系统。

输送 PH32 型泡沫剂的管道均采用不锈钢管。

该建筑共设计了四个 PH32 型泡沫灭火系统,本例以 3~6 层设计为一个组合分配式系统为例做工程量分析,其中 3~6 层均为标准层,泡沫液储罐设于第三层。

如图 5-16 所示为 3~6 层(标准层)的 PH32 型泡沫灭火系统平面图,如图 5-17 所示为 3~6 层 PH32 型泡沫灭火系统图。

【解】 1. 清单工程量

(1)DN100 不锈钢管:

(9.5×4+3.9×3+3.9×2+3.9×1)m=61.4m

(9.5 为每层水平管道长度,3.9 为层高,4 为层数)

【注释】 因为泡沫液储罐设于第三层,所以第三层没有立管。3.9×3 是从三层通向六层的立管长度,3.9×2 是从三层通向五层的立管长度,3.9×1 是从三层通向四层的立管长度。

(2)DN80 不锈钢管:

8.55×4m=34.2m

【注释】 8.55 为每层水平管道长度,4 为层数。

(3)DN65 不锈钢管:

11.55×4m=46.2m

(4)DN50 不锈钢管:

(10+10+7.05)×4m=108.2m

【注释】 10 是连接两个活动室的钢管长度,同平面图中④轴⑤轴之间连接两个办公室的钢管的长度,由 7.5/2+2.5+7.5/2 而得;7.05 是与⑤轴垂直的一段长度,由 4.9+4.3/2 而得;4 为层数。

(5)DN32 不锈钢管:

(4.3×4+2.05×5)×4m=109.8m

【注释】 式子中的 4.3 是①②轴之间 DN32 不锈钢管的长度,④轴⑤轴间的长度同①轴②轴间的长度,有 4 根,所以是 4.3×4;2.05 是⑤轴⑥轴间一段 DN32 不锈钢管的长度,2.05=2.5/2+1.8,其中 2.5/2 是中间干管到 B 轴的距离,1.8 是 B 轴到左侧喷头的距离,这样的钢管共有 5 段,⑤轴⑥轴间有 2 段,③轴④轴间有 1 段,②③轴间有 2 段,所以是 2.05×5;4 为层数。

(6)DN25 不锈钢管:

(3.9×13)×4m=202.8m

【注释】 从系统图中查出,DN25 不锈钢管共有 13 段,每段的长度是 3.9;4 为层数。

26×4 台=104 台 水轮机式 PF4PFS4 型

压力储罐式泡沫比例混合器安装 4 台型号 PHY48/55。

5×4 台=20 台

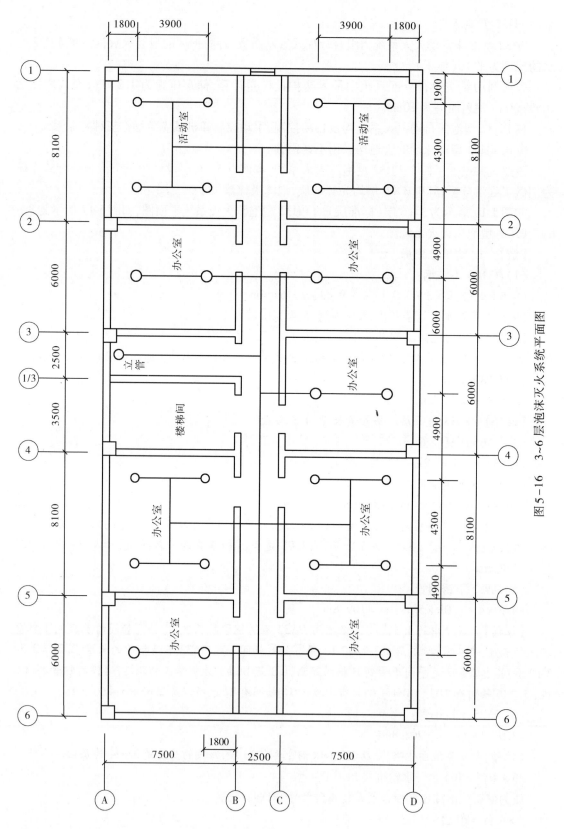

图 5-16 3~6 层泡沫灭火系统平面图

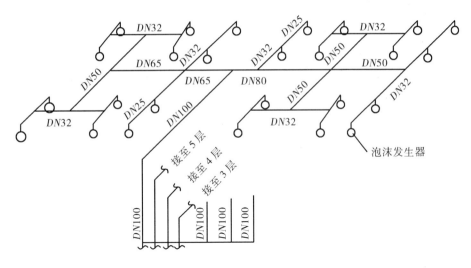

图 5-17 3~6 层 PH32 型泡沫灭火系统图

$60 \times 4kg = 240kg$

清单工程量计算见表 5-8。

表 5-8 清单工程量计算表

序号	项目编码	项目名称	项目特征描述	计量单位	工程量
1	030903002001	不锈钢管	不锈钢管,DN100 电弧焊	m	61.40
2	030903002002	不锈钢管	不锈钢管,DN80 电弧焊	m	34.20
3	030903002003	不锈钢管	不锈钢管,DN65 电弧焊	m	46.20
4	030903002004	不锈钢管	不锈钢管,DN50 电弧焊	m	108.20
5	030903002005	不锈钢管	不锈钢管,DN32 电弧焊	m	109.80
6	030903002006	不锈钢管	不锈钢管,DN25 电弧焊	m	202.80
7	030903006001	泡沫发生器	水轮机式 PF4PFS4 型	台	104
8	030903007001	泡沫比例混合器	压力贮罐式,型号 PHY48/55	台	4
9	030903008001	泡沫液贮罐		台	20
10	031002001001	管道吊支架		kg	240

2. 定额工程量

(1)DN100 不锈钢管(电弧焊):

61.4m,采用定额 6-121 计算,计量单位:10m

(2)DN80 不锈钢管(电弧焊):

32.4m,采用定额 6-120 计算,计量单位:10m

(3)DN65 不锈钢管(电弧焊):

46.2m,采用定额 6-119 计算,计量单位:10m

(4)DN50 不锈钢管(电弧焊):

108.2m,采用定额 6-118 计算,计量单位:10m

(5)DN32 不锈钢管(电弧焊):

109.8m,采用定额6－116计算,计量单位:10m

(6)DN25 不锈钢管(电弧焊):

202.8m,采用定额6－115计算,计量单位:10m

(7)泡沫发生器安装:

工作内容:开箱检查、整体吊装、找正、找平、安装固定、切管、焊法兰、调试

水轮机式 PF4PFS4 型 104 台,采用定额7－180计算,计量单位:台。

(8)压力储罐式泡沫比例混合器安装:

工作内容:开箱检查、整体吊装、找正、找平、安装固定、切管、焊法兰、调试

4 台 PHY48/55 型比例混合器,采用定额7－185计算,计量单位:台

(9)泡沫液贮罐:

泡沫液贮罐　20 套

火灾自动报警系统主要包括探测器、按钮、模块(接口)、报警控制器、报警联动一体机、联动控制器、重复显示器、报警装置(声光报警)、远程控制器等。

项目编码:030904001　　项目名称:点型探测器

说明:点型探测器是一种响应某一点周围火灾参数的火灾探测器,其类型主要有感烟火灾探测器、感温火灾探测器、感光火灾探测器、可燃气体探测器、复合式火灾探测器等,如图5-18所示为点型探测器安装组合方式。

定额计算时,采用定额7－1～7－10,计量单位:个。

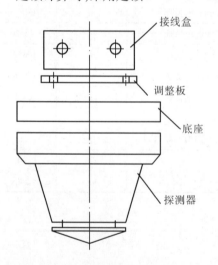

图5-18　点型探测器安装组合

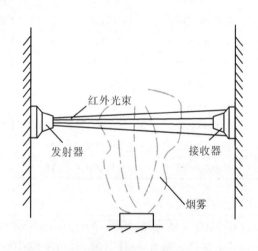

图5-19　线型探测器安装示意图

项目编码:030904002　　项目名称:线型探测器

说明:线型探测器是一种响应某一连续线路周围火灾参数的探测器,线型探测器按安装方式,常用的为缆式线型定温探测器,其安装方式主要有环绕式、正弦式、直线式,图5-19所示为线型探测器安装示意图。

定额计算时,采用定额7－11,计量单位:10m

项目编码:030904003　　项目名称:按钮

说明:每个防火分区应至少设置一只手动火灾报警按钮,宜安装在建筑物内的安全出口、安全楼梯口等便于接近和操作的地方,或尽量设于靠近消火栓的位置。

定额计算时,采用定额 7 – 12 计算,计量单位:个。

项目编码:030904008　　项目名称:模块(模块箱)

说明:控制模块集微电子技术、微处理技术于一体,能使本身硬件结构进一步简化,性能趋于完善,并且操作方便。

采用定额 7 – 13 ~ 7 – 15 计算,计量单位:个。

项目编码:030904009　　项目名称:区域报警控制箱

说明:在消防系统中起监测、控制、报警的作用,并能发出声、光等报警信号。

定额计算采用定额 7 – 16 ~ 7 – 27,计量单位:台。

项目编码:030904010　　项目名称:联动控制箱

说明:联动控制器的功能是在火灾发生时,能对室内消火栓系统、自动喷水灭火系统、防排烟系统、防火卷帘门及警铃等联动控制。

定额计算采用定额 7 – 28 ~ 7 – 39,计量单位:台。

项目编码:030904012　　项目名称:火灾报警系统控制主机

项目编码:030904013　　项目名称:联动控制主机

项目编码:030904014　　项目名称:消防广播及对讲电话主机(柜)

项目编码:030904015　　项目名称:火灾报警控制微机(CRT)

项目编码:030904016　　项目名称:备用电源及电池主机

说明:集报警和联动控制装置为一体,实现手动、自动、联动、跨区联动、配合操作,能为火灾探测器供电并接收、显示和传递火灾报警信号,又能对自动消防等装置发出控制信号。

采用定额 7 – 40 ~ 7 – 47,计量单位:台。

项目编码:030901004　　项目名称:报警装置

说明:火警声光报警是一种以声响方式和闪光方式发出火灾报警信号的装置,可分为区域报警控制器、集中报警控制器及智能型火灾报警控制器。

采用定额 7 – 50 ~ 7 – 51,计量单位:只。

项目编码:030904011　　项目名称:远程控制箱(柜)

说明:远程控制器是当火灾发生时,能对报警装置、自动灭火装置、遥控开启的装置。可接收传送控制器发出的信号,又可对消防系统执行设备实行远距离控制,是将火灾探测系统与自动喷水灭火系统连接起来的控制设备。

采用定额 7 – 52 ~ 7 – 53 计算,计量单位:台。

项目编码:030904001　　项目名称:点型探测器

项目编码:030904003　　项目名称:按钮

项目编码:030904009　　项目名称:区域报警控制箱

项目编码:030901004　　项目名称:报警装置

【例9】　某综合大楼一层大厅装有总线制火灾自动报警系统,该系统设有 10 只感烟探测器,报警按钮 4 只,警铃 2 只,并接于同一回路,128 点报警控制器一台(壁挂式),报警备用电源 1 台,火灾自动报警系统原理如图5-20所示。试计算其工程量。

【解】　1. 清单工程量

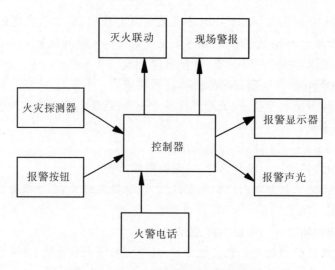

图 5-20　火灾自动报警系统原理框图

总线制感烟式点型探测器 10 个

按钮　4 个

总线制 128 点壁挂式报警控制器 1 台

报警装置警铃 2 台

报警备用电源 1 台

清单工程量计算见表 5-9。

表 5-9　清单工程量计算表

序号	项目编码	项目名称	项目特征描述	计量单位	工程量
1	030904001001	点型探测器	总线制感烟式点型探测器	个	10
2	030904003001	按钮		个	4
3	030904009001	区域报警控制箱	总线制 128 点壁挂式报警控制器	台	1
4	030901004001	报警装置	报警装置警铃	台	2

2. 定额工程量

(1) 总线制感烟探测器 10 只,采用定额 7 - 6 计算,计量单位:只。

(2) 按钮安装 4 只,采用定额 7 - 12 计算,计量单位:只。

(3) 128 点总线制壁挂式报警控制器安装 1 台,采用定额 7 - 20 计算,计量单位:台。

(4) 报警备用电源 1 台,采用定额 7 - 66 计算,计量单位:台。

(5) 警铃装置安装警铃 2 台,采用定额 7 - 51 计算,计量单位:台。

(6) 接线盒暗装 10 个,采用定额 2 - 403 计算,计量单位:个。

(7) 金属软管敷设 15 根,每根长 1000mm 共 15m,计量单位:10m

项目编码:030901001　　　项目名称:水喷淋钢管

项目编码:030901010　　　项目名称:室内消火栓

项目编码:030901003　　　项目名称:水喷淋(雾)喷头

项目编码:030901004　　　项目名称:报警装置

项目编码:030901006　　　项目名称:水流指示器
项目编码:031002001　　　项目名称:管道支吊架

【例10】　某消防设备安装工程,工程内容为某大厦的综合娱乐室内消防系统安装工程。该建筑共两层,一层安设3套消火栓装置,二层安设喷淋装置。图5-21所示为一层消火栓平面图,图5-22所示为二层喷淋装置安装平面图,图5-23所示为建筑物消火栓安装管道系统图,图5-24所示为喷淋装置系统图。试计算该系统工程量。

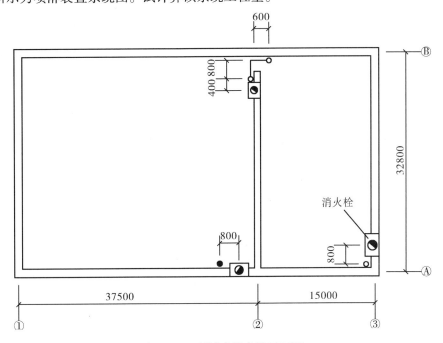

图5-21　一层消火栓安装平面图

【解】　编制步骤如下:

第一步:计算喷淋装置的管道工程量。结合平面图、系统图、已标出的尺寸、图纸比例等进行计算。从供水管入口开始,按管道规格依次进行计算。

第二步:计算消火栓管路工程量。计算方法与喷淋装置计算方法相同。

1. 清单工程量

(1)DN100镀锌钢管(螺纹连接):

消火栓系统:$(1.5+3.9+0.6+0.4+32.8 \times 2+15 \times 2+0.8 \times 3+2.8 \times 3) \mathrm{m}=112.80 \mathrm{m}$

【注释】　3.9为层高,2.8为水平管到消火栓高度差。

自动喷淋灭火系统:$[(11.5+3.9 \times 2+1.5)+11.5] \mathrm{m}=32.3 \mathrm{m}$

(2)DN80镀锌钢管(螺纹连接):

$(1.8+1.8+3.6 \times 4) \mathrm{m}=18 \mathrm{m}$

【注释】　依据图5-24,DN80镀锌钢管包括:前排与DN100管道交叉的一段,此段长度是$(1.8+1.8)$;其左侧的一段,长度是3.6;后排与DN100管道交叉的一段,其左右各一段,长度均为3.6,所以DN80钢管长度是$(1.8+1.8+3.6 \times 4) \mathrm{m}$,即18m。

(3)DN65镀锌钢管(螺纹连接):

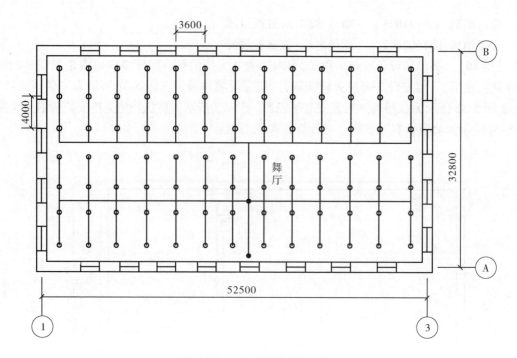

图 5-22 二层喷淋装置平面图

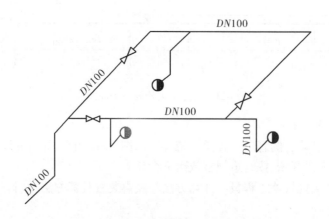

图 5-23 消火栓系统图

$3.6 \times 7m = 25.2m$

【注释】 图 5-24 的前排, DN65 镀锌钢管的位置是在 DN80 钢管的左右侧各两段, 共 4 段; 在后排, DN65 镀锌钢管的位置在 DN80 钢管的左侧有两段, 在右侧有一段, 共有 3 段。所以共有 7 段。

(4) DN50 镀锌钢管(螺纹连接):

$3.6 \times 8m = 28.8m$

【注释】 图 5-24 的前排, DN50 钢管的位置是在 DN65 钢管的左右侧各两段, 共 4 段; 在后排, DN50 钢管的位置也是在 DN65 钢管的左右侧各两段, 共 4 段。所以共有 8 段。

(5) DN40 镀锌钢管(螺纹连接):

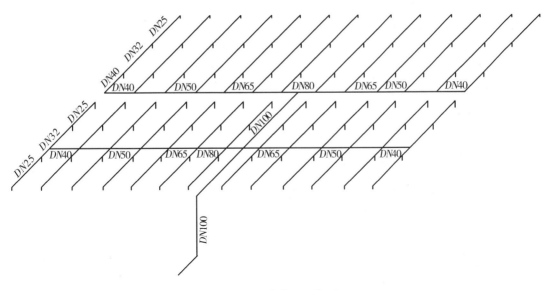

图 5-24　喷淋装置系统图

$(2 \times 13 + 3.6 \times 2 + 3.6 \times 2)$m $= 40.4$m

【注释】　图 5-24 中,$DN40$ 镀锌钢管分为两部分:一部分是供水支管,其位置是在后排,从干管分出的每一纵列的第一段支管,其长度是每段 2,共有 13 段;另外一部分是供水干管,其位置是在前排和后排的最后一段,共有 4 段。

(6)$DN32$ 镀锌钢管(螺纹连接):

4.0×26m $= 104$m

【注释】　图 5-24 中,$DN32$ 钢管的位置是:前排,每一纵列的支管与干管交叉的一段,共有 13 段;后排,每一纵列支管的中间段,共有 13 段;共计 26 段,每段长度是 4.0,所以为 4.0×26,即 104。

(7)$DN25$ 镀锌钢管(螺纹连接):

4.0×26m $= 104$m

【注释】　图 5-24 中,$DN25$ 钢管是在前排每一纵列支管的两端头处,共计 26 段,每段长度是 4.0,所以为 4.0×26,即 104。

(8)$DN15$ 镀锌钢管(连接喷头),综合长度为 0.25m。

91×0.25m $= 22.75$m

【注释】　图 5-24 中,连接喷头的 $DN15$ 镀锌钢管在前排共有 4×13 段,在后排共有 3×13 段,共计 91 段,每段长度为 0.25,所以为 91×0.25,即 22.75。

单栓 $DN65$ 室内消火栓　3 套

液流型水喷头 91 个

$DN100ZSS$ 型湿式自动报警阀　1 组

$DN100$ 法兰连接水流指示器　1 个

工作内容:包括管支架制作安装、手工除锈、两次防锈漆 160kg 支架

清单工程量计算见表 5-10。

表 5-10　清单工程量计算表

序号	项目编码	项目名称	项目特征描述	计量单位	工程量
1	030901001001	水喷淋钢管	室内镀锌钢管,螺纹连接,$DN100$	m	145.1
2	030901001002	水喷淋钢管	室内镀锌钢管,螺纹连接,$DN80$	m	18
3	030901001003	水喷淋钢管	室内镀锌钢管,螺纹连接,$DN65$	m	25.2
4	030901001004	水喷淋钢管	室内镀锌钢管,螺纹连接,$DN50$	m	28.8
5	030901001005	水喷淋钢管	室内镀锌钢管,螺纹连接,$DN40$	m	40.4
6	030901001006	水喷淋钢管	室内镀锌钢管,螺纹连接,$DN32$	m	104
7	030901001007	水喷淋钢管	室内镀锌钢管,螺纹连接,$DN25$	m	104
8	030901001008	水喷淋钢管	室内镀锌钢管,螺纹连接,$DN15$	m	22.75
9	030901010001	室内消火栓	单栓 $DN65$,室内消火栓	套	3
10	030901003001	水喷淋(雾)喷头	液流型水喷头	个	91
11	030901004001	报警装置	$DN100$,ZSS 型湿式自动报警阀	组	1
12	030901006001	水流指示器	$DN100$,法兰连接	个	1
13	031002001001	管道支吊架	手工除锈,两次防锈漆	kg	160

2. 定额工程量

(1) $DN100$ 镀锌钢管 145.1m,采用定额 7 - 73 计算,计量单位:10m

(2) $DN80$ 镀锌钢管 18m,采用定额 7 - 72 计算,计量单位:10m

(3) $DN65$ 镀锌钢管 25.2m,采用定额 7 - 71 计算,计量单位:10m

(4) $DN50$ 镀锌钢管 28.8m,采用定额 7 - 70 计算,计量单位:10m

(5) $DN40$ 镀锌钢管共 40.4m,采用定额 7 - 69 计算,计量单位:10m

(6) $DN32$ 镀锌钢管共 104m,采用定额 7 - 68 计算,计量单位:10m

(7) $DN25$、$DN15$ 镀锌钢管:

$DN25$ 镀锌钢管长 104m,$DN15$ 镀锌钢管长 22.75m,均采用定额 7 - 67 计算,计量单位:10m。

(8) 单栓 $DN65$ 消火栓共 3 套,采用定额 7 - 105 计算,计量单位:套。

(9) 液流型水喷头共 91 个,采用定额 7 - 77 计算,计量单位:10 个。

(10) 湿式自动报警阀:$DN100$ZSS 型共 1 组,采用定额 7 - 17 计算,计算单位:组。

(11) 水流指示器:法兰连接 $DN100$ 水流指示器共 1 个。采用定额 7 - 91 计算,计算单位:个。

(12) 管道支架制作安装共 160Kg,采用定额 7 - 131 计算,计量单位:kg。

项目编码:030901004　　项目名称:报警装置

项目编码:030901006　　项目名称:水流指示器

项目编码:030901003　　项目名称:水喷淋(雾)喷头

项目编码:030901001　　项目名称:水喷淋钢管

项目编码:031002001　　项目名称:管道支吊架

【例 11】　某一湿式自动喷水灭火系统,安装有 $DN100$ZSS 型湿式自动报警阀 1 组,$DN100$

水流指示器 1 个,法兰连接,下垂型喷头 4 个(有吊顶),管路采用镀锌钢管螺纹连接,DN25 的管路长 84m,普通穿墙套管 4 处(DN32,0.5m),支吊架 0.08t,支架手工除轻锈,刷防锈漆两遍,管道刷红色调和漆两遍。试计算该系统工程量。

【解】 1. 清单工程量

DN100ZSS 型湿式自动报警阀,1 组   DN100 水流指示器共 1 个;下垂型水喷头共 4 个;镀锌钢管 DN25,螺纹连接刷红色调和漆两遍共 84m。管道支架共 80kg。工作内容包括管支架制作安装、手工除锈、刷两次防锈漆。

清单工程量计算见表 5-11。

表 5-11   清单工程量计算表

序号	项目编码	项目名称	项目特征描述	计量单位	工程量
1	030901004001	报警装置	DN100ZSS 型湿式自动报警阀	组	1
2	030901006001	水流指示器	DN100 水流指示器	个	1
3	030901003001	水喷淋(雾)喷头	下垂型水喷头	个	4
4	030901001001	水喷淋钢管	镀锌钢管 DN32,螺纹连接,刷红色调和漆两遍	m	84
5	031002001001	管道支吊架	管支架制作安装,手工除锈,刷两次防锈漆	kg	80

2. 定额工程量

(1)湿式报警装置安装:

DN100 湿式报警装置安装 1 组,采用定额 7 - 80 计算,计量单位:组。

(2)水流指示器安装:

DN100 水流指示器法兰连接 1 个,采用定额 7 - 94 计算,计量单位:个。

(3)喷头安装:

DN15 有吊顶喷头安装螺纹连接 4 个,采用定额 7 - 77 计算,计量单位:10 个。

(4)镀锌钢管:

DN25 镀锌钢管螺纹连接 84m,采用定额 7 - 67 计算,计量单位:10m。

(5)管道支架制作、安装:

管道支架制作、安装 80kg,采用定额 7 - 131 计算,计量单位:100kg。

(6)手工除锈:

一般钢结构手工除轻锈,支架重 80kg,采用定额 11 - 7 计算,计量单位:100kg。

(7)支架刷油(红丹防锈漆)第一遍:

支架刷红丹防锈漆第一遍,支架重 80kg,采用定额 11 - 117 计算,计量单位:100kg。

(8)支架刷红丹防锈漆第二遍:

支架 80kg,采用定额 11 - 118 计算,计量单位:100kg。

(9)管道刷红色调和漆第一遍:

管道面积 13.4m²,采用定额 11 - 126 计算,计量单位:10m²。

(10)管道刷红色调和漆第二遍:

管道面积 13.4m²,采用定额 11 - 127 计算,计量单位:10m²。

(11)穿墙套管:共4个

套管公称直径 DN50,采用定额 6 – 2971 计算,计量单位:个。

项目编码:030902005　　　项目名称:选择阀

【例12】　某二氧化碳气体灭火系统设螺纹连接不锈钢管 DN25、DN32 的选择阀各一个,对其进行水压强度及气压严密性试验,试计算其工程量。

【解】　1. 清单工程量

(1)DN25 选择阀:不锈钢管螺纹连接共 1 个

(2)DN32 选择阀:不锈钢管螺纹连接共 1 个

清单工程量计算见表 5-12。

表 5-12　清单工程量计算表

序号	项目编码	项目名称	项目特征描述	计量单位	工程量
1	030902005001	选择阀	不锈钢管螺纹连接,DN25	个	1
2	030902005002	选择阀	不锈钢管螺纹连接,DN32	个	1

2. 定额工程量

(1)选择阀 DN25:

不锈钢管螺纹连接选择阀 1 个,采用定额 7 – 163 计算,计量单位:个。

(2)选择阀 DN32:

不锈钢管螺纹连接选择阀 1 个,采用定额 7 – 164 计算,计量单位:个。

项目编码:030903001　　　项目名称:碳钢管

项目编码:030903007　　　项目名称:泡沫比例混合器

项目编码:031002001　　　项目名称:管道支吊架

【例13】　某一泡沫灭火系统,采用 PH32 环泵式负压比例混合器 1 台,角钢支架安装固定。支架重 250kg,手工除轻锈,刷红丹防锈漆两遍。DN100 的低压电弧焊碳钢管长 250m,其中管件 10 个,管道支架 150kg,钢管采用手工除轻锈,刷红丹防锈漆两遍,刷红色油漆两遍,管道采用液压试验、水冲洗。试计算其工程量。

【解】　1. 清单工程量

DN100 低压电弧焊碳钢管,除轻锈,刷红丹防锈漆两遍,刷红色油漆两遍;管路系统采用液压试验,水冲洗工程数量为 250m。

PH32 环泵式负压泡沫比例混合器安装,1 台,包括角钢支架安装、除轻锈、刷红丹防锈漆两遍。

管道支架制作安装、人工除轻锈、刷红丹防锈漆两遍、刷调和漆两遍。

清单工程量计算见表 5-13。

表 5-13　清单工程量计算表

序号	项目编码	项目名称	项目特征描述	计量单位	工程量
1	030903001001	碳钢管	DN100,低压电弧焊碳钢管,除轻锈,刷红丹防锈漆两遍、红色油漆两遍,管路系统采用液压试验,水冲洗	m	250

序号	项目编码	项目名称	项目特征描述	计量单位	工程量
2	030903007001	泡沫比例混合器	PH32 环泵式负压泡沫比例混合器，角钢支架安装，除轻锈，刷红丹防锈漆两遍	台	1
3	031002001001	管道支吊架	管道支架制作安装，人工除轻锈，刷红丹防锈漆两遍	kg	150

2. 定额工程量

(1) $DN100$ 低压电弧焊碳钢管：

共 250m，采用定额 6-33 计算，计量单位：10m。

(2) $DN100$ 低压电弧焊碳钢管管件：

共 10 个，采用定额 6-649 计算，计量单位：10 个。

(3) PH32 环泵式负压比例混合器：

共 1 台，采用定额 7-191 计算，计量单位：台。

(4) 设备角钢支架：

设备支架制作安装 0.250t，采用定额 5-2152 计算，计量单位：t。

(5) 管道支架制作安装：

一般管架 150kg，采用定额 6-2845 计算，计量单位：100kg。

(6) 支架手工除轻锈：

支架为一般钢结构，手工除轻锈，支架重 150kg，采用定额 11-7 计算，计量单位：100kg。

(7) 支架刷红丹防锈漆第一遍：

红丹防锈漆第一遍，支架重 150kg，采用定额 11-117 计算，计量单位：100kg。

(8) 支架刷红丹防锈漆第二遍：

红丹防锈漆第二遍，支架重 150kg，采用定额 11-118 计算，计量单位：100kg。

(9) 钢管手工除轻锈：

管道手工除轻锈 78.5m²，采用定额 11-1 计算，计量单位：10m²。

(10) 钢管刷红丹防锈漆第一遍：

红丹防锈漆第一遍 78.5m²，采用定额 11-51 计算，计量单位：10m²。

(11) 钢管红丹防锈漆第二遍：

红丹防锈漆第二遍 78.5m²，采用定额 11-52 计算，计量单位：10m²。

(12) 钢管防腐刷红色油漆第一遍：

红色调和漆第一遍 78.5m²，采用定额 11-60 计算，计量单位：10m²。

(13) 钢管防腐刷红色油漆第二遍：

红色调和漆第二遍 78.5m²，采用定额 11-61 计算，计量单位：10m²。

(14) 试压试验 $DN100$ 以内：

$DN100$ 试压试验，管长 250m，采用定额 6-2428 计算，计量单位：100m。

(15) 水冲洗 $DN100$：

水冲洗,管长250m,采用定额6-2475计算,计量单位:100m。

项目编码:030902001　　　项目名称:无缝钢管

项目编码:030902004　　　项目名称:气体驱动装置管道

项目编码:030902006　　　项目名称:气体喷头

项目编码:030902005　　　项目名称:选择阀

项目编码:030902007　　　项目名称:储存装置

项目编码:030902008　　　项目名称:称重检漏装置

项目编码:030905004　　　项目名称:气体灭火系统装置调试

【例14】　如图5-25所示为某市电信局办公楼气体灭火平面图,图5-26、图5-27分别为系统图和钢瓶间示意图。

(1)本设计分三个防护区,采用组合分配式高压二氧化碳全淹没灭火系统,二氧化碳设计含量为62%,物质系数采用2.25,二氧化碳剩余量按设计用量的8%计算,设置26个高压二氧化碳储存钢瓶,单瓶容量70L,三个起动钢瓶的容量均为40L,充装系数为0.69kg/L,CO_2喷射时间为1min。采用$DN20$射流形式喷头,连接喷头的垂直支管长度为300mm。

(2)本设计中采用自动控制、手动控制和机械应急操作三种启动方式。当采用火灾探测器时,灭火系统的自动控制开关应在接受到两个独立的火灾信号后才能起动。根据人员疏散要求,灭火系统采用延迟起动形式,延迟时间小于30s。

(3)管材及其连接方式

1)采用内外镀锌处理的无缝钢管,系统启动管道采用铜管,总长度为25m。

2)公称直径小于或等于80mm的管道采用螺纹连接。

3)挠性连接的软管必须能承受系统的工作压力和温度要求,采用不锈钢软管。

(4)二氧化碳储存钢瓶的工作压力为15MPa,容器阀上应设置泄压装置,其泄压动作压力为(19±0.95)MPa,集流管上设置泄压安全阀,泄压动作压力为(15±0.75)MPa。

试编制分部分项清单工程量和定额工程量。

【解】　1.清单工程量

$DN80$无缝钢管(螺纹连接):(11.7+1.2)m=12.9m

【注释】　从图5-27中可以看出,$DN80$无缝钢管属于二区干管。结合图5-25和图5-26,1.2是从钢管起始端到转折点的长度,11.7是从转折点到与$DN40$钢管和$DN65$钢管连接点的长度。

$DN65$无缝钢管(螺纹连接):(2.1+17.4+0.9+3.3)m=23.7m

【注释】　$DN65$无缝钢管分为两部分:一部分属于三区干管,在图5-25中,0.9是从干管起始端到第一个转折点的长度,17.4是从第一个转折点到第二个转折点的长度,2.1是从第二个转折点到与$DN50$钢管和$DN40$钢管连接点的长度;另一部分属于二区管道,长度为3.3。所以共有(2.1+17.4+0.9+3.3),即23.7。

$DN50$无缝钢管(螺纹连接):[(2.7+1.5)+(2.8+2.5)]m=9.5m

【注释】　$DN50$无缝钢管分为两部分:一部分属于一区干管,其长度为(2.7+1.5),从干管起始端到第一个转折点的长度是1.5,从第一个转折点到与$DN40$钢管连接点的长度是2.7;另一部分属于三区管道,位于$DN65$钢管和$DN40$钢管之间,长度是(2.8+2.5)。

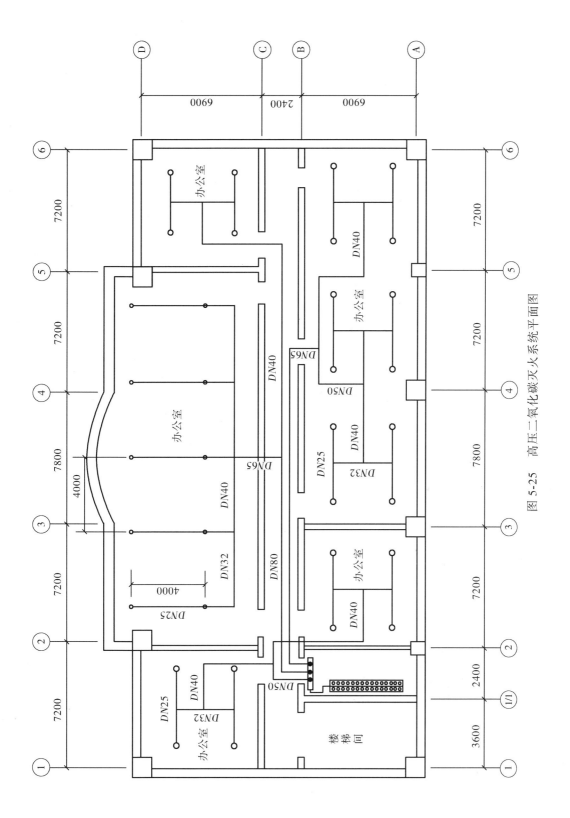

图 5-25　高压二氧化碳灭火系统平面图

199

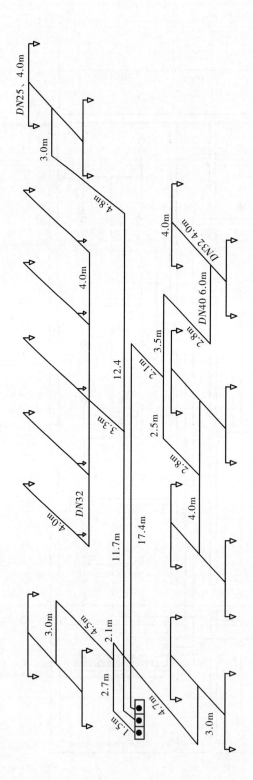

图 5-26 高压二氧化碳灭火系统图

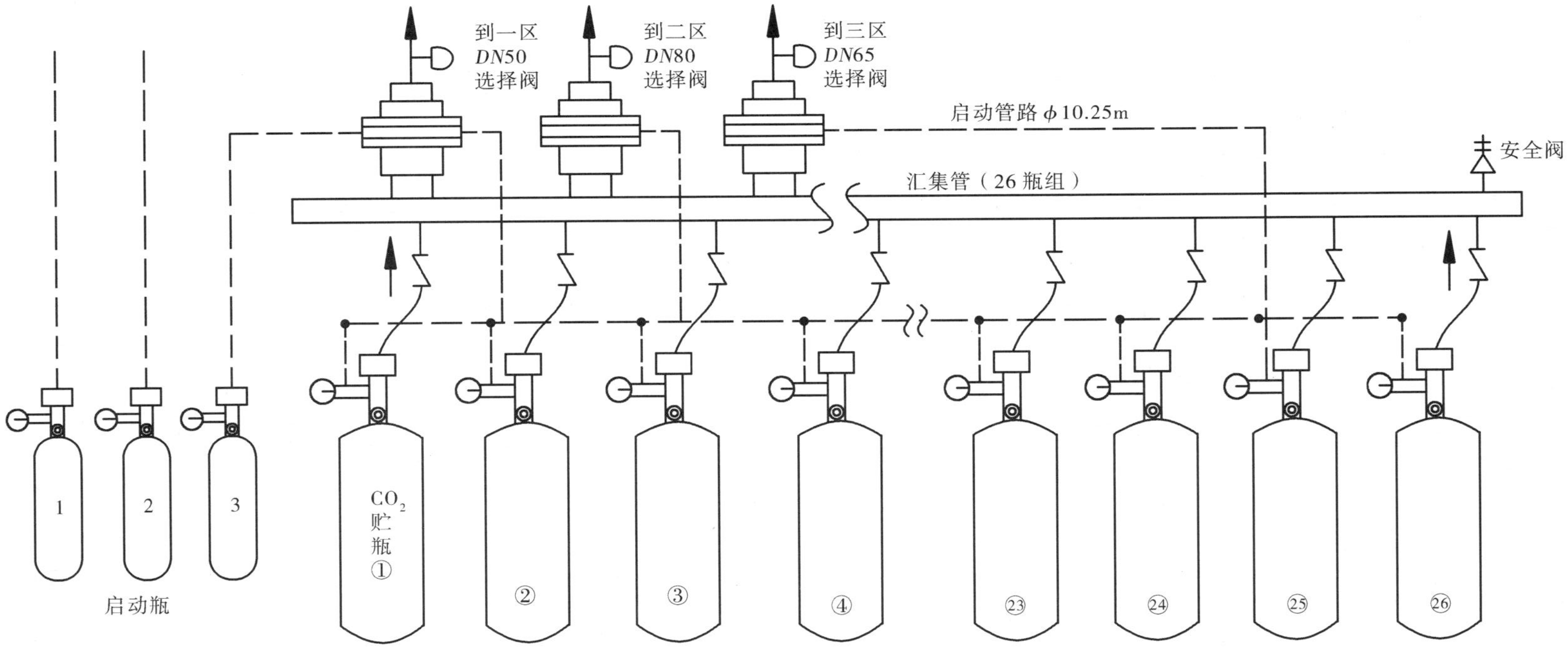

图 5-27　钢瓶间示意图

$DN40$ 无缝钢管(螺纹连接):$[(3.0+4.5+3.0+4.7+2.1)+(3.0+4.8+12.4+4.0+4.0+1.1\times3)+(4.0+4.0+6.0+2.8+3.5)]m=69.1m$

【注释】 $DN40$ 无缝钢管在一、二、三区都有分布。一区:是与 $DN50$ 干管连接的南北两段,北段长度是$(3.0+4.5)$,南段长度是$(3.0+4.7+2.1)$;二区:有两部分组成,一部分是连接在 $DN80$ 干管的后面,到与 $DN32$ 支管的连接点为止,长度是$(3.0+4.8+12.4)$;另一部分位于中间大办公室中,与 $DN65$ 管道垂直的左右两段,每段长度为4.0,即$(4.0+4.0)$,中间3列中每列的第一段支管长度均为1.1,所以是1.1×3;三区:办公室西侧,两段 $DN32$ 支管之间的长度为$(4.0+4.0)$,办公室东侧,连接 $DN65$ 和 $DN32$ 钢管的一段为$(6.0+2.8+3.5)$。

$DN32$ 无缝钢管(螺纹连接):$(4.0\times6+4.0+1.1+1.1+4.0)m=34.2m$

【注释】 与每区 $DN40$ 钢管相连接的 $DN32$ 钢管的长度均为4.0,这样的钢管共有6段;在二区的大办公室中,东西两侧 $DN32$ 无缝钢管的长度均为$4.0+1.1$。

$DN25$ 无缝钢管(螺纹连接):$4.0\times17m=68m$

【注释】 相邻两喷头之间的支管长度均为4.0,共有17段,所以为$4.0\times17m$,即68m。

$DN15$ 无缝钢管(螺纹连接):$0.3\times34m=10.2m$

【注释】 连接喷头的垂直支管长度为300mm,系统图中共有34个喷头,所以为$0.3\times34m$,即10.2m。

$\phi10$ 铜管,长25m。

公称直径 $DN20$ 气体喷头34个。

$DN50$ 选择阀(一区)1个。

$DN80$ 选择阀(二区)1个。

$DN65$ 选择阀(三区)1个。

40L 储存装置安装3套。

70L 储存装置安装26套。

二氧化碳称重检漏装置共26套(对应二氧化碳储存钢瓶数)。

3个装置按《二氧二碳灭火系统设计规范》规定,调试数量≥10,故取3个。

清单工程量计算见表5-14。

表5-14 清单工程量计算表

序号	项目编码	项目名称	项目特征描述	计量单位	工程量
1	030902001001	无缝钢管	镀锌无缝钢管,螺纹连接,$DN80$	m	12.9
2	030902001002	无缝钢管	镀锌无缝钢管,螺纹连接,$DN65$	m	23.7
3	030902001003	无缝钢管	镀锌无缝钢管,螺纹连接,$DN50$	m	9.5
4	030902001004	无缝钢管	镀锌无缝钢管,螺纹连接,$DN40$	m	69.1
5	030902001005	无缝钢管	镀锌无缝钢管,螺纹连接,$DN32$	m	34.2
6	030902001006	无缝钢管	镀锌无缝钢管,螺纹连接,$DN25$	m	68
7	030902001007	无缝钢管	镀锌无缝钢管,螺纹连接,$DN15$	m	10.2
8	030902004001	气体驱动装置管道	$\phi10$ 铜管	m	25
9	030902006001	气体喷头	公称直径 $DN20$ 气体喷头	个	34

（续）

序号	项目编码	项目名称	项目特征描述	计量单位	工程量
10	030902005001	选择阀	DN50 选择阀（一区）	个	1
11	030902005002	选择阀	DN80 选择阀（二区）	个	1
12	030902005003	选择阀	DN65 选择阀（三区）	个	1
13	030902007001	贮存装置	40L 储存装置安装	套	3
14	030902007002	贮存装置	70L 储存装置安装	套	26
15	030902008001	称重检漏装置		套	26
16	030905004001	气体灭火系统装置调试		点	3

2. 定额工程量

（1）DN80 无缝钢管：

共 12.9m，采用定额 7 – 145 计算，计量单位：10m。

（2）DN65 无缝钢管：

共 23.7m，采用定额 7 – 144 计算，计量单位：10m。

（3）DN50 无缝钢管：

共 9.5m，采用定额 7 – 143 计算，计量单位：10m。

（4）DN40 无缝钢管：

共 69.1m，采用定额 7 – 142 计算，计量单位：10m。

（5）DN32 无缝钢管：

共 34.2m，采用定额 7 – 141 计算，计量单位：10m。

（6）DN25 无缝钢管：

DN25 无缝钢管共 68m，采用定额 7 – 140 计算，计量单位：10m。

（7）DN15 无缝钢管：

共 10.2m，采用定额 7 – 138 计算，计量单位：10m。

（8）气体驱动装置管道安装（ϕ10）：

采用铜管，总长度为 25m，采用定额 7 – 148 计算，计量单位：10m。

（9）气体喷头安装：

高压二氧化碳全淹没式 DN20 气体喷头 34 个，采用定额 7 – 159 计算，计量单位：10 个。

（10）选择阀安装：

DN50 选择阀 1 个，采用定额 7 – 166 计算，计量单位：个。

DN65 选择阀 1 个，采用定额 7 – 167 计算，计量单位：个。

DN80 选择阀 1 个，采用定额 7 – 168 计算，计量单位：个。

（11）二氧化碳贮存装置：

二氧化碳储存装置安装（40L）3 套，采用定额 7 – 170 计算，计量单位：套。

二氧化碳储存装置安装（70L）26 套，采用定额 7 – 171 计算，计量单位：套。

（12）二氧化碳称重检漏装置：

共 26 套（对应于二氧化碳贮存钢瓶数量），采用定额 7 – 176 计算，计量单位：套。

（13）二氧化碳灭火系统组件试验：

共3个，工作内容包括准备工具和材料、安装拆除临时管线灌水加压、充氮气、停压检查、放水、泄压、清理及烘干。采用定额7-178计算（气压严密性试验），计量单位：个。

（14）一般穿墙套管制作安装：

公称直径80mm（65mm不锈钢放大一号系列），采用定额6-2972计算，计量单位：个。

公称直径100mm（80mm不锈钢管穿墙），采用定额6-2972计算，计量单位：个。

项目编码：030904009　　项目名称：区域报警控制箱

项目编码：030904001　　项目名称：点型探测器

项目编码：030404017　　项目名称：配电箱

项目编码：030904005　　项目名称：声光报警器

项目编码：030904003　　项目名称：按钮

项目编码：030904008　　项目名称：模块（模块箱）

项目编码：030905001　　项目名称：自动报警系统装置调试

项目编码：030411001　　项目名称：配管

【例15】　（1）本工程为某市娱乐中心火灾自动报警系统。该建筑为剪力墙结构，首层层高4.5m，二层、三层层高均为3.6m，各层均作吊顶装修，首层人工天花板距地面3.7m，二层、三层人工天花板距地面3.1m。

（2）本建筑设火灾自动报警系统，在首层设控制室，报警控制主机选用壁挂式总线制128点式。

（3）主机、楼层接线箱为壁挂式安装，其底边距地1.4m。JTW-BD-ZM5551型感温探测器吸顶安装，声光报警器、模块底边距地1.8m安装，手动报警按钮底边距地1.4m。

（4）报警控制总线、DC24V主机电源线均采用阻燃型BVR-2×1.5穿钢管暗敷于墙内或吊顶内。

（5）安装施工应符合相关的消防工程施工与验收规范。

图5-28所示为火灾自动报警系统图，从火灾自动报警系统控制器接出信号总线和电源总线，在每层接线箱中分出支线，接至该层各报警器。探测器、手动报警按钮、输入模块直接接在信号总线上，首层的消防水泵通过输出模块受报警系统的控制。

图5-29所示为首层平面布置平面图，图5-30所示为二层火灾自动报警系统平面图，图5-31所示为三层火灾自动报警系统平面图。

试编制清单工程量和定额工程量。

【解】　1. 清单工程量

总线制壁挂式报警控制器1台置于首层控制室内。

（1）感烟探测器JTY-LZ-ZM1551：

[7（一层）+10（二层）+11（三层）]只=28只

（2）感温探测器JTW-BD-ZM5551，共设1只（厨房）。

配电箱每层各一台，共设3台。

声光报警器SGHB，共设5台（一层1台、二层2台、三层2台）。

手动报警按钮J-SAP-M-M500K共3只，每层设一只。

（3）输入模块JSM-M500M，1只。

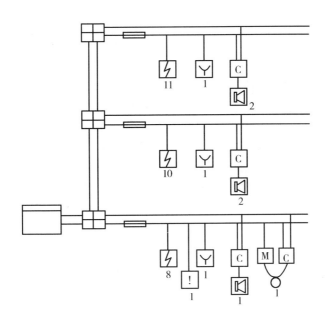

图 5-28 火灾自动报警系统示意图

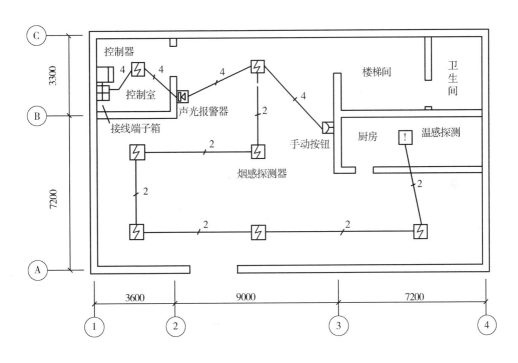

图 5-29 首层火灾自动报警系统平面示意图

(4)输出模块 KM - M500C,5 只。

本建筑工程只有一个自动报警系统。

工程内容包括:刨沟槽,钢索架设(拉紧装置安装),支架制作、安装,电线管路敷设,接线盒安装等。

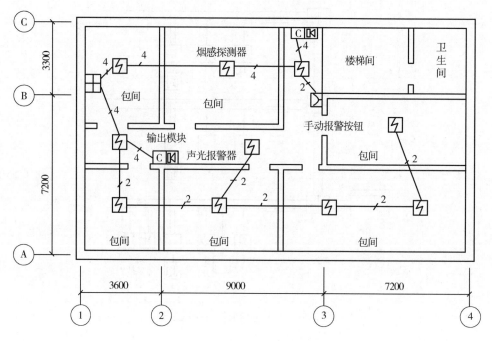

图 5-30　二层火灾自动报警系统平面示意图

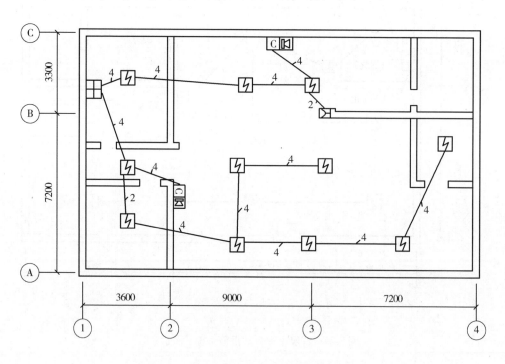

图 5-31　三层火灾自动报警系统平面示意图

电气配线:(97 + 124.3 + 117.6)×2m = 677.8m

管内穿线:BVR − 1.5[(一层)97 + (二层)124.3 + (三层)117.6]m = 338.9m

清单工程量计算见表 5-15。

表 5-15　清单工程量计算表

序号	项目编码	项目名称	项目特征描述	计量单位	工程量
1	030904009001	区域报警控制箱	总线制壁挂式报警控制器,置于首层控制室	台	1
2	030904001001	点型探测器	感烟探测器,JTY - LZ - ZM1551	个	28
3	030904001002	点型探测器	感温探测器,JTW - BD - ZM5551	个	1
4	030404017001	配电箱		台	3
5	030904005001	声光报警器	声光报警器 SGHB	个	5
6	030904003001	按钮	手动报警按钮,J - SAP - M - M500K	个	3
7	030904008001	模块(模块箱)	输入模块 JSM - M500M	个	1
8	030904008002	模块(模块箱)	输入模块 KM - M500C	个	5
9	030905001001	自动报警系统装置调试		系统	1
10	030411001001	配管	管内穿线 BVR - 1.5	m	338.9
11	030411004001	配线	BVR - 1.5 × 2	m	677.8

2. 定额工程量

(1)总线制挂壁 128 点式报警控制器共 1 台,采用定额 7 - 20 计算,计量单位:台。

(2)点型探测器:

感烟探测器 JTY - LZ - ZM1551 共 28 只,采用定额 7 - 6 计算,计量单位:个。

感温探测器 JTW - BD - ZM5551 共 1 只,采用定额 7 - 7 计算,计量单位:个。

(3)报警装置安装:

声光报警器 SGHB 共 5 台,采用定额 7 - 50 计算,计量单位:台。

(4)按钮安装:

手动报警按钮 J - SAP - M - M500K 3 只,采用定额 7 - 12 计算,计量单位:个。

(5)模块(接口)安装:

输入模块 JSM - M500M 1 只,采用定额 7 - 15 计算,计量单位:个。

输出模块 KM - M500C 共 5 只,采用定额 7 - 13 计算,计量单位:个。

(6)自动报警系统装置调试:

共 1 个自动报警系统,采用定额 7 - 196 计算,计量单位:系统。

(7)接线盒安装:

安装接线盒共 37 个,采用定额 2 - 1377 计算,计量单位:10 个。

(8)管内穿线 BVR - 1.5:

共 338.9m,采用定额 2 - 1117 计算,计量单位:100m。

(9)电气配线共 677.8m,采用定额 2 - 1214 计算,计量单位:100m。

(10)配电箱:

3 台,采用定额 2 - 263 计算,计量单位:台。

项目编码:030901001　　项目名称:水喷淋钢管

项目编码:031003001　　　项目名称:螺纹阀门
项目编码:030901004　　　项目名称:报警装置
项目编码:030901006　　　项目名称:水流指示器
项目编码:030901003　　　项目名称:水喷淋(雾)喷头

【例16】 图5-32所示为某建筑内水幕消防系统示意图,系统使用设备和阀门如图5-32所示。试编制清单工程量和定额工程量。

(管道采用镀锌钢管;水流指示器两个,公称直径为 DN40;在水流指示器上接 DN40 螺纹阀;湿式喷淋自动报警阀公称直径为 DN65)

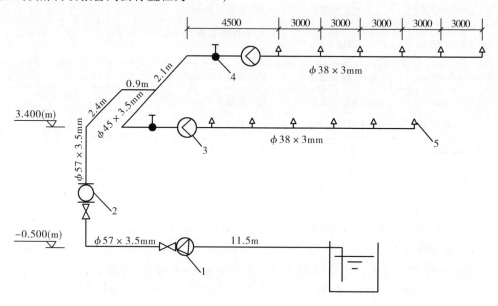

图5-32　水幕消防系统示意图

1—消防水泵　2—湿式自动报警阀　3—水流指示器　4—螺纹阀　5—水幕喷头

【解】 1. 清单工程量

(1)$\phi38 \times 3mm$ 镀锌钢管(螺纹连接):

$3.0 \times 5 \times 2m = 30m$

【注释】 $\phi38 \times 3mm$ 镀锌钢管与 $\phi45 \times 3.5mm$ 镀锌钢管的分界点是第一个喷头处,已知相邻两喷头之间的钢管长度是3.0,每一排有5段这样的钢管,共有2排。

(2)$\phi45 \times 3.5mm$ 镀锌钢管(螺纹连接):

$(4.5 + 2.1) \times 2m = 13.2m$

【注释】 $\phi45 \times 3.5mm$ 镀锌钢管是干管终端与第一个喷头之间的管道,南北段各长$(4.5 + 2.1)$,所以为$(4.5 + 2.1) \times 2m$,即13.2m。

(3)$\phi57 \times 3.5mm$ 镀锌钢管(螺纹连接):

$[0.9 + 2.4 + (3.4 + 0.5) + 11.5]m = 18.7m$

【注释】 $\phi57 \times 3.5mm$ 镀锌钢管为供水干管,0.9是与支管连接的一段长度,2.4是与垂直管连接的一段长度,$(3.4 + 0.5)$是垂直管的长度,11.5是埋地水平管的长度。

(4)$DN15$ 镀锌钢管(连接水幕喷头,长度0.3m):

208

$0.3 \times 12\text{m} = 3.6\text{m}$

【注释】 图示中每一排有 6 个喷头,两排共有 12 个喷头,所以与之连接的 $DN15$ 镀锌钢管也有 12 段。

(5)两水幕喷淋管上各采用一个 $DN40$ 螺纹阀门。

(6)湿式喷淋自动报警阀 $DN60$ 为 1 组。

(7)每一喷淋分支管路上均设一个 $DN40$ 水流指示器,共 2 个。

共 12 个水喷头,$DN15$ 无吊顶式安装。

消防水泵,1 台。

清单工程量计算见表 5-16。

表 5-16　清单工程量计算表

序号	项目编码	项目名称	项目特征描述	计量单位	工程量
1	030901001001	水喷淋钢管	镀锌钢管,螺纹连接,$\phi38 \times 3\text{mm}$	m	30
2	030901001002	水喷淋钢管	镀锌钢管,螺纹连接,$\phi45 \times 3.5\text{mm}$	m	13.2
3	030901001003	水喷淋钢管	镀锌钢管,螺纹连接,$\phi57 \times 3.5\text{mm}$	m	18.7
4	030901001004	水喷淋钢管	镀锌钢管,螺纹连接,$DN15$	m	3.6
5	031003001001	螺纹阀门	$DN40$ 螺纹阀门	个	2
6	030901004001	报警装置	湿式喷淋自动报警阀,$DN60$	组	1
7	030901006001	水流指示器	$DN40$	个	2
8	030901003001	水喷淋(雾)喷头	$DN15$,无吊顶式安装	个	12
9	030109001001	离心式泵	消防水泵	台	1

2. 定额工程量

(1)$\phi57 \times 3.5\text{mm}$,镀锌钢管(螺纹连接):

总长 18.7m,采用定额 7 - 70 计算,计量单位:10m。

(2)$\phi45 \times 3.5\text{mm}$,镀锌钢管(螺纹连接):

总长 13.2m,采用定额 7 - 69 计算,计量单位:10m。

(3)$\phi38 \times 3\text{mm}$,镀锌钢管(螺纹连接):

总长 30m,采用定额 7 - 68 计算,计量单位:10m。

(4)$DN15$,镀锌钢管(螺纹连接):

总长 3.6m,采用定额 7 - 67 计算,计量单位:10m。

(5)喷头安装:

无吊顶 $DN15$ 喷头,采用定额 7 - 76 计算,计量单位:12 个。

(6)水流指示器安装:

螺纹连接水流指示器 $DN40$ 共 2 个,采用 $DN50$ 的定额计算,即定额 7 - 88 计算,计量单位:个。

(7)末端试水装置安装:

两条支路在最高处或离水泵最远处设末端试水装置,其公称直径为 $DN25$,采用定额 7 -

102 计算,计量单位:组。

(8)钢管手工除轻锈:

管道手工除轻锈 $17m^2$,采用定额 11 – 1 计算,计量单位:$10m^2$。

(9)钢管刷红丹防锈漆第一遍:

红丹防锈漆第一遍,$17m^2$,采用定额 11 – 51 计算,计量单位:$10m^2$。

(10)钢管刷红丹防锈漆第二遍:

红丹防锈漆第二遍,$17m^2$,采用定额 11 – 52 计算,计量单位:$10m^2$。

(11)管道支架制作安装:

一般管架共 80kg,采用定额 6 – 2845 计算,计量单位:100kg。

(12)支架手工除轻锈:

支架为一般钢结构,手工除轻锈 80kg,采用定额 11 – 7 计算,计量单位:100kg。

(13)支架刷红丹防锈漆第一遍:

红丹防锈漆面积 $21m^2$,采用定额 11 – 51 计算,计量单位:$10m^2$。

(14)支架刷红丹防锈漆第二遍:

红丹防锈漆面积 $21m^2$,采用定额 11 – 52 计算,计量单位:$10m^2$。

(15)湿式喷淋系统管网水冲洗:

试压系统为 1 个,采用定额 7 – 132 计算,计量单位:100m。

项目编码:030901001 　　项目名称:水喷淋钢管

项目编码:030901003 　　项目名称:水喷淋(雾)喷头

项目编码:030901004 　　项目名称:报警装置

项目编码:030901006 　　项目名称:水流指示器

项目编码:030905002 　　项目名称:水灭火系统控制装置调试

项目编码:031002001 　　项目名称:管道支吊架

【例 17】 如图 5-33 所示为某娱乐中心首层自动喷淋系统平面图,如图 5-34 所示为二层自动喷淋系统平面图,户外设有阀门井,内设消防水泵接合器两套,各层均设有自动排气阀、螺纹泄水阀、信号蝶阀、水流指示器。

管材及其连接方式:

1)钢管采用内外镀锌处理。

2)镀锌钢管连接方式均采用螺纹连接。

施工内容包括:

1)管道及支架的安装、防腐处理。

2)自动喷淋喷头的安装。

3)各类阀门安装、自动排气阀安装。

4)系统调整、水清洗等。

试计算消防工程工程量。

【解】 $DN100$ 镀锌钢管:[3.5(引入管) +6.6 +6.6 +6 +2.4 +2.1]m =27.2m

【注释】 3.5 是从两个给水阀门井中心到室内的干管总长度,6.6 是从北侧引入室内的干管长度,二层同一层,为 6.6,从东侧引入室内的干管长度是(6 +2.4 +2.1)。

$DN80$ 镀锌钢管:[4.7(一层) +2.6(二层)]m =7.3m

210

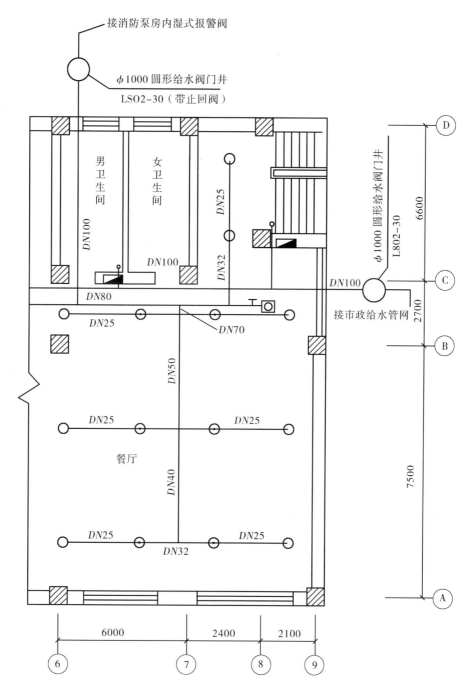

图 5-33　某娱乐中心首层自动喷淋系统平面示意图

【注释】　一层与ⓒ轴平行,位于 $DN100$ 和 $DN32$ 之间的一段长度为 4.7;二层与ⓒ轴平行,位于 $DN100$ 和 $DN50$ 之间的一段长度为 2.6。

$DN70$ 镀锌钢管:0.4m(一层)。

【注释】　连接 $DN80$ 和 $DN50$ 的一段长度为 0.4m。

$DN50$ 镀锌钢管:[3.9(一层)+2.6(二层)]m=6.5m

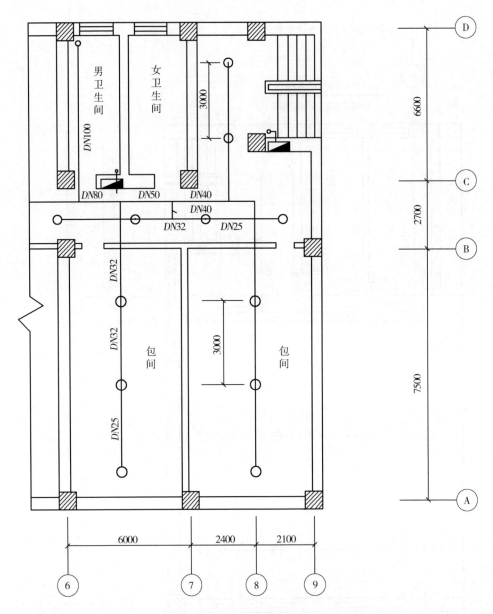

图 5-34 二层自动喷淋系统平面示意图

【注释】 一层是餐厅中与 DN70 和 DN40 连接的一段,长度为 3.9;二层是走廊中与 DN80 和 DN40 连接的一段,长度为 2.6。

DN40 镀锌钢管:$[3.9(一层)+0.4+2.1]m=6.4m$

【注释】 一层是餐厅中的一段,长度为 3.9;二层是走廊中 DN50 钢管后面的两段,其中与 7 轴平行的一段为 0.4,与 C 轴平行的一段为 2.1。

DN32 镀锌钢管:$[3×3+3.1(一层)+3×3+3.1+3.2+3.5(二层)]m=30.9m$

【注释】 一层:餐厅中每段 DN32 钢管的长度为 3,共有两段,走廊的中间一段同餐厅,所以是 $3×3$,3.1 是楼梯间 DN32 钢管的长度;二层:两个包间中,每间屋子中间段钢管为 DN32 钢管,长度均为 3,走廊中间与 ⓒ 轴平行的一段 DN32 钢管长度同一层,也为 3,所以是 $3×3$,

3.1 是楼梯间 $DN32$ 钢管的长度,3.2 是进入左包间的第一段支管的长度,3.5 是进入右包间的第一段支管和走廊中 $DN40$ 钢管后面一段支管的总长度。

$DN25$ 镀锌钢管:$(3.0 \times 7 + 3.0 \times 5)\mathrm{m} = 36\mathrm{m}$

【注释】 从图中可以看出,$DN25$ 镀锌钢管是与终端喷头相连接的一段支管,一层共有 7 段,二层共有 5 段,每段长度为 3.0m,所以为 $(3.0 \times 7 + 3.0 \times 5)\mathrm{m}$。

$DN15$ 镀锌钢管(连接喷头):$26 \times 0.4\mathrm{m} = 10.4\mathrm{m}$(26 为喷头数)

【注释】 从图中可以查出,一层有 14 个喷头,二层有 12 个喷头,共计 26 个喷头,所以 $DN15$ 镀锌钢管有 26 段,每段长度为 0.4m,共有 $26 \times 0.4\mathrm{m}$。

有吊顶安装水喷头共 26 个

湿式喷淋自动报警阀 $DN65$　2 组

每层设一个水流指示器,总共设两个水流指示器。

喷水灭火系统控制装置调试数量为 1 个

管道支架重量 80kg。

清单工程量计算见表 5-17。

表 5-17　清单工程量计算表

序号	项目编码	项目名称	项目特征描述	计量单位	工程量
1	030901001001	水喷淋钢管	镀锌钢管,$DN100$,螺纹连接	m	27.2
2	030901001002	水喷淋钢管	镀锌钢管,$DN80$,螺纹连接	m	7.3
3	030901001003	水喷淋钢管	镀锌钢管,$DN70$,螺纹连接	m	0.4
4	030901001004	水喷淋钢管	镀锌钢管,$DN50$,螺纹连接	m	6.5
5	030901001005	水喷淋钢管	镀锌钢管,$DN40$,螺纹连接	m	6.4
6	030901001006	水喷淋钢管	镀锌钢管,$DN32$,螺纹连接	m	30.9
7	030901001007	水喷淋钢管	镀锌钢管,$DN25$,螺纹连接	m	36
8	030901001008	水喷淋钢管	镀锌钢管,$DN15$,螺纹连接	m	10.4
9	030901003001	水喷淋(雾)喷头	有吊顶安装	个	26
10	030901004001	报警装置	湿式喷淋自动报警阀 $DN65$	组	2
11	030901006001	水流指示器		个	2
12	030905002001	水灭火系统控制装置调试	喷水灭火系统控制装置调试	系统	1
13	031002001001	管道支吊架		kg	80

项目编码:030904001　项目名称:点型探测器

【例 18】 某加工厂的一个加工车间,长 30m,宽 20m,高 5.1m,顶部为平顶,拟采用感烟探测器对其保护区域监测,试计算需要多少个探测器,平面图上怎样布置。

【解】 (1)确定感烟探测器的保护面积 A 和保护半径 R:

保护区域面积 $S = 30 \times 20\mathrm{m}^2 = 600\mathrm{m}^2$

房间高度 $h = 5.1\mathrm{m}$,即 $h \leqslant 6\mathrm{m}$

顶棚坡度为 0,即 $\theta \leqslant 15°$

(2)查探测器保护面积和半径规律表可得:

一个探测器的保护面积 $A = 60m^2$,一个探测器的保护半径 $R = 5.8m$,由此可计算所需探测器个数 N:根据建筑设计防火规范,该装配车间属非重点保护建筑,取 $K = 1.0$,则由公式 $N \geqslant \frac{S}{KA}$ 可得:

$$N \geqslant \frac{S}{KA} = \frac{600}{1.0 \times 60} 只 = 10 \, 只$$

(3)确定探测器安装间距 a、b:

1)查极限曲线 D:由于 $D = 2R = 2 \times 5.8m = 11.6m$,$A = 60m^2$,可确定安装间距极限曲线图上的极限曲线为 D_5。

2)确定 a、b:设定 $a = 8.5m$,对应 D_5 可查得 $b = 7.5m$。

(4)校核:

$$r = \sqrt{\left(\frac{a}{2}\right)^2 + \left(\frac{b}{2}\right)^2} = \sqrt{\left(\frac{8.5}{2}\right)^2 + \left(\frac{7.5}{2}\right)^2}m = 5.76m$$

5.76m 小于探测器保护半径,满足要求。

清单工程量计算见表 5-18。

表 5-18　清单工程量计算表

项目编码	项目名称	项目特征描述	计量单位	工程量
030904001001	点型探测器	感烟探测器	个	10

2. 定额工程量

拟安装 10 个点型探测器,采用定额 7-1~7-5,计量单位:个,工作内容:校线、挂锡、安装底座、探头、编码、清洁、调测。

项目编码:030904001　　项目名称:点型探测器

项目编码:030904009　　项目名称:区域报警控制箱

项目编码:030904012　　项目名称:火灾报警系统控制主机

项目编码:030904013　　项目名称:联动控制主机

项目编码:030904014　　项目名称:消防广播及对讲电话主机(柜)

项目编码:030904015　　项目名称:火灾报警控制微机(CRT)

项目编码:030904016　　项目名称:备用电源及电池主机(柜)

项目编码:030905001　　项目名称:自动报警系统装置调试

【例 19】　某办公楼一层火灾自动报警系统安装图如图 5-35 所示,试按照工程量计算规则计算其工程量。

【解】　1. 清单工程量

本火灾自动报警系统安装 2 只感烟探测器和 3 只感温探测器;采用一台报警控制器,计量单位:台;采用一台报警联动一体机,计量单位:台;手动按钮:2 只。

对本系统进行调试,总共 1 个系统,计量单位:1 系统。

清单工程量计算见表 5-19。

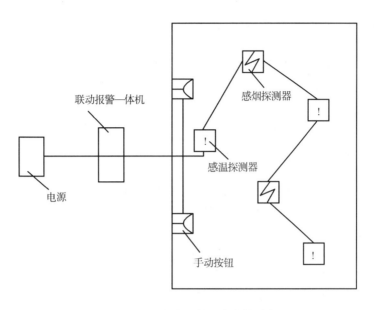

图 5-35　火灾自动报警系统安装示意图

表 5-19　清单工程量计算表

序号	项目编码	项目名称	项目特征描述	计量单位	工程量
1	030904001001	点型探测器	感烟探测器	个	2
2	030904001002	点型探测器	感温探测器	个	3
3	030904009001	区域报警控制箱		台	1
4	030904012001	火灾报警系统控制主机		台	1
5	030904013001	联动控制主机		台	1
6	030904014001	消防广播及对讲电话主机(柜)		台	1
7	030904015001	火灾报警控制微机(CRT)		台	1
8	030904016001	备用电源及电池主机(柜)		套	1
9	030905001001	自动报警系统装置调试		系统	1
10	030904003001	按钮	手动按钮	个	2

2. 定额工程量

(1)感烟探测器:

总共有 2 个,采用定额 7 – 1 或 7 – 6 计算,计量单位:个。

工作内容:校线、挂锡、安装底座、探头、编码、清洁、调测。

(2)感温探测器:

总共有 3 个,采用定额 7 – 2 或 7 – 7 计算,计量单位:个。

工作内容:校线、挂锡、安装底座、探头、编码、清洁、调测。

(3)按钮安装:

总共安装两个按钮,计算定额时采用定额 7 – 12,计量单位:个。

工作内容:校线、挂锡、钻眼固定、安装、编码、调测。

(4)报警控制器安装:

总共安装1台报警控制器,采用定额7－16～7－27计算,计量单位:台。

工作内容:安装、固定、校线、挂锡、功能检测、防潮和除尘处理、压线、标志、绑扎。

(5)联动报警一体机安装:

总共安装1台联动报警一体机,采用定额7－40～7－47计算,计量单位:台。

工作内容:校线、挂锡、并线、标志、安装、固定、功能检测、防尘和防潮处理。

(6)自动报警系统装置调试:

只对本自动报警系统装置进行调试,采用定额7－195～7－199计算,计量单位:1系统。

工作内容:技术和器具准备、检查接线、绝缘检查、程序装载或校对检查、功能测试、系统试验、记录。

项目编码:030902001　　　项目名称:无缝钢管

项目编码:030902005　　　项目名称:选择阀

项目编码:030902006　　　项目名称:气体喷头

项目编码:030902007　　　项目名称:贮存装置

项目编码:030902008　　　项目名称:称重检漏装置

【例20】　某车间气体灭火系统如图5-36所示,试按照工程量计算规则计算其工程量(每个容器都设有二氧化碳称重减漏装置)。

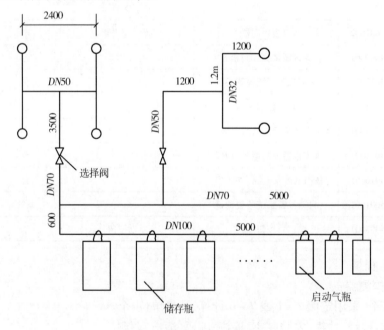

图5-36　气体灭火系统示意图

【解】　1. 清单工程量

(1)DN100无缝钢管:

工程量:(5.0＋0.6＋0.6)m＝6.2m

(2)DN70无缝钢管:

工程量:$(5.0+3.5)$m$=8.5$m

（3）$DN50$ 无缝钢管:

工程量:$(1.2+2.4+3.5)=7.1$m

（4）$DN32$ 无缝钢管:

工程量:$(2.4\times3+1.2\times2)$m$=9.6$m

（5）选择阀安装:

工程量:2 个。

（6）喷头安装:

工程量:6 个。

（7）储存装置安装:

工程量:4 套。

（8）气体驱动装置管道安装:

工程量:5.0m。

（9）二氧化碳称重检漏装置安装:

工程量:4 套。

（10）系统组件试验:

工程量:1 个。

清单工程量计算见表 5-20。

表 5-20　清单工程量计算表

序号	项目编码	项目名称	项目特征描述	计量单位	工程量
1	030902001001	无缝钢管	镀锌无缝钢管,$DN100$	m	6.2
2	030902001002	无缝钢管	镀锌无缝钢管,$DN70$	m	8.5
3	030902001003	无缝钢管	镀锌无缝钢管,$DN50$	m	7.1
4	030902001004	无缝钢管	镀锌无缝钢管,$DN32$	m	9.6
5	030902005001	选择阀	$DN70$	个	2
6	030902006001	气体喷头	按实际要求	个	6
7	030902007001	储存装置	按实际要求	套	4
8	030902004001	气体驱动装置管道	按实际要求	m	5
9	030902008001	称重检漏装置	按实际要求	套	4

2. 定额工程量

（1）$DN100$ 无缝钢管:

计量单位:10m,工程量:$(5.0+0.6+0.6)$m$=6.2$m$=0.62(10$m$)$

采用定额 7－146 计算,工作内容:切管、调直、坡口、对口、焊接、法兰连接、管件及管道预装及安装。

（2）$DN70$ 无缝钢管:

计量单位:10m,工程量:$(5.0+3.5)$m$=8.5$m$=0.85(10$m$)$

采用定额 7－144 计算,工作内容:切管、调直、车螺纹、清洗、镀锌后调直、管口连接、管道安装。

（3）$DN50$ 无缝钢管:

计量单位:10m,工程量:(1.2 + 2.4 + 3.5) = 7.1m = 0.71(10m)

采用定额 7 - 143 计算,工作内容:切管、调直、车螺纹、清洗、镀锌后调直、管口连接、管道安装。

(4)DN32 无缝钢管:

计量单位:10m,工程量:(2.4 × 3 + 1.2 × 2)m = 9.6m = 0.96(10m)

采用定额 7 - 141 计算,工作内容:切管、调直、车螺纹、清洗、镀锌后调直、管口连接、管道安装。

(5)选择阀安装:

计量单位:个　工程量:2 个

采用定额 7 - 163 ~ 7 - 169 计算,工作内容:外观检查、切管、车螺纹、活接头及阀门安装。

(6)喷头安装:

计量单位:10 个　工程量:6 个 = 0.6(10 个)

采用定额 7 - 158 ~ 7 - 163 计算,工作内容:切管、调直、车螺纹、管件及喷头安装、喷头外观清洁。

(7)储存装置安装:

计量单位:套　工程量:4 套

采用定额 7 - 170 ~ 7 - 175 计算,工作内容:外观检查、搬运、称重、支架框架安装、阀驱动装置安装、氮气增压。

(8)气体驱动装置管道安装:

计量单位:10m,工程量:5.0m/10m = 0.5(10m)

采用定额 7 - 148、7 - 149 计算,工作内容:切管、揻弯、安装、固定、调整、卡套连接。

(9)二氧化碳称重检漏装置安装:

计量单位:套　工程量:4 套

采用定额 7 - 176 计算,工作内容:开箱检查、组合装配、安装、固定、试动调整。

(10)系统组件试验:

计量单位:个　工程量:1 个

采用定额 7 - 177、7 - 178 计算,工作内容:准备工具和材料、安装拆除临时管线、灌水加压、充氮气、停压检查、放水、泄压、清理及烘干、封口。

项目编码:030903001　　项目名称:碳钢管

项目编码:030903004　　项目名称:不锈钢管管件

项目编码:030903006　　项目名称:泡沫发生器

项目编码:030903007　　项目名称:泡沫比例混合器

项目编码:030903008　　项目名称:泡沫液贮罐

【例 21】　泡沫灭火系统如图 5-37 所示,它包括泡沫发生器、泡沫比例混合器、法兰、碳钢管等的安装工程,试计算该泡沫灭火系统工程量。

【解】　1. 碳钢管 DN100

计量单位:10m,工程量:(1.50 + 2.50 + 1.00 + 2.00 + 3.00 + 1.50 + 3.30 + 1.00)m = 15.8m = 1.58(10m)

2. DN100 法兰安装

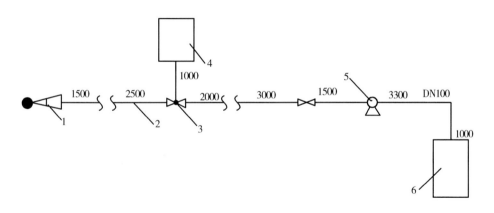

图 5-37　泡沫灭火系统示意图
1—泡沫发生器　2—水带　3—泡沫比例混合器
4—泡沫液储罐　5—水泵　6—水池

计量单位:副　工程量:4 副

采用定额 6－1498 计算,工作内容:管子切口、套螺纹、上法兰。

3. 泡沫发生器安装

计量单位:台　工程量:1 台

采用定额 7－179～7－183 计算,工作内容:开箱检查、整体吊装、找正、找平、安装固定、切管、焊法兰、调试。

4. 泡沫比例混合器

计量单位:台　工程量:1 台

采用定额 7－184～7－194 计算,工作内容:开箱检查、整体吊装、找正、找平、安装固定、切管、焊法兰、调试。

5. 泡沫液贮罐

计量单位:台　工程量:1 台

采用定额 5－1692～5－1699 计算,工作内容:放样号料、切割、坡口、压头卷弧、扁钢圈搛制、组对安装、焊接、试漏罐配件安装。

清单工程量计算见表 5-21。

表 5-21　清单工程量计算表

序号	项目编码	项目名称	项目特征描述	计量单位	工程量
1	030903001001	碳钢管	碳钢管 DN100,法兰连接	m	15.8
2	030903004001	不锈钢管管件	DN100 法兰安装	个	4
3	030903006001	泡沫发生器	按实际施工要求	台	1
4	030903007001	泡沫比例混合器	按实际施工要求	台	1
5	030903008001	泡沫液储罐	按实际施工要求	台	1

项目编码:030901001　项目名称:水喷淋钢管

项目编码:030903004　项目名称:不锈钢管管件

项目编码:031003013　项目名称:水表

项目编码:030901003   项目名称:水喷淋(雾)喷头
项目编码:030901004   项目名称:报警装置
项目编码:030901006   项目名称:水流指示器
项目编码:030901007   项目名称:减压孔板
项目编码:030901008   项目名称:末端试水装置
项目编码:030901012   项目名称:消防水泵接合器

【例22】 如图5-38所示为某宿舍水灭火系统安装图,图中已经标出各段管的管径与管长,试用清单和定额两种工程量计算方法计算该水灭火系统的工程量。

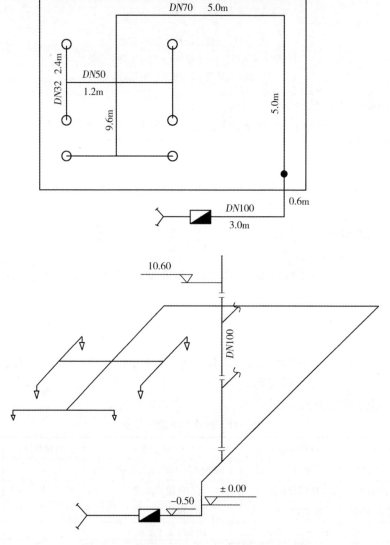

图5-38 某宿舍水灭火系统平面及系统示意图

注:一~三层系统布置相同。

【解】 1. 清单工程量

(1)DN100镀锌钢管:

220

工程量:[3.0 + 0.6 + 10.60 - (-0.5)]m = 14.70m

(2)DN70 镀锌钢管:

工程量:[(5.0 + 5.0 + 9.60) × 3(3层)]m = 58.80m

(3)DN50 镀锌钢管:

工程量:[1.20 × 3(三层)]m = 3.60m

(4)DN32 镀锌钢管:

工程量:[2.40 × 3 × 3(三层)]m = 21.60m

(5)法兰阀门:

计量单位:个 工程量:1个(在水平干管处设置一个法兰阀门)

(6)水表:

计量单位:组 工程量:1组(在本水灭火系统中只在引入口处设置一组水表)

(7)水喷头:

计量单位:10个 工程量:18个(每层6个水喷头,总共3层)

(8)报警装置:

计量单位:组 工程量:3组(每层均设一个报警装置,总共有3组报警装置)

(9)DN70 水流指示器:

计量单位:个 工程量:3个(每层1个,总共3层)

(10)DN70 减压孔板:

计量单位:个 工程量:1个(只在一个层设)

(11)末端试水装置:

计量单位:组 工程量:1组

注:末端试水装置用于监测、控制系统的工作情况,一般设于灭火系统的末端或最远端。

(12)消防水泵接合器:

计量单位:组 工程量:1组

清单工程量计算见表5-22。

表 5-22 清单工程量计算表

序号	项目编码	项目名称	项目特征描述	计量单位	工程量
1	030901001001	水喷淋钢管	DN100 镀锌钢管,法兰连接	m	14.70
2	030901001002	水喷淋钢管	DN70 镀锌钢管,法兰连接	m	58.80
3	030901001003	水喷淋钢管	DN50 镀锌钢管,法兰连接	m	3.60
4	030901001004	水喷淋钢管	DN32 镀锌钢管,法兰连接	m	21.60
5	030903004001	不锈钢管管件	按实际施工要求	个	1
6	031003013001	水表	按实际施工要求	组	1
7	030901003001	水喷淋(雾)喷头	按实际施工要求	个	18
8	030901004001	报警装置	湿式	组	3
9	030901006001	水流指示器	DN70	个	3
10	030901007001	减压孔板	DN70	个	1
11	030901008001	末端试水装置	公称直径 DN25	组	1
12	030901012001	消防水泵接合器	地上式 DN100 消防水泵接合器	套	1

2. 定额工程量

（1）DN100 镀锌钢管：

共 14.70m，计量单位：10m，工程量 14.70m/10 = 1.47（10m）

采用定额 7 - 73 计算，工作内容：切管、套螺纹、调直、装零件、管道安装、水压试验。

（2）DN70 镀锌钢管：

共 58.80m，计量单位：10m，工程量 58.80m/10 = 5.88（10m）

采用定额 7 - 71 计算，工作内容：切管、套螺纹、调直、装零件、管道安装、水压试验。

（3）DN32 镀锌钢管：

共 21.60m，计量单位：10m，工程量 21.60m/10 = 2.16（10m）

采用定额 7 - 68 计算，工作内容：切管、套螺纹、调直、装零件、管道安装、水压试验。

（4）法兰阀门安装：

共 1 个，计量单位：1 个，工程量 1 个/1 = 1

采用定额 6 - 1270 ~ 6 - 1297 计算，工作内容：阀门壳体压力试验，阀门解体检查及研磨，阀门安装，垂直运输。

（5）水表安装：

共 1 组，计量单位：组，工程量 1 组/1 组 = 1

采用定额 8 - 367 ~ 8 - 373 计算，工作内容：切管、焊接、制垫、加垫、水表、止回阀、阀门安装、拧螺栓、水压试验。

（6）DN50 镀锌钢管：

共 3.60m，计量单位：10m，工程量：3.60m/10 = 0.36（10m）

采用定额 7 - 70 计算，工作内容：切管、套螺纹、调直、装零件、管道安装、水压试验。

（7）水喷头安装：

共 18 个，计量单位：10 个，工程量 18 个/10 = 1.8

采用定额 7 - 76 或 7 - 77 计算，工作内容：切管、套螺纹、管件安装、喷头密封性能抽查试验、安装、外观清洁。

（8）报警装置安装（湿式）：

共 3 组，DN70，计量单位：1 组，工程量 3 组/1 = 3

采用定额 7 - 79 计算，工作内容：部件外观检查、切管、坡口、组对焊法兰、拧螺栓、临时短管安装拆除、报警阀渗漏试验安装。

（9）水流指示器安装：

共 3 个，DN70，计量单位：1 个，工程量 3 个/1 = 3

采用定额 7 - 90 计算，工作内容：外观检查、切管、套螺纹、装零件、临时短管安装拆除、主要功能检查、安装及调整。

（10）减压孔板安装（DN70）：

共 1 个，计量单位：1 个，工程量：1 个/1 = 1

采用定额 7 - 98 计算，工作内容：切管、焊法兰、制垫、加垫、孔板检查、二次安装。

（11）末端试水装置：

共 1 组，公称直径 DN25，计量单位：1 组，工程量：1 组/1 = 1

采用定额 7 - 102 计算，工作内容：切管、套螺纹、装零件、整体组装、放水试验。

（12）消防水泵接合器安装：

共 1 套,计量单位:1 套　工程量:1 套/1 = 1

采用定额 7 – 123 计算（为地上式 DN100 消防水泵接合器）,工作内容:切管、焊法兰、制垫、加垫、拧螺栓、整体安装、充水试验。

第六章　给排水、采暖、燃气工程

项目编码:031001002　　项目名称:钢管

【例1】　某住宅楼采暖系统某方管安装形式如图6-1所示,试计算其工程量(方管采用的是DN25焊接钢管,单管顺流式连接)。

【解】　1.方管长度计算(DN25焊接钢管)

[12.0-(-0.800)](标高差)+0.3(竖直埋管长度)+0.8(水平埋管长度)-0.5(散热器进出水管中心距)×4(层数)m=11.9m

2.定额与清单工程量

(1)清单工程量:

工程数量: $\dfrac{11.9}{1(计量单位)} = 11.9$

清单工程量计算见表6-1。

表6-1　清单工程量计算表

项目编码	项目名称	项目特征描述	计量单位	工程量
031001002001	钢管	DN25室内焊接钢管,单管顺流式连接	m	11.9

(2)定额工程量:

室内焊接钢管安装(螺纹连接),定额编号:8-100,定额单位:10m,工程量:11.9/10=1.19,基价:81.37,其中人工费51.08元,材料费29.26元,机械费1.03元。

项目编码:031001005　　项目名称:铸铁管

【例2】　如图6-2所示为某住宅楼排水系统中排水干管的一部分,试计算其工程量。

【解】　1.清单工程量

承插铸铁排水管DN50:1.0m(排水立管地上部分)+0.8m(排水立管埋地部分)+4.0m(排水横管埋地部分)=5.8m

清单工程量计算见表6-2。

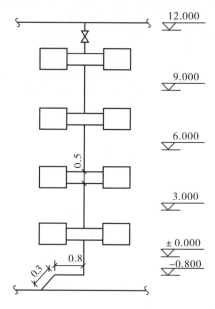

图6-1　采暖系统示意图

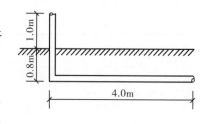

图6-2　排水干管示意图

表6-2　清单工程量计算表

项目编码	项目名称	项目特征描述	计量单位	工程量
031001005001	铸铁管	承插铸铁排水管,DN50(承插口或法兰盘)	m	5.8

2. 定额工程量

承插铸铁管 $DN50$,定额编号:8 – 138,单位:10m,数量:0.58

说明:铸铁管道的连接,一般不能采用螺纹连接或焊接的方式,因此在浇铸时要做成承插口或法兰盘的形式,以便于装拆、连接紧密。给水管内介质是有压流,管壁较厚,而排水管承担的是无压流,管壁较薄,因而在定额中注明"承插铸铁给水管"和"承插铸铁排水管"。

项目编码:031001001   项目名称:镀锌钢管

【例3】 如图 6-3 所示为某厨房给水系统部分管道,采用镀锌钢管,螺纹连接,试计算镀锌钢管工程量。

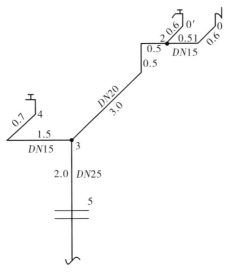

图 6-3　某厨房给水系统示意图

【解】 1. 清单工程量

$DN25$:2.0m(节点 3 到节点 5)

$DN20$:[3 + 0.5 + 0.5(节点 3 到节点 2)]m = 4m

$DN15$:[1.5 + 0.7(节点 3 到节点 4) + 0.6 + 0.5 + 0.6(节点 2 到节点 0′,节点 2 到节点 1 再到节点 0)]m = 3.9m

清单工程量计算见表 6-3。

表 6-3　清单工程量计算表

序号	项目编码	项目名称	项目特征描述	计量单位	工程量
1	031001001001	镀锌钢管	$DN25$ 镀锌钢管,螺纹连接	m	2.0
2	031001001002	镀锌钢管	$DN20$ 镀锌钢管,螺纹连接	m	4.0
3	031001001003	镀锌钢管	$DN15$ 镀锌钢管,螺纹连接	m	3.9

2. 定额工程量

螺纹连接镀锌钢管 $DN25$,定额编号:8 – 89,计量单位:10m,工程量:0.2

螺纹连接镀锌钢管 $DN20$,定额编号:8 – 88,计量单位:10m,工程量:0.4

螺纹连接镀锌钢管 $DN15$,定额编号:8 – 87,计量单位:10m,工程量:0.39

项目编码:031001001   项目名称:镀锌钢管

【例4】 某浴室给水系统平面图,室内给水管材采用热浸镀锌钢管,连接方式为螺纹连接,明装管道外刷面漆两遍,设淋浴喷头7个,洗手龙头2个,如图6-4和图6-5所示,试计算给水系统工程量。

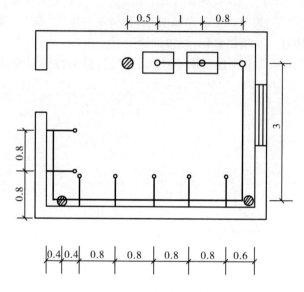

图6-4 某浴室给水平面图(单位:m)

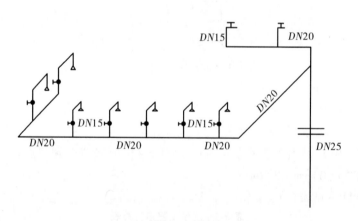

图6-5 某浴室给水系统图

【解】 1. 清单工程量

(1)$DN25$(立管部分):1m(套管至分支管处)

(2)$DN20$(立管部分):0.5m(立管分支处到与水平管交点处)

$DN20$(水平部分):[0.8(洗手龙头部分)+3.0(立管与淋浴器支管连接管之间间距)+0.6+0.8×8(两个淋浴器之间间距为0.8m,共8段)]m=10.8m

(3)$DN15$(洗手盆水龙头):1.0m×2=2.0m(两个洗手盆龙头每一个的长度为1.0m)

$DN15$(淋浴器):[0.8×7(每个淋浴器分支管与水平管的距离为0.8m)+0.3×7(淋浴器竖直分支管与喷头之间的连接管段长为0.3m)]m=7.7m

226

（4）淋浴器：7组

　　洗手盆：2组

　　地漏：3个

清单工程量计算见表6-4。

表6-4　清单工程量计算表（GB50500－2013）

序号	项目编码	项目名称	项目特征描述	计量单位	工程量
1	031001001001	镀锌钢管	镀锌钢管DN25,室内给水工程,螺纹连接	m	1.00
2	031001001002	镀锌钢管	镀锌钢管DN20,室内给水工程,螺纹连接	m	11.30
3	031001001003	镀锌钢管	·镀锌钢管DN15,室内给水工程,螺纹连接	m	9.70
4	031004010001	淋浴器		套	7
5	031004003001	洗脸盆		组	2
6	031004014001	给排水附件		个	3

2. 定额工程量

（1）管道工程量（计量单位：10m）：

①DN25（立管部分）　1m　工程量　$\dfrac{1}{10}=0.1$　定额编号8－89

②DN20（立管部分）　0.5m　工程量　$\dfrac{0.5}{10}=0.05$　定额编号8－88

　　DN20（水平部分）　10.8m　工程量　$\dfrac{10.8}{10}=1.08$　定额编号8－88

③DN15（洗手盆）　2m　工程量　$\dfrac{2}{10}=0.2$　定额编号8－87

　　DN15（淋浴器）　7.7m　工程量　$\dfrac{7.7}{10}=0.77$　定额编号8－87

（2）给水安装设备配置（计量单位：10组/个）：

①淋浴器　7组　工程量　$\dfrac{7}{10}=0.7$　定额编号8－404

②洗手盆　2组　工程量　$\dfrac{2}{10}=0.2$　定额编号8－384

③地漏　3个　工程量　$\dfrac{3}{10}=0.3$　定额编号8－447

说明：各种管道的工程量均按延长米计算,阀门及管件长度均不从管道延长米中扣除,在计算本例中的管道长度时,不用考虑阀门的影响。浴室给水工程量见表6-5。

表6-5　浴室给水工程量计算表

序号	分项分程	工程说明	单位	数量
一、管道敷设				
1	DN25	镀锌钢管,室内给水工程,螺纹连接	m	1
2	DN20	镀锌钢管,室内给水工程,螺纹连接	m	12

（续）

序号	分项分程	工程说明	单位	数量
3	DN15	镀锌钢管,室内给水工程,螺纹连接	m	9.7
二、管道设备				
1	淋浴器	—	组	7
2	洗手盆	—	组	2

项目编码:031001001　　　项目名称:镀锌钢管

项目编码:031001005　　　项目名称:铸铁管

项目编码:031003001　　　项目名称:螺纹阀门

项目编码:031004014　　　项目名称:给、排水附件

项目编码:031004006　　　项目名称:大便器

项目编码:031004003　　　项目名称:洗脸盆

项目编码:031004001　　　项目名称:浴缸

【例5】　如图6-6、图6-7和图6-8所示,某卫生间的给排水平面与系统图,其中室内给水管采用热浸镀锌钢管,连接方式为螺纹连接明装,管道外刷面漆两道,排水管材为承插铸铁管,试计算其工程量。

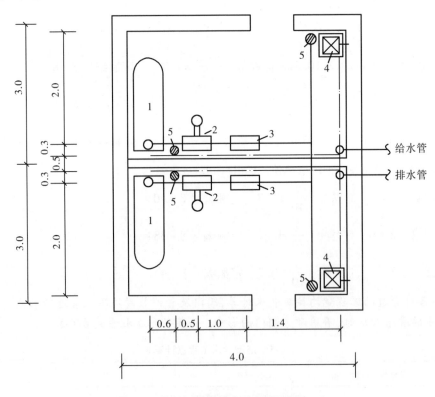

图6-6　某卫生间给排水平面图(单位:m)

1—搪瓷浴盆　2—低水箱坐便　3—洗手盆　4—污水池　5—地漏

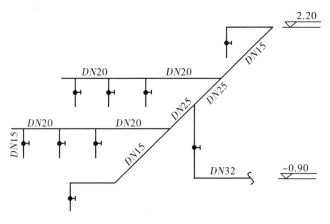

图 6-7　某卫生间给水系统图(单位:m)

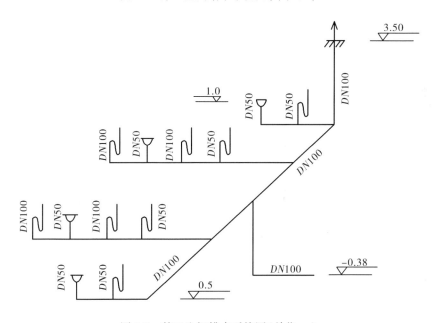

图 6-8　某卫生间排水系统图(单位:m)

【解】　1. 清单工程量

(1)给水系统(供给卫生间,管径由 $DN32$、$DN25$、$DN20$、$DN15$ 组成):

1)镀锌钢管 $DN32$(螺纹连接):

[1.5(室内外管道界线) +0.3 +(0.9 +2.20)(参考立管系统图)]m =4.9m

【注释】　1.5 是从建筑物外墙皮开始的室内外管道界线,0.3 是建筑物外墙皮到室内立管中心距的长度,(0.9 +2.20)是系统图中 $DN32$ 立管的标高差。

立管上 $DN32$ 截止阀　1个

2)镀锌钢管 $DN25$:(0.5 +0.3 +0.3)m =1.1m(平面图)

3)镀锌钢管 $DN20$:(0.6 +0.5 +1.0 +1.4)m =3.5m(详见平面图)

　　南北两侧给水支管对称,因此 3.5 ×2m =7.0m

4）镀锌钢管：DN15[2.0×2(平面图)+0.5(污水池中心至地漏中心的距离)×2(两侧对称)+0.5(装阀门的支管的长度)×8]m=9m

5）管件工程量：DN32 截止阀，1 个；DN15 截止阀，8 个；DN15 水龙头，2 个。

6）给水设备工程量：搪瓷浴盆，2 组。

（2）排水系统

1）承插铸铁管 DN100：

水平部分：[1.5(室内外分界点)+0.3+2.0×2+0.3×2+0.5+0.5×2(详见平面图)+(1.4+1.0+0.6+0.5)×2(详见平面图)]m=14.9m

【注释】 0.5×2 是污水池中心到地漏中心的距离。

立管部分：[0.5+0.38(详见排水系统图)+0.5×4(排水支管高度)+3.5-0.5]m=5.88m

DN100 承插铸铁管的总长度为(14.9+5.88)m=20.78m

2）承插铸铁管 DN50：

水平部分：0.5×2m=1m

立管部分：0.5×8m=4m

总长度为 5m。

3）排水设备工程量：

低水箱坐便 2 套，洗手盆 2 组，地漏 4 个。

清单工程量计算见表 6-6。

表 6-6　清单工程量计算表

序号	项目编码	项目名称	项目特征描述	计量单位	工程量
1	031001001001	镀锌钢管	室内排水工程，螺纹连接，镀锌钢管 DN32	m	4.9
2	031001001002	镀锌钢管	室内排水工程，螺纹连接，镀锌钢管 DN25	m	1.1
3	031001001003	镀锌钢管	室内给水工程，螺纹连接，镀锌钢管 DN20	m	7
4	031001001004	镀锌钢管	室内给水工程，螺纹连接，镀锌钢管 DN15	m	9
5	031001005001	铸铁管	室内排水工程，石棉水泥接口，承插铸铁管 DN100	m	20.78
6	031001005002	铸铁管	室内排水工程，石棉水泥接口，承插铸铁管 DN50	m	5
7	031003001001	螺纹阀门	截止阀 DN32	个	1
8	031003001002	螺纹阀门	截止阀 DN15	个	8
9	031004014001	给、排水附件	地漏 DN50	个	4
10	031004001001	浴缸	搪瓷、冷热水	组	2
11	031004006001	大便器	坐式，低水箱，手压冲洗	组	2
12	031004003001	洗脸盆	搪瓷、冷热水	组	2

2. 定额工程量

某卫生间给排水工程量见表 6-7。

表 6-7　某卫生间给排水工程量计算表

序号	分项工程	工程说明	单位	数量
一、管道敷设				
1	给水:DN32	镀锌钢管	m	4.9
	DN25	镀锌钢管	m	1.1
	DN20	镀锌钢管	m	7
	DN15	镀锌钢管	m	9
2	排水:DN100	承插铸铁管	m	20.78
	DN50	承插铸铁管	m	5
二、器具				
1	DN32 截止阀	—	个	1
2	DN15 截止阀	—	个	8
3	DN15 水龙头	—	个	2
4	浴盆	—	组	2
5	洗手盆	—	组	2
6	坐式大便器	—	套	2
7	地漏	DN50	个	4

项目编码:031001002　　项目名称:钢管

项目编码:031003001　　项目名称:螺纹阀门

【例6】　如图 6-9 所示某公共厨房给水系统图,给水管道采用焊接钢管,供水方式为上供式,试计算其工程量。

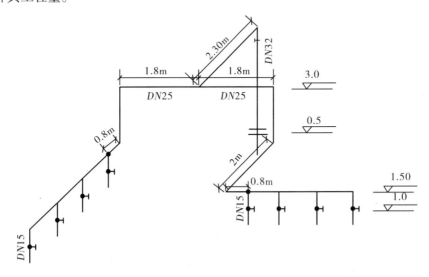

图 6-9　某公共厨房给水系统图

【解】　1. 清单工程量

(1)焊接钢管 DN32:

立管:(3.0-0.5)m(详见系统图)=2.5m

231

水平部分:2.3m

【注释】 在系统图中 $DN32$ 的立管顶部标高是3.0。

(2)焊接钢管 $DN25$:

水平部分:[1.8×2(左右对称详见系统图)+2+0.8×2(分支管节点前的一部分,左右长度相同)]m=7.2m

立管部分:(3-1.5)×2m=3m(详见系统图)

(3)焊接钢管 $DN15$:每两个分支管之间的间距为0.8m。

水平部分:0.8×6m=4.8m

立管部分:(1.50-1.0)×8m=4m(详见系统图)

(4)管件工程量:

螺纹阀门 $DN32$ 1个

螺纹阀门 $DN15$ 8个

清单工程量计算见表6-8。

表6-8 清单工程量计算表

序号	项目编码	项目名称	项目特征描述	计量单位	工程量
1	031001002001	钢管	室内给水工程,螺纹连接,焊接钢管 $DN32$	m	4.8
2	031001002002	钢管	室内给水工程,螺纹连接,焊接钢管 $DN25$	m	10.2
3	031001002003	钢管	室内给水工程,螺纹连接,焊接钢管 $DN12$	m	8.8
4	031003001001	螺纹阀门	$DN32$	个	1
5	031003001002	螺纹阀门	$DN15$	个	8

2. 定额工程量

某厨房给水工程量见表6-9。

表6-9 某厨房给水工程量计算表

序号	分项工程	工程说明	单位	数量
		一、管道敷设		
1	$DN32$	2.5+2.3	m	4.8
2	$DN25$	7.2+3	m	10.2
3	$DN15$	4.8+4	m	8.8
		二、器具		
1	螺纹阀门	$DN32$	个	1
	螺纹阀门	$DN15$	个	8

项目编码:031001005   项目名称:铸铁管

【例7】 如图6-10所示为某饭店顶层盥洗室排水系统图。排水管道采用承插铸铁管,石棉水泥接口,排水系统设伸顶通气管,试计算其工程量。

【解】 1. 清单工程量

(1)承插铸铁管 $DN100$:

立管部分:[16.0-15.7+(19.0-16.0)+(19.7-19.0)]m(详见系统图)=4m

232

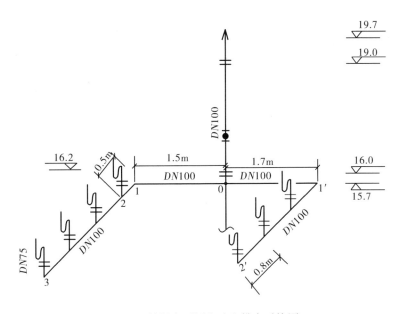

图 6-10 某饭店顶层盥洗室排水系统图

水平部分：$(1.7 + 1.5 + 0.5 + 0.8 \times 6)\text{m} = 8.5\text{m}$

【注释】 水平部分包括系统图正面 1.5 和 1.7 的两段，侧面 0.5 的一段与 0.8 的六段。

（2）承插铸铁管 $DN75$：$(16.2 - 15.7) \times 7\text{m} = 3.5\text{m}$

【注释】 16.2 是 $DN75$ 承插铸铁管的顶部标高，15.7 是其底部标高，图中共有七段 $DN75$ 承插铸铁管。

（3）套管工程量：

　　$DN80$（$DN75$ 的套管）：7 个

　　$DN125$（$DN100$ 的套管）：2 个

2. 定额工程量

　　承插铸铁管 $DN100$，12.5m；$DN75$，3.5m。

说明：镀锌铁皮套管制作是以"个"为计量单位的；套管的安装已包括在管道安装清单内，不再另外计算其工程量。套管的直径一般较其穿越管道本身的公称直径大 1~2 级。

清单工程量计算见表 6-10。

表 6-10　清单工程量计算表

序号	项目编码	项目名称	项目特征描述	计量单位	工程量
1	031001005001	铸铁管	室内排水工程，石棉水泥接口，承插铸铁管 $DN100$	m	12.50
2	031001005002	铸铁管	室内排水工程，石棉水泥接口，承插铸铁管 $DN75$	m	3.50

项目编码:031001005　项目名称:铸铁管

【例 8】 图 6-11 为某建筑屋顶雨水排水平面图，图 6-12 为其 1 - 1 剖面图，该建筑采用天沟外排水系统，排水管采用承插铸铁管，三个排水系统形式相同，如 1 - 1 剖面图所示，试计算雨水排水系统的工程量。

233

【解】 1. 清单工程量

承插铸铁雨水排水管:$DN150$,定额编号 8 - 160,计量单位:10m

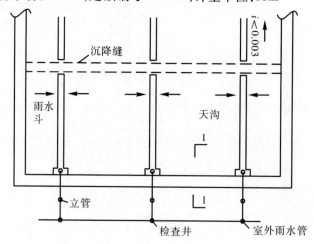

图 6-11 某建筑屋顶雨水排水管道平面图

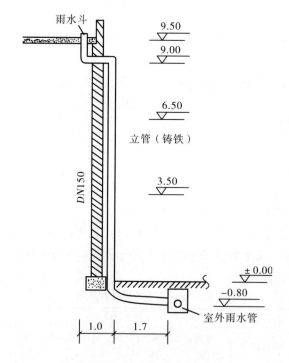

图 6-12 1 - 1 剖面图(单位:m)

[9.5 - 9.0(室内立管的长度) + 1.0(室内室外连接段长度) + 9.0(室外立管长度) + 0 - (- 0.8)(埋地部分立管长度) + 1.7(埋地部分水平管长度)] × 3m = 39m

2. 定额工程量

承插铸铁管:39m

说明:天沟外排水系统由天沟、雨水斗和排水立管组成。立管连接雨水斗并沿外墙布置,

234

雨水先汇集到天沟,再沿天沟流入雨水斗,经立管排出。定额中铸铁雨水管单有编号,若采用其他管材,可参考室内相应排水管道定额项目。

清单工程量计算见表6-11。

表6-11　清单工程量计算表

项目编码	项目名称	项目特征描述	计量单位	工程量
031001005001	铸铁管	天沟外排水工程,承插铸铁管 *DN*150	m	39.00

项目编码:031004001　项目名称:浴缸

【例9】　某卫生间有搪瓷浴盆一个,如图6-13所示(仅为示意),试计算其工程量。

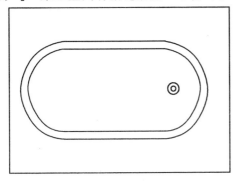

平面　　　　　　　　　　　　　　　　　　侧面

图6-13　浴盆

【解】　1. 清单工程量

单位:组,数量:1。

2. 定额工程量

单位:10 组,数量:0.1,定额编号:8 – 376。

清单工程量计算见表6-12。

表6-12　清单工程量计算表

项目编码	项目名称	项目特征描述	计量单位	工程量
031004001001	浴缸	搪瓷	组	1

项目编码:031004002　项目名称:净身盆

【例10】　如图6-14所示为一个净身盆示意图,计算其清单与定额工程量。

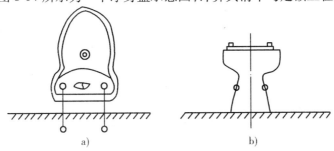

a)　　　　　　　　　　　　　　　　b)

图6-14　净身盆

a)平面图　b)立面图

【解】　1. 清单工程量

单位:组,数量:1。

2. 定额工程量

单位:10 组,数量:0. 1,定额编号:8 – 377。

清单工程量计算见表6-13。

表 6-13　清单工程量计算表

项目编码	项目名称	项目特征描述	计量单位	工程量
031004002001	净身盆	按实际要求	组	1

项目编码:031004003　项目名称:洗脸盆

【例 11】　如图 6-15 所示为一个洗脸盆示意图,试计算其工程量。

说明:查《全国统一安装工程预算定额》可知,洗脸(手)盆的安装定额中包括水嘴的价格,但不包括盆体价格,套用定额时要注意。

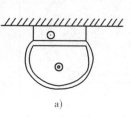
a)

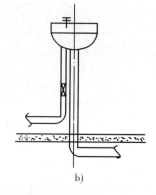
b)

【解】　1. 清单工程量

单位:组,数量:1。

2. 定额工程量

单位:10 组,数量:0. 1,定额编号:8 – 384。

清单工程量计算见表6-14。

图 6-15　洗脸盆(本图仅为示意)

a)平面图　b)侧面图

表 6-14　清单工程量计算表

项目编码	项目名称	项目特征描述	计量单位	工程量
031004003001	洗脸盆	按实际要求	组	1

项目编码:031004004　项目名称:洗涤盆

【例 12】　如图 6-16 所示为一个洗涤盆,试计算其工程量(本图仅为示意)。

说明:洗涤盆的规格有多种,安装时根据安装图安装。洗涤盆安装定额中已考虑了水嘴的价格,在套用定额时要注意。

【解】　1. 清单工程量

单位:组,数量:1。

2. 定额工程量

单位:10 组,数量:0. 1。

清单工程量计算见表6-15。

表 6-15　清单工程量计算表

项目编码	项目名称	项目特征描述	计量单位	工程量
031004004001	洗涤盆	按实际要求	组	1

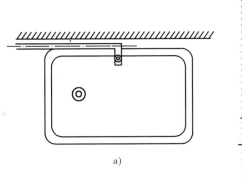
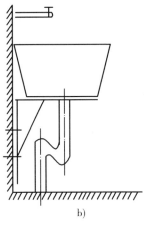

图 6-16　洗涤盆
a)平面图　b)侧面图

项目编码:031004010　　项目名称:淋浴器

【例13】　如图 6-17 所示为一淋浴器示意图,试计算其工程量。

【解】　1. 清单工程量

单位:组,数量:1

2. 定额工程量

分项项目:淋浴器安装

莲蓬喷头:1 个

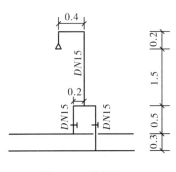

图 6-17　淋浴器

$DN15$ 镀锌钢管:[0. 3 + 0. 5 × 2 + 1. 5 + 0. 2(立管部分) + 0. 2 × 2 + 0. 4(水平管部分)]m = 3. 8m

$DN15$ 阀门:2 个

清单工程量计算见表 6-16。

表 6-16　清单工程量计算表

项目编码	项目名称	项目特征描述	计量单位	工程量
031004010001	淋浴器	1 个莲蓬喷头,$DN15$ 镀锌钢管;2 个 $DN15$ 阀门	套	1

项目编码:031001001　　项目名称:镀锌钢管

项目编码:031003001　　项目名称:螺纹阀门

【例14】　如图 6-18 所示为室内某给水系统图,试计算其定额与清单工程量。

【解】　1. 清单工程量

(1)管道工程量:

$DN32$:3. 34m

$DN25$:1. 8m

$DN15$:5. 7m

(2)管道附件:

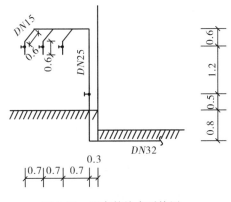

图 6-18　室内某给水系统图

237

螺纹阀　DN32　1个

DN15　3个

2. 定额工程量

（1）管道工程量：

DN32：[1.5（室内外管道界线）＋0.24（砖墙厚度）＋0.3（室内立管中心线至内墙皮之间的距离）＋0.8（室内埋地部分高度）＋0.5（室内明装部分长度）]m＝3.34m

DN25：(1.2＋0.6)m＝1.8m（详见系统图）

【注释】　DN32与DN25的变径点以中间的阀门为界。

DN15　(0.7×3＋0.6×3＋0.6×3)m＝5.7m

（2）管道附件：

截止阀DN32　1个；DN15　3个

（3）管道套管：

选用DN40镀锌铁皮套管　2个

【注释】　图中管道穿越了墙体和地板，所以需要用两个镀锌铁皮套管。

清单工程量计算见表6-17。

表6-17　清单工程量计算表

序号	项目编码	项目名称	项目特征描述	计量单位	工程量
1	031001001001	镀锌钢管	室内给水工程,螺纹连接,镀锌钢管DN32	m	3.34
2	031001001002	镀锌钢管	室内给水工程,螺纹连接,镀锌钢管DN25	m	1.8
3	031001001003	镀锌钢管	室内给水工程,螺纹连接,镀锌钢管DN15	m	5.7
4	031003001001	螺纹阀门	螺纹阀,DN32	个	1
5	031003001002	螺纹阀门	螺纹阀,DN15	个	3

项目编码：031001002　　项目名称：钢管

【例15】　如图6-19所示某工程DN150管需做保温层，管道总长为100m，用细玻璃棉壳保温，外缠玻璃布保护层，其中保温层厚度$\delta_1 = 60$mm，$\delta_2 = 10$mm。试计算其工程量。

【解】　（1）管道保温工程计算公式为

$$V = \pi \times (D + 1.033\delta_1) \times 1.033\delta \times L$$

式中　D——直径（m）；

1.033——调整系数；

δ——绝热层厚度；

L——管道长（m）。

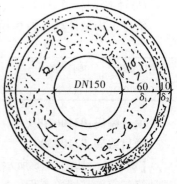

图6-19　管道保温示意图

$$V = \pi \times (0.15 + 1.033 \times 0.06) \times 1.033 \times 0.06 \times 100\text{m}^3$$
$$= 4.13\text{m}^3$$

（2）管道保护层工程量计算式为

$$S = \pi \times (D + 2.1\delta_2 + 0.0082) \times L$$

式中　2.1——调整系数；

δ_2——保护层厚度。

238

其他字符含意同上。

$S = 3.14 \times (0.15 + 2.1 \times 0.01 + 0.0082) \times 100\text{m}^2 = 56.28\text{m}^2$

项目编码:031001001   项目名称:镀锌钢管

项目编码:031003001   项目名称:螺纹阀门

项目编码:031003013   项目名称:水表

项目编码:031004014   项目名称:给、排水附件

【例16】 某食堂给水管道平面图如图6-20所示,给水系统图如图6-21所示,给水管道采用镀锌钢管,螺纹连接,管道保温采用细玻璃棉壳材料,厚10mm,外缠玻璃布保护层,厚3mm,埋地部分管道刷两遍红丹防锈漆,试计算管道定额与清单工程量。

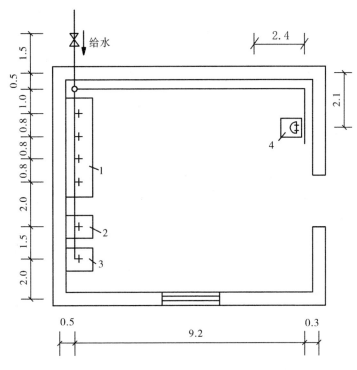

图6-20 某食堂给水管道平面图
1—洗菜槽 2、3—洗涤盆 4—洗手盆

【解】 1. 定额工程量

(1)管道安装工程量:

$DN32$:[1.5(详见平面图) + 0.5(详见平面图) + 0 - (-1.0)]m = 3m

【注释】 1.5是室外到墙中心线的距离,0.5是从墙的中心线到$DN32$立管中心线的距离,0 - (-1.0)是$DN32$立管的长度。

$DN25$:[1.0 + 0.8 × 3 + 2.0 + 1.5(详见平面图)]m = 6.9m

$DN15$:[(0.3 - 0) × 6(详见系统图) + 9.2(详见平面图) + 0 - (-0.8) + (0.5 + 0.8) + (2.1 - 0.5)]m = 14.7m

【注释】 (0.3 - 0) × 6是六个支管的长度,9.2是平面图正面显示的$DN15$的水平长度,[0 - (-0.8)]是立管连接的两个水平管的标高差,(2.1 - 0.5)是平面图右侧面显示的$DN15$

239

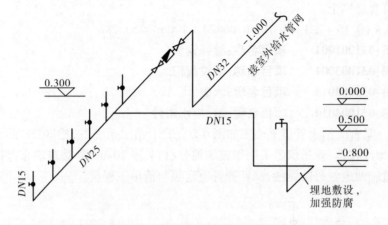

图6-21 某食堂给水管道安装系统图

的水平长度,(0.5+0.8)是引到洗手盆的立管的长度。

(2)管道附件:

截止阀 DN32:2 个

截止阀 DN15:7 个

螺纹水表 DN32:1 个

水龙头 DN15:7 个

(3)管道套管:

给水管进户 DN32 选用 DN40 镀锌铁皮套管:1 个

洗手盆侧立管穿地面选用 DN25 镀锌铁皮套管:1 个

(4)管道除锈刷油:

【注释】 刷油工程量计算公式:$S = \pi DL$

式中,D 为管道直径;L 为管道长度;S 是刷油工程量,即为管道的表面积。

DN32 埋地部分刷两遍红丹防锈漆:

红丹防锈漆:$S = 3.14 \times 0.032 \times 3 \text{m}^2 = 0.30 \text{m}^2$

DN25(明装)防腐漆一遍:$S = \pi DL = 3.14 \times 0.025 \times 6.9 = 0.54 \text{m}^2$

刷银粉面漆一遍:$S = 0.54 \text{m}^2$

刷银粉面漆二遍:$S = 0.54 \text{m}^2$

DN15 埋地部分:红丹防锈漆一遍:$S = \pi DL = 3.14 \times 0.015 \times [1.6(埋地立管总长度) + 4.0(埋地水平管总长度)]\text{m} = 0.26 \text{m}^2$

刷红丹防锈漆两遍:$S = 0.26 \text{m}^2$

【注释】 0.015 表示管道的直径 D;1.6 是埋地立管的长度,系统图中,埋地立管分为引下管[0-(-0.8)]和引上管的地下部分[0-(-0.8)],所以此段管长1.6;4.0是埋地水平管的长度;系统图中,东西向埋地水平管长2.4,南北向埋地水平管长(2.1-0.5),即1.6,所以此段管长4.0。

明装部分:防腐漆一遍,$S = \pi DL = 3.14 \times 0.015 \times [6.8(明装水平管总长度) + 0.3 \times 6 + 0.5(明装立管总长度)]\text{m}^2 = 0.43 \text{m}^2$

【注释】 0.015 是管道的直径;6.8 是东西向明装水平管的长度,由(9.2-2.4)得来;0.3×6

240

是向洗菜槽和洗涤盆供水的立支管的长度;0.5是标高差,表示洗手盆处引上管露出地面的部分。

刷两遍银粉漆: $S = 0.43 \text{m}^2$

(5)管道保温:

保温材料细玻璃棉壳保温层厚度 10mm,保护层厚度 3mm。

保温工程量: $V = \pi(D + 1.033\delta) \times 1.033\delta \times L$

【注释】 式中, V 表示管道保温层的体积, D 表示管道的直径, δ 是保温层的厚度,1.033 是调整系数, L 表示管道的长度。

$DN32: V_1 = 3.14 \times (0.032 + 1.033 \times 0.01) \times 1.033 \times 0.01 \times 3.0 \text{m}^3 = 0.0041 \text{m}^3$

$DN25: V_2 = 3.14 \times (0.025 + 1.033 \times 0.01) \times 1.033 \times 0.01 \times 6.9 \text{m}^3 = 0.0079 \text{m}^3$

$DN15: V_3 = 3.14 \times (0.015 + 1.033 \times 0.01) \times 1.033 \times 0.01 \times 14.7 \text{m}^3 = 0.0121 \text{m}^3$

总保温工程量: $V = V_1 + V_2 + V_3 = (0.0041 + 0.0079 + 0.0121) \text{m}^3 = 0.0241 \text{m}^3$

保护层工程量: $S = \pi \times (D + 2.1\delta + 0.0082) \times L$

【注释】 S 表示管道保护层的面积, D 是管道的直径, δ 为厚度,2.1 为调整系数,0.0082 是捆扎线直径或钢丝带厚, L 是管道的长度。

$DN32: S_1 = 3.14 \times (0.032 + 2.1 \times 0.003 + 0.0082) \times 3.0 \text{m}^2 = 0.438 \text{m}^2$

$DN25: S_2 = 3.14 \times (0.025 + 2.1 \times 0.003 + 0.0082) \times 6.9 \text{m}^2 = 0.856 \text{m}^2$

$DN15: S_3 = 3.14 \times (0.015 + 2.1 \times 0.003 + 0.0082) \times 14.7 \text{m}^2 = 1.362 \text{m}^2$

保护层总工程量 $S = S_1 + S_2 + S_3 = (0.438 + 0.856 + 1.362) \text{m}^2 = 2.81 \text{m}^2$

2. 清单工程量

清单工程量计算见表6-18。

表 6-18　清单工程量计算表

序号	项目编码	项目名称	项目特征描述	计量单位	工程量
1	031001001001	镀锌钢管	给水系统,螺纹连接,埋地刷两遍红丹防锈漆,镀锌钢管 $DN32$	m	3.0
2	031001001002	镀锌钢管	给水系统,螺纹连接,明装刷两遍红丹防锈漆和一遍银粉防锈漆,镀锌钢管 $DN25$	m	6.9
3	031001001003	镀锌钢管	给水系统,螺纹连接,明装刷两遍红丹防锈漆和一遍银粉防锈漆,埋地刷两遍红丹防锈漆,镀锌钢管 $DN15$	m	14.7
4	031003001001	螺纹阀门	螺纹阀门 $DN32$	个	1
5	031003001002	螺纹阀门	螺纹阀门 $DN15$	个	7
6	031004014001	给、排水附件	水龙头 $DN15$	个	7
7	031003013001	水表	螺纹水表 $DN32$	个	1

项目编码:031001005　　**项目名称:铸铁管**

项目编码:031004003　　**项目名称:洗脸盆**

项目编码:031004006　　**项目名称:大便器**

【例17】 某女卫生间给水排水管道安装平面图如图6-22所示,系统图如图6-23所示,给水管采用给水承插铸铁管,石棉水泥接口,管道外刷面漆两遍,对管道进行消毒冲洗,试计算其工程量。

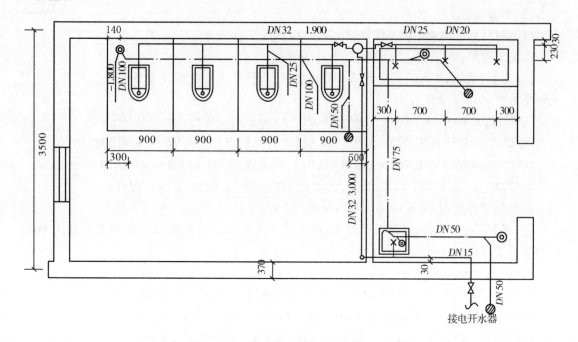

图6-22 某女卫生间给水排水管道布置平面图

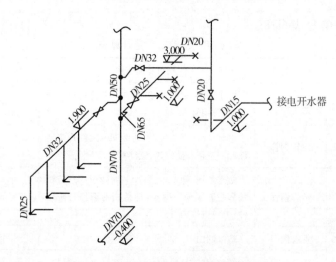

图6-23 某女卫生间给水管道布置系统图

【解】 1. 清单工程量

(1)管道安装工程量：

$DN70$(埋地水平部分)：$[1.5($室内外管线分界点$)+0.3]m=1.8m$

埋地立管部分：0.4m

明装立管部分：1m

$DN65$(立管)：$(1.90-1.00)=0.9m$

$DN50$（立管）：$3.00-1.90=1.10m$

$DN32$（大便器侧）：$[0.9-0.3$（$DN65$立管中心线距内墙皮的距离）$+0.9×2$（两个大便器中心的间距）$+0.9-0.3$（大便器外边缘到其左侧隔墙的距离）$]m=3.00m$

$DN32$（墩布池一侧）：$[3.5-0.37$（外墙厚度）-0.04（$DN50$立管中心线距内墙皮之间的距离）$]-0.03$（$DN20$管中心线距内墙皮的距离）$m=3.06m$

$DN25$（盥洗槽）：$[0.7$（详见平面图）$+0.3+0.24$（内墙厚度）$+0.3$（$DN65$立管距内墙皮的距离）$]m=1.54m$

$DN25$（大便器支管）：$1.0×4m=4m$（给水水平管与支管交点处至阀门之间的距离）

$DN25$管长总计：$(1.54+4)m=5.54m$

$DN20$（盥洗槽）：$(0.7+0.23×3)m=1.39m$

$DN20$（墩布池侧）：$[3.0-1.0+1.0$（水平管总计）$]m=3m$

$DN20$管长总计：$4.39m$

$DN15$：$2m$（墩布池给水支管与干管交点处和阀门之间距离总计）

（2）管道附件：

截止阀$DN32$　2个

　　　　$DN25$　1个

　　　　$DN20$　1个

大便器　4套

高位水箱　4个

墩布池　1组

（3）管道冲洗、消毒

①生活给水管一般用漂白粉消毒，用量一般按每升水中含25mg游离氯来计算，漂白粉以含有的有效氯25%计算。

漂白粉用量：$\dfrac{25}{25\%}mg/L=100mg/L$

也就是说每立方米的消毒用水量需0.1kg漂白粉，再加上损耗，则需要$0.105kg/m^3$。

②消毒用水量公式为$Q=WL$

$$W=\frac{1}{4}\pi D^2（m^2）$$

注：W为管子横断面积，D为管内径（m），L为管长（m）。

$DN70$消毒用水量$Q=0.012m^3$

$DN65$消毒用水量$Q=0.002m^3$

$DN50$消毒用水量$Q=0.002m^3$

$DN32$消毒用水量$Q=0.005m^3$

$DN25$消毒用水量$Q=0.003m^3$

$DN20$消毒用水量$Q=0.001m^3$

$DN15$　消毒用水量$Q=0.0004m^3$

总共所需消毒水量$Q=0.0254m^3$

漂白粉用量：$0.105kg/m^3×0.0254m^3=0.0027kg$

③冲洗用水量：

冲洗水量常用数据：冲洗流速 $v=2\text{m/s}$，冲洗时间 $t=30\text{min}=1800\text{s}$（含预先冲洗和消毒后的冲洗时间），则公式 $Q=\dfrac{1}{4}\pi D^2 vt$

$DN70$ 冲洗用水量 $Q=4.33\text{m}^3$

$DN65$ 冲洗用水量 $Q=13.27\text{m}^3$

$DN50$ 冲洗用水量 $Q=6.45\text{m}^3$

$DN32$ 冲洗用水量 $Q=0.47\text{m}^3$

$DN25$ 冲洗用水量 $Q=0.27\text{m}^3$

$DN20$ 冲洗用水量 $Q=0.29\text{m}^3$

$DN15$ 冲洗用水量 $Q=0.32\text{m}^3$

则冲洗总用水量 $Q=(4.32+13.27+6.45+0.47+0.27+0.29+0.32)\text{m}^3=25.39\text{m}^3$

以上消毒与冲洗用水量之和 $Q=(0.0254+25.39)\text{m}^3=25.42\text{m}^3$

清单工程量计算见表 6-19。

表 6-19　清单工程量计算表

序号	项目编码	项目名称	项目特征描述	计量单位	工程量
1	031001005001	铸铁管	$DN70$，给水系统，石棉水泥接口，管道外刷面漆两遍，用漂白粉消毒，并冲洗	m	3.2
2	031001005002	铸铁管	$DN65$，给水系统，石棉水泥接口，管道外刷面漆两遍，用漂白粉消毒，并冲洗	m	0.9
3	031001005003	铸铁管	$DN50$，给水系统，石棉水泥接口，管道外刷面漆两遍，用漂白粉消毒，并冲洗	m	1.1
4	031001005004	铸铁管	$DN32$，给水系统，石棉水泥接口，管道外刷面漆两遍，用漂白粉消毒，并冲洗	m	6.06
5	031001005005	铸铁管	$DN25$，给水系统，石棉水泥接口，管道外刷面漆两遍，用漂白粉消毒，并冲洗	m	5.54
6	031001005006	铸铁管	$DN20$，给水系统，石棉水泥接口，管道外刷面漆两遍，用漂白粉消毒，并冲洗	m	4.39
7	031001005007	铸铁管	$DN15$，给水系统，石棉水泥接口，管道外刷面漆两遍，用漂白粉消毒，并冲洗	m	2
8	031004006001	大便器	蹲式，瓷高水箱，脚踏式冲阀	组	4
9	031004003001	洗脸盆	冷水	组	3
10	031003001001	螺纹阀门	$DN32$	个	2
11	031003001002	螺纹阀门	$DN25$	个	1
12	031003001003	螺纹阀门	$DN20$	个	1

2. 定额工程量

定额工程量同清单工程量。

项目编码：031001005　　项目名称：铸铁管

项目编码：031004014　　项目名称：给、排水附件

【例18】　某女卫生间给排水管道安装如图 6-22 所示，系统图如图 6-24 所示，排水管材采

244

用承插铸铁管,石棉水泥接口,埋地部分刷两遍沥青,明装部分刷一遍红丹防锈漆、两遍银粉漆,试计算定额工程量与清单工程量。

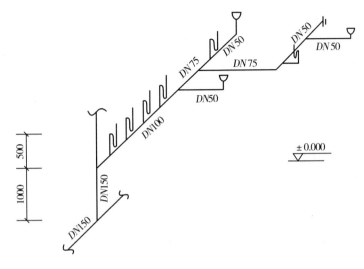

图 6-24　某女卫生间排水管道布置系统图

【解】　1. 清单工程量

(1)管道安装:

$DN150$(埋地部分):[1.5(室内外管道分界点)+1.0]m=2.5m

$DN100$(埋地):[0.9×3−0.14($DN100$ 立管中心线与卫生间内墙皮的净距)+0.9−0.5($DN50$ 地漏中心线与卫生间内墙皮之间的净距)]m=2.96m

$DN100$(明装):0.5×4m=2.0m(详见系统图)

$DN75$(埋地):[0.3+0.24(内墙厚度)+0.5($DN50$ 地漏中心线与内墙皮之间的净距)+3.5−0.23−0.03−0.37(外墙厚度)−0.5]m=3.41m

$DN50$(埋地):(1.1+2.0+1.5)m=4.6m(按比例量取)

$DN50$(明装):0.15×5m=0.75m

注:凡图中未注明的尺寸,可按与施工图相同比例的比例尺测量计算。

(2)管道设备:

地漏 $DN50$:3 个

清扫口 $DN50$:1 个

(3)管道刷油除锈:

埋地管道刷两遍沥青,轻度除锈

$DN150$ 除锈工程量 $S = \pi \times D \times L = 3.14 \times 0.15 \times 2.5 m^2 = 1.18 m^2$

刷沥青一遍工程量 $S = 1.18 m^2$

刷沥青二遍工程量 $S = 1.18 m^2$

$DN100$(埋地部分)手工轻度除锈:

除锈工程量 $S = \pi D L = 3.14 \times 0.1 \times 2.96 m^2 = 0.93 m^2$

刷沥青的工程量:$S = 0.93 m^2$

$DN100$(明装部分)除锈工程量:$S = 3.14 \times 0.1 \times 2 m^2 = 0.628 m^2$

245

刷红丹防锈漆的工程量 $S = 0.628\text{m}^2$

刷银粉漆两遍的工程量 $S = 0.628\text{m}^2$

$DN75$ 手工轻度除锈,刷沥青两遍。

除锈工程量 $S = 3.14 \times 0.075 \times 3.41\text{m}^2 = 0.80\text{m}^2$

刷沥青的工程量 $S = 0.80\text{m}^2$

$DN50$ (埋地)手工轻度除锈,刷沥青两遍。

除锈工程量 $S = 3.14 \times 0.05 \times 4.6 = 0.72\text{m}^2$

刷沥青工程量 $S = 0.72\text{m}^2$

$DN50$(明装)手工轻度除锈工程量 $S = 3.14 \times 0.05 \times 0.75 = 0.118\text{m}^2$

刷红丹防锈漆工程量 $S = 0.118\text{m}^2$,刷银粉漆工程量 $S = 0.118\text{m}^2$

除锈刷油工程量小计:

除锈工程量 $S = (1.18 + 0.88 + 0.80 + 0.72)\text{m}^2 = 3.58\text{m}^2$

刷沥青工程量 $S = (1.18 + 0.88 \times 2 + 0.80 + 0.72)\text{m}^2 = 4.46\text{m}^2$

刷红丹防锈漆工作量 $S = (0.628 + 0.118)\text{m}^2 = 0.746\text{m}^2$

刷银粉漆工程量 $S = (0.628 + 0.118)\text{m}^2 = 0.746\text{m}^2$

清单工程量计算见表6-20。

表6-20　清单工程量计算表

序号	项目编码	项目名称	项目特征描述	计量单位	工程量
1	031001005001	铸铁管	$DN150$ 排水系统,石棉水泥接口,埋地刷沥青两遍,手工轻度除锈	m	2.5
2	031001005002	铸铁管	$DN100$ 排水系统,石棉水泥接口,埋地刷沥青两遍,手工除轻锈,明装刷红丹锈漆一遍,银粉漆两遍	m	4.96
3	031001005003	铸铁管	$DN75$ 排水系统,石棉水泥接口,埋地刷沥青两遍,手工除轻锈	m	3.41
4	031001005004	铸铁管	$DN50$ 排水系统,石棉水泥接口,埋地刷沥青两遍,手工除轻锈,明装刷红丹防锈漆一遍,银粉漆两遍	m	5.35
5	031004014001	给、排水附件	地漏 $DN50$	个	3
6	031004014001	给、排水附件	扫除口 $DN50$,铜盖	个	1

2. 定额工程量

定额工程量同清单工程量。

项目编码:031001001　　　项目名称:镀锌钢管

项目编码:031001005　　　项目名称:铸铁管

项目编码:031004014　　　项目名称:给、排水附件

项目编码:031003001　　　项目名称:螺纹阀门

【例19】　如图6-25、图6-26、图6-27、图6-28、图6-29所示,给水管道用镀锌钢管,埋地部分用加强级沥青防腐,刷沥青两遍,明装部分刷红丹防锈漆一遍,银粉漆两遍,排水管道用排水铸铁管,埋地部分刷石油沥青两遍,明装刷一丹二银,试计算其工程量。

【解】　1. 定额工程量

(1)管道安装

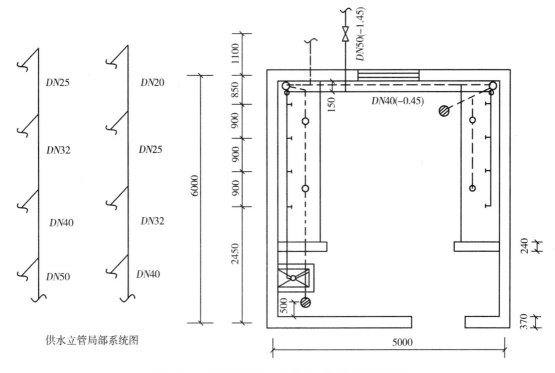

供水立管局部系统图

图 6-25　一至四层盥洗室给水排水管道布置平面图

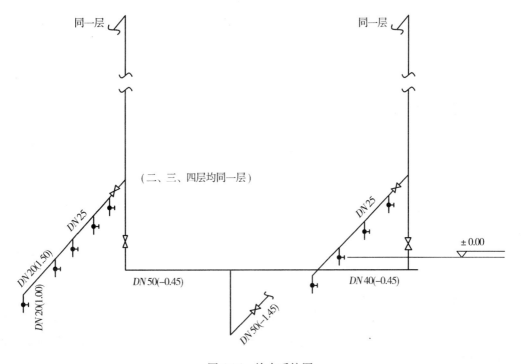

图 6-26　给水系统图

埋于 ±0.000 以下的管道通常称为铺设管,明装的给水水平管叫托吊管,排水管道则分为

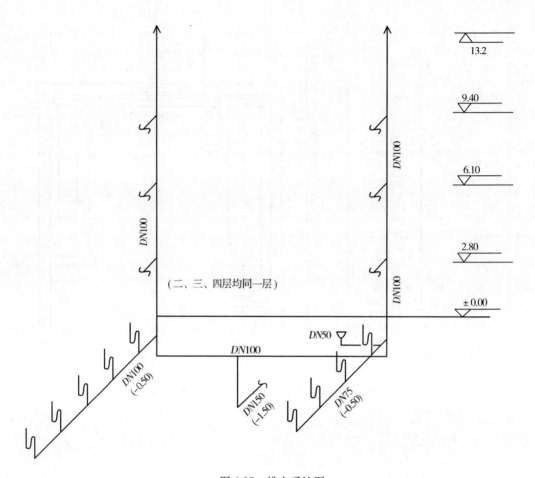

图 6-27　排水系统图

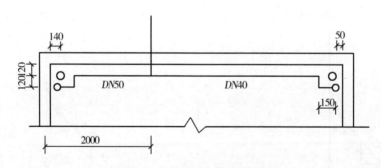

图 6-28　给水管道局部计算草图

铺设管与立托管两部分:

1)给水系统:镀锌钢管(铺设管)

①DN50:[1.1(入口阀门中心至外墙轴线的距离) +0.37/2(外墙厚度的一半) +0.12 + (-0.45 +1.45)(参见给水系统图) +2.0 -0.37/2 -0.05 +0.12 +0 -(-0.45)]m =4.74m

【注释】　(1.1 +0.37/2 +0.12)是入户干管的长度,其中 0.12 是内侧墙皮到横管中心线的距离(参见图 6-28);在给水系统图中,立干管的底部标高为 -1.45,顶部标高为 -0.45,所以立干管的高度为(-0.45 +1.45);DN50 供水横管的长度为(2.0 -0.37/2 -0.05 +0.12),在图 6-28

248

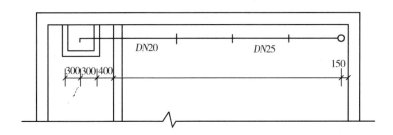

图 6-29 排水系统局部计算草图

中,2.0 是从管道分支处到左侧外墙轴线的距离,0.37/2 是外墙厚度的一半,0.05 是内侧墙皮到立管中心的距离,0.12 是南北向支管的长度;[0 - (-0.45)]表示给水系统图左侧埋地立支管的长度,立支管底部标高为 -0.45,埋在 0.00 以下,所以其长度为 0.45。

②DN40:[5.0 - 2.0 - 0.37/2 - 0.05 + 0.12 + 0 - (-0.45)]m = 3.34m

【注释】 在 6-28 给水管道局部计算草图中,DN40 水平管道是立干管右侧的横管部分,其中(5.0 - 2.0)表示从管道分支处到右侧外墙轴线的距离,0.37/2 是外墙厚度的一半,0.05 是立管中心线到内侧墙皮的距离,0.12 是南北向支管的长度;在给水系统图中,DN40 埋地立管的底部标高为 -0.45,埋于 0.00 以下,所以其埋地立管长度为 0.45。

2)给水系统镀锌钢管(立管)

①左侧立管   ②右侧立管

  DN50 1.5m   DN40 1.5m

  DN40 3.3m   DN32 3.3m

  DN32 3.3m   DN25 3.3m

  DN25 3.3m   DN20 3.3m

【注释】 从排水系统图中可以看出,两排水横支管间的高差为(6.1 - 2.8),即 3.3,所以此楼层高为 3.3;在给水系统图中,供水横支管距离楼面 1.5m。在供水立管局部系统图的左图中,DN50 立管明装的高度即为横支管距离楼面的高度 1.5,DN40、DN32、DN25 立管的高度均同层高 3.3;右图中,DN40 的高度为供水横支管距离地面的高度 1.5,DN32、DN25、DN20 立管的高度均同层高 3.3。

立管工程量小计:DN50,1.5m;DN40,4.8m;DN32,6.6m;DN25,6.6m;DN20,3.3m

3)镀锌钢管(支管)

由于四层给水管道安装形式一样,因此只计算一层的管道工程量即可。

①右侧支管 DN25,计算如下:

[0.85 + 0.9 × 3 - 0.37/2(外墙厚度的一半) - 0.15] × 4m = 12.86m(参见图 6-25)

【注释】 平面图中,DN25 左侧支管是从立支管中心线到盥洗槽最后一个水龙头处的管道。(0.85 + 0.9 × 3)是从外墙轴线到盥洗槽最后一个水龙头处的距离;0.37/2 是外墙厚度的一半,0.15 是内侧墙皮到此支管北端的距离,应当减去;4 为四层相同的管道长度。

DN20:[0.3 + 0.4 + 0.24(内墙厚度) + 0.9 + (1.5 - 1) × 5] × 4m = 17.36m

【注释】 水平长度:参见给水系统局部计算草图,(0.3 + 0.4)是从污水池的水龙头到右侧内墙皮的管道长,0.24 为内墙厚,0.9 是平面图中盥洗槽最后一个水龙头到南侧内墙皮的管道长;竖直长度:给水系统图中,右侧 5 段供水竖直管的顶部标高均为 1.50,底部标高均为

1.00,所以此部分长度为(1.5-1)×5;4表示四层相同的管道长度。

②左侧立管:

$DN25$:(0.85+0.9×3-0.37/2-0.15)×4m=12.86m

【注释】 $DN25$ 右侧支管工程量同左侧支管。

$DN20$:(1.5-1)×4m=2.0m

【注释】 右侧 $DN20$ 供水管只有竖直管道部分,图中共有4段,每段长度为(1.5-1),同左侧每段竖直管的长度。

支管工程量小计:$DN25$,25.72m;$DN20$,17.36m

4)镀锌钢管(给水管道)工程量汇总见表6-21。

表6-21　镀锌钢管工程量汇总表

安装部分	规格	单位	数量
铺设管	$DN50$	m	4.74
铺设管	$DN40$	m	3.34
立支管	$DN50$	m	1.5
立支管	$DN40$	m	4.8
立支管	$DN32$	m	6.6
立支管	$DN25$	m	32.32
立支管	$DN20$	m	20.66
合　计			73.96

5)排水系统

①$DN150$(铺设管部分):[1.5(室内外管道分界)+0.37+0.12+(1.5-0.5)(管道标高差)]m=2.99m

②$DN100$(铺设管):[5.0-0.37(外墙厚度)-0.14×2+1.0(按比例测量平面图或参见施工图)+6.0-0.37(外墙厚度)-0.12-0.5]m=10.36m

【注释】 (5.0-0.37-0.14×2)表示 $DN100$ 排水横干管的长度,在给水管道局部计算草图中,5.0表示墙轴线间距,0.37是两面墙的半墙厚度之和,0.14是内侧墙皮到立管中心线的距离,两边安装形式相同,即乘以2;后面的式子表示系统图左侧一层排水横支管的长度,6.0是平面图中的南北墙轴线间的距离,0.37由0.37/2×2得来,表示南北墙的半墙厚度之和;0.12是给水管道局部计算草图中的排水横管中心线到内侧墙皮的距离,0.5是平面图中的南侧墙内壁到清扫口的距离。

③$DN100$(托吊管)(二、三、四层支管与一层布置相同):(1+6.0-0.37-0.12-0.5)×3m=18.03m

④$DN100$(立管):(3.3×4+3.3×4)m=26.4m

⑤$DN75$(埋设管):$[(0.9×3+0.85)×\frac{3}{4}-0.37/2-0.12]$m=2.36m

⑥$DN75$(托吊管) (二、三、四层的布置形式相同):$[(0.9×3+0.85)×\frac{3}{4}-0.37/2-$

250

0.12]×3m＝7.07m

⑦DN50(连接水槽的存水弯部分):0.5×9×4m＝18m

【注释】 一层左侧水槽有5个存水弯,右侧水槽有4个存水弯,共9个;4层的安装形式相同,即乘以4。

DN50(连接地漏部分):0.5×4m＝2m

【注释】 给水排水平面图中,此段管道是右侧排水立管与水槽处的地漏连接的一段管道,长度为0.5;4层的安装形式相同,即乘以4。

6)排水管道工程量汇总见表6-22。

表6-22 排水管道工程量汇总表

安装部位	规格	单位	数量
铺设管	DN150	m	2.99
铺设管	DN100	m	10.36
铺设管	DN75	m	2.36
立管	DN100	m	26.4
托吊管	DN100	m	18.03
托吊管	DN75	m	7.07
立管	DN50	m	20
合　计			85.21

(2)管道附件、设备

1)DN50 地漏:4 个

2)DN100 扫除口:4 个

3)管道刷油工程量计算见表6-23~表6-26。

表6-23 镀锌钢管(铺设部分)刷油工程量表

镀锌钢管		刷油面积(沥青两遍)/m²
规格	数量/m	
DN50	4.74	3.14×0.05×4.74＝0.74
DN40	3.34	3.14×0.04×3.34＝0.42
合　计		1.16

表6-24 镀锌钢管(明装部分)刷油工程量表

镀锌钢管		刷油面积(一丹二银)/m²
规格	数量/m	
DN50	1.5	3.14×0.05×1.5＝0.24
DN40	4.8	3.14×0.04×4.8＝0.60
DN32	6.6	3.14×0.032×6.6＝0.66
DN25	32.32	3.14×0.025×32.32＝2.54
DN20	20.66	3.14×0.02×20.66＝1.30
合　计		5.34

表 6-25 排水铸铁管(铺设部分)刷油工程量表

排水铸铁管		刷油面积(沥青两遍)/m²
规格	数量/m	
DN150	2.99	3.14 × 0.15 × 2.99 = 1.41
DN100	10.36	3.14 × 0.1 × 10.36 = 3.25
DN75	2.36	3.14 × 0.075 × 2.36 = 0.56
合计		5.22

表 6-26 排水铸铁管(明装)刷油工程量表

排水铸铁管		刷油面积(一丹二银)/m²
规格	数量/m	
DN100	44.43	3.14 × 0.1 × 44.43 = 13.95
DN75	7.07	3.14 × 0.075 × 7.07 = 1.66
DN50	20	3.14 × 0.05 × 20 = 3.14
合计		18.75

2. 清单工程量

清单工程量计算见表 6-27。

表 6-27 清单工程量计算表(GB50856 – 2013)

序号	项目编码	项目名称	项目特征描述	计量单位	工程量
1	031001001001	镀锌钢管	DN50,给水系统,螺纹连接,埋地刷沥青两遍,明装刷一丹二银,管道冲洗	m	6.24
2	031001001002	镀锌钢管	DN40,给水系统,螺纹连接,埋地刷沥青两遍,明装刷一丹二银,管道冲洗	m	8.14
3	031001001003	镀锌钢管	DN32,给水系统,螺纹连接,埋地刷沥青两遍,明装刷一丹二银,管道冲洗	m	6.6
4	031001001004	镀锌钢管	DN25,给水系统,螺纹连接,埋地刷沥青两遍,明装刷一丹二银,管道冲洗	m	32.32
5	031001001005	镀锌钢管	DN20,给水系统,螺纹连接,埋地刷沥青两遍,明装刷一丹二银,管道冲洗	m	20.66
6	031001005001	铸铁管	DN150,排水系统,水泥接口,埋地刷两遍沥青	m	2.99
7	031001005002	铸铁管	DN100,排水系统,水泥接口,埋地刷两遍沥青,明装刷一丹二银	m	54.79
8	031001005003	铸铁管	DN75,排水系统,水泥接口,埋地刷两遍沥青,明装刷一丹二银	m	9.43
9	031001005004	铸铁管	DN50,排水系统,水泥接口,明装刷一丹二银	m	20
10	031004014001	给、排水附件	地漏 DN50	个	4

序号	项目编码	项目名称	项目特征描述	计量单位	工程量
11	031004014001	给、排水附件	扫除口 DN100,铜盖	个	4
12	031003001001	螺纹阀门	DN50,铁壳铜杆铜芯	个	2
13	031003001002	螺纹阀门	DN40,铁壳铜杆铜芯	个	1
14	031003001003	螺纹阀门	DN25,铁壳铜杆铜芯	个	8

【例20】 某建筑施工企业所报结算中列示的 DN100 引入管的工程量为 18m,试根据图 6-30 审查该项目工程量是否正确。

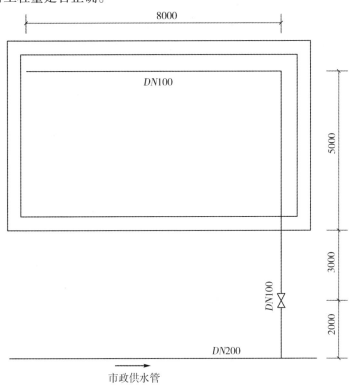

图 6-30　平面示意图

【解】 根据《全国统一安装工程预算定额》第八册"给排水、采暖燃气工程"的规定:给水管道的界线划分依据是:①室内外界线以建筑物外墙皮 1.5m 为界,入口设阀门者以阀门为界;②与市政管道界线以水表井为界,无水表井者以与市政管道碰头点为界。因此该项工程量是否正确,主要看其是否正确地区分了室内外管道的分界点和是否按照管道中心线计算。

审查结果:室外管长 = [2 + 0.1(市政供水管直径的一半)]m = 2.1m

室内管长 = (3 + 5 + 8)m = 16m

【例21】 某施工企业所报结算中列 DN40、DN32、DN25 给水立管各 5 根,工程量分别为 13m、16m、16m。试根据图 6-31 审查上述工程量是否正确。

【解】 根据《〈全国统一安装工程预算定额〉解释汇编》中规定:各种管道的工程量均按延长米计算,阀门及管件长度均不从管道延长米中扣除,因此审查上述工程量是否正确,主要看其是否执行这一规定,是否正确地划分变径部位。

正确结果为:

$DN40 = [1.5(管道标高) + 0.8] \times 5m = 11.5m$

$DN32:(3.0 - 0.8) \times 5m = 11m$

$DN25:3 \times 5m = 15m$

【例 22】 某施工企业所报结算列示 $DN15$ 给水支管工程量为 42m,其中 15 组淋浴器(钢管组成,冷热水),镀锌钢管的工程量为 10m,试审查其是否正确(如图 6-31 所示)。

【解】 应结合定额对该项工程量进行审查,查冷热水钢管淋浴器主要材料表中每组包括 2.5m 长镀锌钢管,图 6-31 中淋浴器钢管仅为 0.8m,因此不仅不能计算淋浴器上钢管工程量,且还要从支管中扣除定额量与实际安装量的差额,审查结果为:

$DN15:[42 - 10 - (2.5 - 0.8) \times 15]m = 6.5m$

项目编码:031001001 **项目名称:镀锌钢管**

【例 23】 如图 6-32 所示,某室外供热管道中有 $DN150$ 镀锌钢管,起止总长度为 100m,管道中设置方形伸缩器一个,臂长 1.2m,该管道刷沥青两遍,珍珠岩瓦保温,保温层厚度为 50mm,试计算该段管道安装的工程量。

【解】 根据《〈全国统一安装工程预算定额〉解释汇编》中规定:方形伸缩器制作安装以个为单位计算,伸缩器两臂应按其臂长的两倍,并入不同直径管道延长米内。套筒式伸缩器安装以个为单位计算,所占管道长度不扣除。

1. 清单工程量

供水管的长度 $L_1 = 100m$,伸缩器两臂的增加长度 $L_2 = 1.2 \times 2m = 2.4m$,则室外供热管道的安装工程量 $L = L_1 + L_2 = 102.4m$

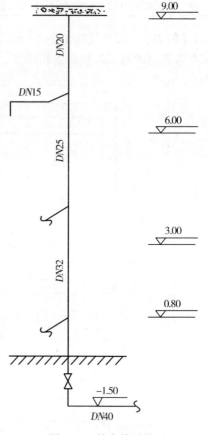

图 6-31 给水管系统图

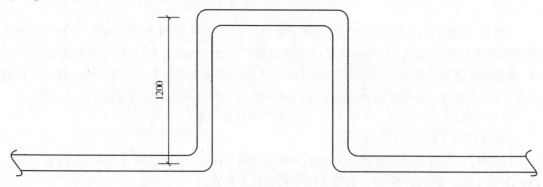

图 6-32 方形伸缩器示意图

清单工程量计算见表6-28。

表6-28　清单工程量计算表

项目编码	项目名称	项目特征描述	计量单位	工程量
031001001001	镀锌钢管	焊接,室外工程,刷两遍沥青,珍珠岩瓦保温,$\delta = 50$mm	m	102.4

2. 定额工程量

定额工程量同清单工程量。

项目编码:031002001　　项目名称:管道支吊架

【**例24**】　如图6-33所示为一管道支架示意图,试计算其工程量。

【**解**】　1. 清单工程量

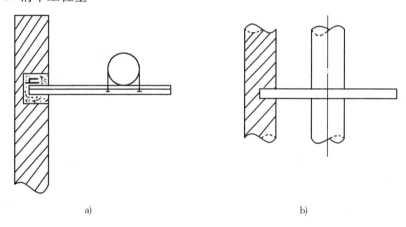

a)　　　　　　　　　　　　　　　　　　　b)

图6-33　单管托架示意图
a)立面图　b)平面图

管道支架制作安装,单位:kg,数量:16。

2. 定额工程量

管道支架制作安装,单位:100kg,数量:0.16。

型钢,单位:100kg,数量:15.7(非定额)。

支架手除轻锈,单位:100kg,数量:0.16。

支架刷红丹防锈漆一遍,单位:100kg,数量:0.16。

刷银粉漆第一遍,单位:100kg,数量:0.16。

刷银粉漆第二遍,单位:100kg,数量:0.16。

清单工程量计算见表6-29。

表6-29　清单工程量计算表

项目编码	项目名称	项目特征描述	计量单位	工程量
031002001001	管道支吊架	型钢,手工除轻锈,刷红丹防锈漆一遍,刷银粉漆两遍	kg	16

项目编码:031003004　　项目名称:带短管甲乙阀门

【**例25**】　如图6-34所示为带短管甲乙的阀门示意图,试计算其工程量。

【解】 1. 清单工程量

单位:个,数量:1。

2. 定额工程量

单位:个,数量:1。

清单工程量计算见表 6-30。

表 6-30　清单工程量计算表

项目编码	项目名称	项目特征描述	计量单位	工程量
031003004001	带短管甲乙的阀门	手动放风阀	个	1

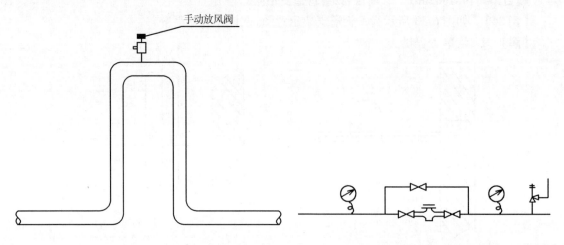

图 6-34　带短管甲乙的阀门示意图图 6-35　活塞式减压阀安装

项目编码:031003006　　项目名称:减压器

【例 26】　如图 6-35 所示为一个减压阀安装示意图,试计算其工程量。

【解】 1. 清单工程量

单位:组,数量:1。

2. 定额工程量

单位:个,数量:1。

清单工程量计算见表 6-31。

表 6-31　清单工程量计算表

项目编码	项目名称	项目特征描述	计量单位	工程量
031003006001	减压器	活塞式减压阀	组	1

项目编码:031003007　　项目名称:疏水器

【例 27】　如图 6-36 所示为一疏水器安装示意图,试计算其工程量。

【解】 1. 清单工程量

单位:组,数量:1。

2. 定额工程量

单位:个,数量:1。

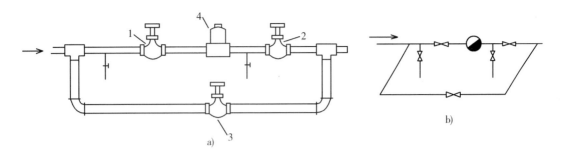

图 6-36 疏水器安装方式
a)平面图 b)简图
1、2、3—阀门 4—疏水器

清单工程量计算见表6-32。

表6-32 清单工程量计算表

项目编码	项目名称	项目特征描述	计量单位	工程量
031003007001	疏水器	疏水器	组	1

项目编码:031001001　　项目名称:镀锌钢管

项目编码:031003001　　项目名称:螺纹阀门

项目编码:031002001　　项目名称:管道支吊架

项目编码:031004006　　项目名称:大便器

项目编码:031004014　　项目名称:给、排水附件

项目编码:031004013　　项目名称:大、小便槽自动冲洗水箱制作安装

【例28】 某学校教学综合楼地上五层,生活给水由校内生活给水管网直接供给,室内给水管材采用镀锌钢管,连接方式采用螺纹连接明装,管道外刷面漆两遍,给水管道穿越门洞的横管需作保温、防结露处理,保温材料为20mm厚难燃塑料类保温材料,外缠生料带,给水入户管穿墙采用柔性防水套管。室内排水管道采用承插铸铁管,石棉水泥接口。排出管穿墙采用柔性防水套管。

如图6-37所示为给水排水管道布置平面图,如图6-38所示为给水系统图与排水系统图。给水立管分为两根,排水立管一根。试计算其工程量(男卫生间)。

【解】 1. 定额工程量

(1)管道安装工程量计算(给水系统)镀锌钢管

①$DN50$(埋地):[1.5(室内外管线分界)+0.37(外墙厚度)+0.03($DN50$立管与墙内表面之间的距离)+0.4(立管标高,参见系统图)]m=2.3m

$DN50$(立管明装):3.9×3m=11.7m

【注释】 3.9是层高,由于每一层水平管道的安装高度距所在层的楼板地面的距离是相同的,所以相邻两层水平管道的距离即为层高,从系统图中可以看出,$DN50$有三个3.9。

②$DN32$(水平管):(3.45−0.03−0.02)m=3.4m

共五层,且每层的给水管道布置形式相同,因此$DN32$水平管总长为3.4×5m=17m

【注释】 3.45是墙内侧的净长,0.03是水槽处的支管中心线到墙内侧的距离,0.02是拖布池处的支管中心线到墙内侧的距离。

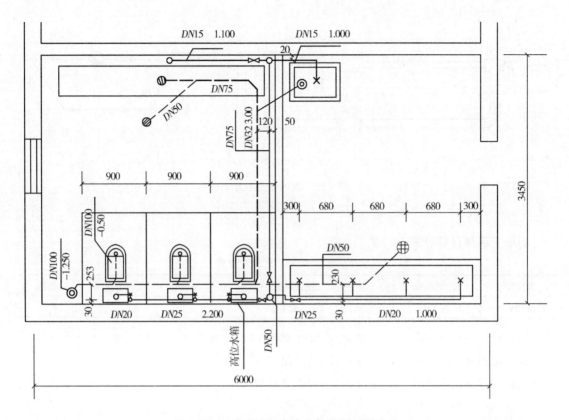

图 6-37　男卫生间给水排水管道布置平面图

$DN32$(立管):$[3.9+1-1.5($参见系统图$)+(15.6+1)-(11.7+2.2)]m=6.1m$

③$DN25$(水平管):$[0.9-0.05+0.9-0.25($高位水箱宽度的一半$)-0.9/2+0.24($内墙厚度$)+0.3+0.68+0.68]m=2.95m$

每层的给水管道布置形式相同,且共有五层,则 $DN25$ 水平管的总长为 $2.95×5m=14.75m$

$DN25$(立管):$[11.7+1-(3.9+1.5)]m=7.3m($参见系统图$)$

④$DN20$(水平管):$[0.9/2+0.25+0.9/2($参见平面图$)+0.68]m=1.83m$

每层的 $DN20$ 给水管道布置形式相同,且共有五层,则 $DN20$ 水平管的总长为 $1.83×5m=9.15m$

$DN20$(立管):$1×3×5m=15m$

⑤$DN15$(水平):$[0.9+0.9/2+0.24($内墙厚度$)+1.0($污水池中心至内墙内表面之间的净距$)+0.5]m=3.09m$

共五层,则 $DN15$ 水平管总长为 $3.09×5m=15.45m$

$DN15$(立管):$[(1.5-1.0)×5+(1.5-1.1)×5]m=4.5m$

⑥给水管道(镀锌钢管)安装工程量合计:

$DN50$(埋地):$2.3m$

$DN50$(明装):$11.7m$

$DN32$(水平):$17m$

$DN32$(立管):$6.1m$

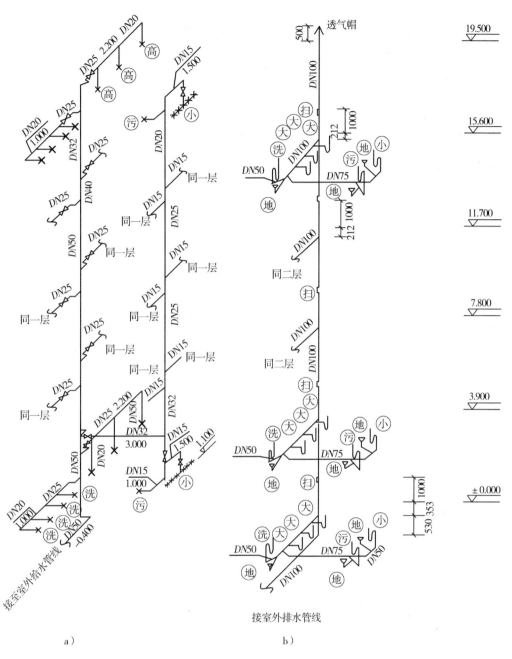

图 6-38 给水排水系统图
a)给水系统图 b)排水系统图

$DN25$(水平):14.75m
$DN25$(立管):7.3m
$DN20$(水平):9.15m
$DN20$(立管):15m
$DN15$(水平):15.45m
$DN15$(立管):4.5m

（2）排水系统承插铸铁管

①DN100（埋地）：[1.5（室内外管线分界）+0.53+0.353]m=2.383m

DN100（明装立管）：[19.5（立管标高）+0.5]m=20m

DN100（明装水平）：[0.9-0.12+0.9×2+0.3（参见平面图）]m=2.88m

共五层，且每层管道安装形式相同，则DN100明装水平管总长度为2.88×5m=14.4m

DN100（连接大便器）：0.5×3×5m=7.5m

②DN75（水平部分）：（3.45-0.03-0.253-0.02-0.5）m=2.647m

DN75水平部分总长度为2.647×5m=13.235m

③DN50（连接洗手池）：（0.12+0.24+0.3+0.68+0.68）m=2.02m

DN50（连接污水池）：[0.8（参考施工图）+0.5]m=1.3m

DN50（连接小便槽与地漏）：（0.5+1.5）m=2.0m

DN50每层总长度：（2.02+1.3+2.0）m=5.32m

整个系统中DN50的总长度为5.32×5m=26.6m

④排水系统承插铸铁管工程量合计：

DN100（埋地）：2.383m

DN100（明装）：（20+14.4+7.5）m=41.9m

DN75（水平）：13.235m

DN50：26.6m

（3）给水设备及管件

①水表DN50：1个（给水管入户总水表）

水表DN25：1个（每户1个）×5=5个

②截止阀DN50：1个（给水管入户处）

截止阀DN25：2个（每层卫生间分支管处）×5=10个

截止阀DN32：1个（小便槽侧给水支管）×5=5个

③水龙头DN15：1个（污水池）×5=5个

水龙头DN20：4个（洗手池）×5=20个

④高位水箱蹲式大便器：3套（每层卫生间）×5=15套

⑤DN50地漏：2个（每层卫生间）×5=10个

⑥地面扫除口DN100：1个（每层卫生间）×5=5个

（4）管道刷油

①给水管道刷银粉漆两遍，其表面积工程量为

$DN50：S=3.14×0.057×11.7m^2=2.09m^2$

$DN32：S=3.14×0.033×（17+6.1）m^2=2.39m^2$

$DN25：S=3.14×0.032×（14.75+7.3）m^2=2.22m^2$

$DN20：S=3.14×0.022×（9.5+15）m^2=1.69m^2$

$DN15：S=3.14×0.022×（17.45+4.5）m^2=1.03m^2$

给水管道刷银粉漆的总工程量$S=9.91m^2$

②排水铸铁管刷沥青两遍，其表面积工程量为

$DN100：S=3.14×0.108×2.383m^2=0.81m^2$

$DN100: S = 3.14 \times 0.108 \times 41.9 \text{m}^2 = 14.21 \text{m}^2$

$DN75: S = 3.14 \times 0.075 \times 13.235 \text{m}^2 = 3.12 \text{m}^2$

$DN50: S = 3.14 \times 0.057 \times 26.6 \text{m}^2 = 4.76 \text{m}^2$

排水管道刷沥青的总工程量为 22.9m^2

（5）支架：根据常用管道支架间距规则标准可求得支架数量。

$DN50: 11.7/3$ 个 $= 4$ 个

$DN32: (17 + 6.1)/3$ 个 $= 8$ 个

$DN25: (2.93 + 7.3)/3$ 个 $= 4$ 个

$DN20: (9.15 + 15)/3$ 个 $= 9$ 个

$DN15: (17.45 + 4.5)/3$ 个 $= 8$ 个

$DN100: 36.9/3$ 个 $= 13$ 个

不保温单管托架用料如下：

管道支架 $DN20: 0.49 \text{kg}/$ 个 $\times 8$ 个 $= 3.92 \text{kg}$

$DN25: 0.6 \text{kg}/$ 个 $\times 3$ 个 $= 1.8 \text{kg}$

$DN32: 0.99 \text{kg}/$ 个 $\times 8$ 个 $= 7.92 \text{kg}$

$DN50: 1.02 \text{kg}/$ 个 $\times 4$ 个 $= 4.08 \text{kg}$

$DN100: 1.95 \text{kg}/$ 个 $\times 14$ 个 $= 27.3 \text{kg}$

2. 清单工程量

清单工程量计算见表6-33。

表6-33　清单工程量计算表

序号	项目编码	项目名称	项目特征描述	计量单位	工程量
1	031001001001	镀锌钢管	$DN50$ 给水系统，埋地刷沥青两遍，明装刷面漆两遍，管道消毒冲洗	m	14
2	031001001002	镀锌钢管	$DN32$ 室内给水工程，螺纹连接	m	23.1
3	031001001003	镀锌钢管	$DN25$ 室内给水工程，螺纹连接	m	22.05
4	031001001004	镀锌钢管	$DN20$ 室内给水工程，螺纹连接	m	24.15
5	031001001005	镀锌钢管	$DN15$ 室内给水工程，螺纹连接	m	19.95
6	031001005001	铸铁管	$DN100$ 室内排水工程，石棉水泥接口	m	44.28
7	031001005002	铸铁管	$DN75$ 室内排水工程，石棉水泥接口	m	13.24
8	031001005003	铸铁管	$DN50$ 室内排水工程，石棉水泥接口	m	26.6
9	031003001001	螺纹阀门	$DN50$	个	1
10	031003001002	螺纹阀门	$DN32$	个	5
11	031003001003	螺纹阀门	$DN25$	个	10
12	031004006001	大便器	高位水箱，蹲式	组	15
13	031004014001	给、排水附件	地漏 $DN50$	个	10
14	031004014002	给、排水附件	地面扫除口 $DN100$	个	5
15	031003013001	水表	$DN50$	组	1
16	031003013002	水表	$DN25$	组	5

项目编码:031001001　　　项目名称:镀锌钢管
项目编码:031002001　　　项目名称:管道支吊架
项目编码:031003001　　　项目名称:螺纹阀门
项目编码:031004010　　　项目名称:淋浴器
项目编码:031004014　　　项目名称:给、排水附件

【例29】　如图6-39所示为某公共浴室给水排水管道平面图,图6-40为其系统图,管材全部采用热镀锌管,管道全部明装,敷设于每层顶板下的给水管线均需作防结露处理,做法为20mm厚防水岩棉瓦,外缠两道玻璃布。所有排水管均采用承插铸铁管。淋浴排水地漏采用网框式地漏,试计算其工程量。

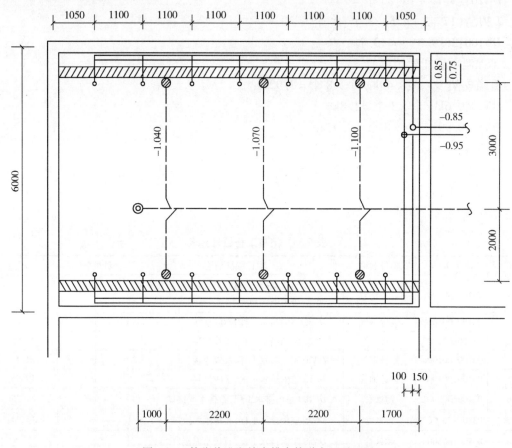

图6-39　某公共浴室给水排水管道布置平面图

【解】　1. 清单工程量

(1)镀锌钢管:

$DN80$:1.7m×2=3.4m

$DN50$:10.86m×2=21.72m

$DN40$:4.4m×2=8.8m

$DN32$:4.4m×2=8.8m

(2)铸铁管:

$DN200$:4.085m

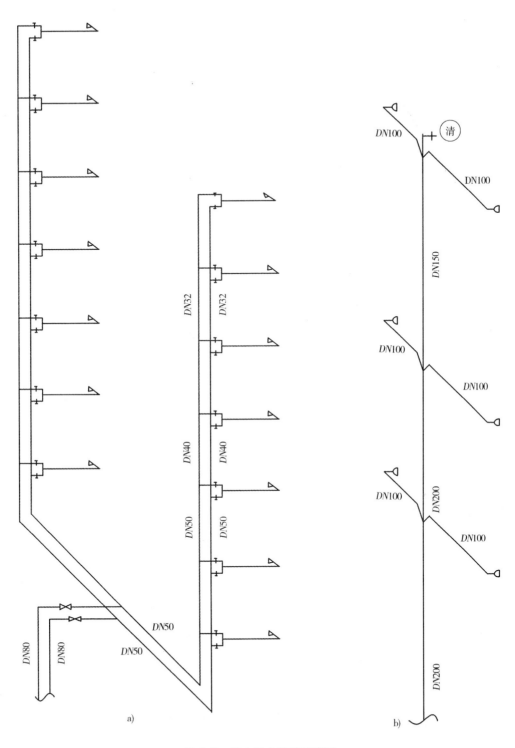

图 6-40 给水排水管道系统图

a)给水系统图　b)排水系统图

$DN$150:2.2m

$DN$100:16m

（3）螺纹阀门：

DN80　2 个

（4）地漏：

DN100　6 个

（5）地面扫除口：

DN100　1 个

（6）淋浴器：

14 套

2. 定额工程量

（1）镀锌钢管（给水系统）：

①热水管

a）DN80（埋地部分）:0.85m;明装,0.75m

b）DN50:[6 - 0.37(外墙厚度) - 0.3(给水立管中心线距墙净距) × 2]m = 5.03m

(1.05 - 0.37/2 - 0.15 + 1.1 × 2)m = 2.915m

【注释】　0.15 是给水立管中心线距墙净距。

DN50 管总长度:(2.915 × 2 + 5.03)m = 10.86m

c）DN40:1.1 × 2 × 2m = 4.4m

d）DN32:1.1 × 2 × 2m = 4.4m(参见图 6-39)

②冷水管：

DN80（埋地部分）:0.95m;明装 0.85m

DN50 与热水管长度相同:10.86m

DN40（同上）:4.4m

DN32（同上）:4.4m

（2）排水系统（铸铁管）：

DN200:[0.37/2(墙厚度一半) + 1.7 + 2.2]m = 4.085m

DN150:2.2m

DN100（连接地漏部分）:(2 + 3) × 3m = 15m

DN100:（连接扫除口）　1m

DN100:铸铁管总长　16m

（3）给排水设备及管件：

截止阀 DN80:2 个

地漏 DN100:6 个

扫除口 DN100:1 个

淋浴器:14 套

注:淋浴器为冷热水钢管成品淋浴器,其安装已包括莲蓬头安装和支管、阀门等的工料在内,因此套用定额时要注意,对支管和阀门的制作安装所需工料不得重复计算。

（4）管道除锈、刷油

①给水管道为镀锌钢管,除锈工程均为手工除轻锈,手工除锈方法简单,可以在小构件和复杂外形构件上处理,比较经济,但工作效率低,除锈不彻底,氧化皮不易去除。计算除锈工程量时要注意,管道上各种管件、阀门及设备、上人孔管口凸凹部分的除锈已综合考虑了,不要再

另行计算。

给水管道除锈工作量可由公式 $S = \pi D L$ 算出, $S = 3.14 \times [0.08 \times 1.7 + 0.05 \times 10.86 + 0.04 \times 4.4 + 0.032 \times 4.4] \times 2\text{m}^2 = 6.25\text{m}^2$

排水管道除锈工程量 $S = 3.14 \times [0.2 \times 4.085 + 0.15 \times 2.2 + 0.1 \times 16]\text{m}^2 = 8.63\text{m}^2$

排水管道为铸铁管,连接方式为承插连接,其除锈工程量应按式 $S = 1.2\pi D L$ 计算,其中 1.2 为承插管承头面积增加系数,因此排水管道除锈工程量为 $1.2S = 10.356\text{m}^2$

②刷油工程量与除锈工程量一致(计算方法相同)。

室内明装管道,一般先刷两遍红丹油性防锈漆,外面再刷两遍各色油性调和漆。

埋地管道防腐主要采用沥青,外包保护层。

刷每遍涂料的工程量均与除锈工程量一致,可参考前面计算的除锈工程量。

(5)管道保温:

管道绝热,防潮和保护层计算公式分别为 $V = \pi(D + 1.033\delta) \times 1.033\delta \times L, S = \pi(D + 2.1\delta + 0.0082) \times L$

本工程中,热水管与冷水管均作保温,则保温层工程量为

$V_1 = \pi(0.08 + 1.033 \times 0.02) \times 1.033 \times 0.02 \times (1.7 \times 2)\text{m}^3 = 0.022\text{m}^3$

$V_2 = \pi(0.05 + 1.033 \times 0.02) \times 1.033 \times 0.02 \times (10.86 \times 2)\text{m}^3 = 0.10\text{m}^3$

$V_3 = \pi(0.032 + 1.033 \times 0.02) \times 1.033 \times 0.02 \times (4.4 \times 2)\text{m}^3 = 0.03\text{m}^3$

$V_4 = \pi(0.04 + 1.033 \times 0.02) \times 1.033 \times 0.02 \times (4.4 \times 2)\text{m}^3 = 0.035\text{m}^3$

保温层工程量总计为 $V = 0.19\text{m}^3$

保护层做法是外缠玻璃布。保护层是为了保护保温层不受机械损伤及防止雨水对保温结构的侵蚀而设置的,一般设在保温层外面,则各个管段保护层工程量分别为

$S_1 = \pi(0.08 + 2 \times 0.02 + 2.1 \times 0.02 + 0.0082) \times (1.7 \times 2)\text{m}^2 = 1.82\text{m}^2$

$S_2 = \pi(0.05 + 2 \times 0.02 + 2.1 \times 0.02 + 0.0082) \times (10.86 \times 2)\text{m}^2 = 9.56\text{m}^2$

$S_3 = \pi(0.04 + 2 \times 0.02 + 2.1 \times 0.02 + 0.0082) \times (4.4 \times 2)\text{m}^2 = 3.60\text{m}^2$

$S_4 = \pi(0.032 + 2 \times 0.02 + 2.1 \times 0.02 + 0.0082) \times (4.4 \times 2)\text{m}^2 = 3.38\text{m}^2$

则保护层的工程量总计为 $S = 18.36\text{m}^2$

清单工程量计算见表6-34。

表6-34　清单工程量计算表

序号	项目编码	项目名称	项目特征描述	计量单位	工程量
1	031001001001	镀锌钢管	$DN80$,给水系统,手工除轻锈,明装刷两遍红丹防锈漆,两遍调和漆,埋地刷两遍沥青,两遍调和漆	m	3.4
2	031001001002	镀锌钢管	$DN50$,给水系统,手工除轻锈,明装刷两遍红丹	m	21.72
3	031001001003	镀锌钢管	$DN40$,给水系统,手工除轻锈,明装刷两遍红丹	m	8.8
4	031001001004	镀锌钢管	$DN32$,给水系统,手工除轻锈,明装刷两遍红丹	m	8.8
5	031001005001	铸铁管	$DN200$,排水系统,手工除轻锈,二丹二调和漆	m	4.09
6	031001005002	铸铁管	$DN150$,排水系统,手工除轻锈,二丹二调和漆	m	2.2
7	031001005003	铸铁管	$DN100$,排水系统,手工除轻锈,二丹二调和漆	m	16
8	031003001001	螺纹阀门	$DN80$	个	2

序号	项目编码	项目名称	项目特征描述	计量单位	工程量
9	031004014001	给、排水附件	地漏 *DN*100	个	6
10	031004014002	给、排水附件	地面扫除口 *DN*100	个	1
11	031004010001	淋浴器	冷热水钢管成品,莲蓬头	套	14

项目编码:031001001　　　项目名称:镀锌钢管
项目编码:031003001　　　项目名称:螺纹阀门
项目编码:031003003　　　项目名称:焊接法兰阀门
项目编码:031005001　　　项目名称:铸铁散热器

【例30】　幼儿园供暖系统如图 6-41 所示,该幼儿园共三层,每层层高均为 2.8m,该系统图为供暖系统图中的部分立管示意图,试计算其工程量。

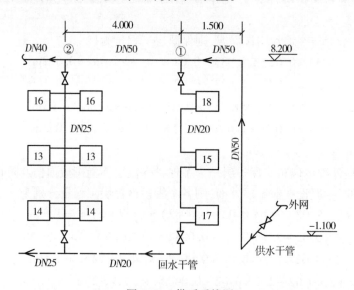

图 6-41　供暖系统图

【解】　如图 6-41 所示,立管①、②系统采用上供下回式,在供水总干管处安装阀门,每根立管上安装截止阀,系统采用同程式,单管制,选用四柱 760 型铸铁柱型散热器和焊接钢管,供水和回水干管及总立管采用焊接,其余部分采用螺纹连接。

根据施工图纸和施工方法,参考定额有关内容,将该单项工程划分为如下分项工程项目:
①室内管道安装。
②散热器组对与安装。
③阀门、集气罐制作与安装。
④铁皮套管制作。
⑤管道支架制作与安装。
⑥管道除锈刷油。
⑦散热器片刷油。
⑧支吊架刷油。

266

⑨管道保温。

（1）管道工程量：

$DN50$ 的钢管焊接，包括供暖引入管，供暖总立管和供暖干管三部分：

长度 = 入口与建筑物外墙皮距离 + 外墙厚度 + 干管离墙距离 + 立管顶标高 − 立管底标高 + 总立管与立管②之间距离

$$= [1.5 + 0.37 + 0.15 + 8.2 - (-1.1) + 1.5 + 4]m$$
$$= 16.82m$$

$DN20$ 的钢管螺纹连接，包括①立管长度 $= (8.2 - 0.8 - 0.6 \times 2 + 0.2)m$
$$= (6.2 + 0.2)m = 6.4m$$

【注释】 四柱760型铸铁柱型散热器进出水口中心距为0.6m。0.8是散热器的高度，0.2是由0.1×2所得，而0.1则是散热器顶面到临近的供水支管之间的距离，$(0.8 - 0.2)$为散热器进出水口之间的距离，则上式可变形得$(8.2 - 0.6 \times 3)m$。

$DN25$ 的钢管螺纹连接，包括②立管长度 $= 8.2m$

【注释】 系统采用的是同程式单管制，所以$DN25$钢管螺纹连接的部分即为供回水水平干管之间的长度8.2m。

$DN20$ 的钢管焊接，长度 $= 4m$

（2）管件工程量：

$DN50$ 焊接法兰阀门，1个；$DN20$ 焊接法兰阀门，2个；$DN25$ 焊接法兰阀门，2个。

（3）散热器片数：

共9组136片。

（4）除锈、刷油：

钢管刷两遍红丹防锈漆和两遍银粉漆；散热器带锈刷底漆和防锈漆后再刷两遍银粉漆。

$DN50$ 钢管表面积：$\pi DL = 3.14 \times 0.05 \times 16.82m^2 = 2.64m^2$

$DN20$：$3.14 \times 0.02 \times (6.4 + 4)m^2 = 0.65m^2$

$DN25$：$3.14 \times 0.025 \times 8.2m^2 = 0.644m^2$

（5）保温：

供水主立管、敷设在暖沟内的管道（包括主干连接处立管）均须做保温，保温材料采用岩棉管壳，厚度为40mm，外缠玻璃丝布保护层。

总体积：$3.14 \times (0.05 + 1.033 \times 0.04) \times 1.033 \times 0.04 \times (8.2 + 1.1 + 1.5)m^3 = 3.14 \times 0.1422 \times 10.8m^3 = 4.82m^3$

清单工程量计算见表6-35。

表 6-35　清单工程量计算表

序号	项目编码	项目名称	项目特征描述	计量单位	工程量
1	031001001001	镀锌钢管	$DN50$，钢管焊接，两遍红丹防锈漆，两遍银粉漆，40mm厚棉管壳保温，玻璃丝布保护	m	16.82
2	031001001002	镀锌钢管	$DN20$ 螺纹连接，两遍红丹防锈漆，两遍银粉漆，40mm厚岩棉管壳保温，玻璃丝布保护	m	6.4
3	031001001003	镀锌钢管	$DN25$ 螺纹连接，两遍红丹防锈漆，两遍银粉漆，40mm厚岩棉管壳保温，玻璃丝布保护	m	8.2

序号	项目编码	项目名称	项目特征描述	计量单位	工程量
4	031001001004	镀锌钢管	DN20 钢管焊接,两遍红丹防锈漆,两遍银粉漆,40mm 厚岩棉管壳保温,玻璃丝布保护	m	4
5	031003003001	焊接法兰阀门	DN50	个	1
6	031003003002	焊接法兰阀门	DN20	个	2
7	031003003003	焊接法兰阀门	DN25	个	2
8	031005001001	铸铁散热器	带锈刷底漆,两遍银粉漆	片	136

项目编码:031001001   项目名称:镀锌钢管

项目编码:031005001   项目名称:铸铁散热器

【例31】 某住宅工程底层采暖平面图如图 6-42 所示,请计算底层采暖工程量。

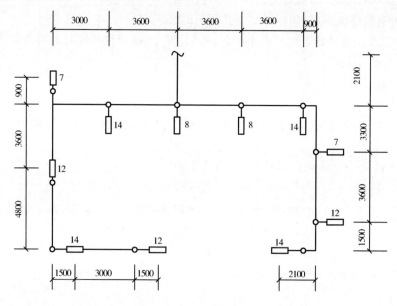

图 6-42 回水管平面图

采暖工程设计说明如下:

(1)给水排水管道采用镀锌钢管螺纹连接。

(2)给水干管(包括立管和水平管)均采用 DN32 镀锌钢管。

(3)排水水平支管均采用 DN20 镀锌钢管。

(4)各干管、支管上均采用闸阀螺纹连接。

(5)回水管过门设混凝土地沟。

(6)采用 M-132 型铸铁散热器,片数已分别标在图中,每片按 85mm 计算,散热片上下两螺纹和连接孔间隔500mm。

(7)各立管离开墙面100mm。

(8)各房间内散热器按管一侧端头离开支管立管 0.8m。

(9)室外水平供水管及回水管长度算至外墙皮 1.5m。

试计算其工程量。

【解】 1. 清单工程量

(1)管道工程量(以 m 为单位):

$DN20$ 镀锌钢管长度螺纹连接 $= [(2.1 + 3.6 + 3 + 0.9 + 3.6 + 4.8 + 1.5 + 3 + 1.5) + (3.6 \times 2 + 0.9 + 3.3 + 3.6 + 1.5 + 2.1 + 0.86 \times 6)]\text{m}$

$= 46.04\text{m}$

【注释】 0.86 是与回水干管垂直的散热器中心线到回水干管的长度,图中共有六个这样的散热器。

(2)散热器工程量(以片为单位):

采用标准型铸铁柱型散热器(柱外径约 27mm)。

片数 $= (7 + 12 + 14 + 12 + 14 + 12 + 7 + 14 + 8 + 8 + 14)$片 $= 122$ 片

2. 定额工程量

(1)管道工程量计算同清单工程量计算。

(2)散热器工程量计算同清单工程量计算。

(3)管道除锈、刷油、防腐(防腐、除锈、刷油面积以 m² 为计算单位):

$S = \pi DL = 3.14 \times 0.02 \times 47.76\text{m}^2 = 3.0\text{m}^2$

清单工程量计算见表 6-36。

表 6-36　清单工程量计算表

序号	项目编码	项目名称	项目特征描述	计量单位	工程量
1	031001001001	镀锌钢管	$DN20$ 镀锌钢管,螺纹连接	m	46.04
2	031005001001	铸铁散热器	标准型铸铁柱型散热器,外径为 27mm	片	122

【例 32】 如图 6-43 所示,在绝热层外表面采用石棉水泥抹成坡形防止雨水侵蚀,计算坡及抹坡后保护工程量。

【解】 1. 按坡比(坡比为 1:20)计算抹坡用石棉水泥量

最大厚度为:$(800/2 + 50)/20\text{mm} = 22.5\text{mm}$

平均厚度为:$22.5/2\text{mm} = 11.25\text{mm}$

石棉水泥理论用量 $= 0.01125 \times 0.45 \times 2 \times L(长度)\text{m}^2$

$= 0.010125 \times L\text{m}^2$

假设矩形管道长 $L = 100\text{m}$,则实际石棉水泥用量为(损耗率为 6%)$= 0.010125 \times 100 \times 1.06\text{m}^3 = 1.073\text{m}^3$

说明:(1)1.073 是石棉水泥抹坡总用量,然后按石棉水泥的配比分别计算其具体材料用量。

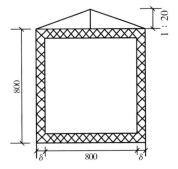

图 6-43　绝热层外表面图

(2)抹灰施工可以执行现行定额石棉水泥抹面有关子项,平均厚度 11.25mm,执行定额 15mm 厚子项人工,其材料、机械用量按实际材料用量及用此材料量换算机械用量。

2. 保护层工程量

$S = 100 \times [(0.8 + 0.05 \times 2 + 0.7 \times 2) + \sqrt{0.0225^2 + 0.45^2} \times 2]\text{m}^2$

$= 100 \times [2.3 + \sqrt{0.0005062 + 0.2025} \times 2]\text{m}^2$

$$= 100 \times (2.3 + 0.450562 \times 2)\,\mathrm{m}^2$$
$$= 100 \times (2.3 + 0.9011)\,\mathrm{m}^2$$
$$= 320.11\,\mathrm{m}^2$$

项目编码:031001001　　　　项目名称:镀锌钢管
项目编码:031002001　　　　项目名称:管道支吊架

【例33】 某学校室外供暖管道(地沟敷设)中有 φ133mm×4.5mm 的镀锌钢管一段,管沟起止长度为100m,管道的供水、回水管分上下两层安装,中间设置方形伸缩器一个,臂长 1m,该管段刷红丹漆两遍,珍珠岩瓦绝热,绝热厚度为50mm,试计算该段管道安装的各分项工程量。

【解】 1. 清单工程量

(1) φ133mm×4.5mm 管道安装:

【注释】 133 表示管道的外径,4.5 表示管道的壁厚。

镀锌钢管,供水、回水管长 $L_1 = 100 \times 2\,\mathrm{m} = 200\,\mathrm{m}$

伸缩器两臂增加长度 $L_2 = 1 \times 2 \times 2\,\mathrm{m} = 4\,\mathrm{m}$

室外供热管道的安装工程量 $= (L_1 + L_2) = (200 + 4)\,\mathrm{m} = 204\,\mathrm{m}$

(2) 支架制作与安装:

该段管道每 6m 间距安装单管托架一个,其中包括设置固定支架两处,支架采用 L100×8 角钢制作,管段两端设托架,方形伸缩器增设托架一个,每处固定支架可减少托架两个。

托架数 $n_1 = [(100/6 + 1 + 1) \times 2 - 2 \times 2]$个 $= 34$ 个 $\times M$　(M 为每个 L100×8 的质量)

固定支架数 $n_2 = 2$ 个 $\times M$

2. 定额工程量:

(1) 管道:

镀锌钢管 $L = L_1 + L_2 = (100 \times 2 + 1 \times 2 \times 2)\,\mathrm{m} = 204\,\mathrm{m}$

(2) 管道刷红丹漆两遍:

刷红丹漆第一遍 $S_1 = \pi D L = 3.14 \times 133 \times 10^{-3} \times 204\,\mathrm{m}^2 = 85.19\,\mathrm{m}^2$

刷红丹漆第二遍 $S_2 = \pi D L = 3.14 \times 133 \times 10^{-3} \times 204\,\mathrm{m}^2 = 85.19\,\mathrm{m}^2$

刷红丹漆总面积 $S = S_1 + S_2 = (85.19 + 85.19)\,\mathrm{m}^2 = 170.38\,\mathrm{m}^2$

(3) 膨胀珍珠岩瓦绝热:

绝热层体积 $V = L \times \pi \times (D + 1.033\delta) \times 1.033\delta$
$$= 204 \times 3.14 \times (0.133 + 1.033 \times 0.05) \times 1.033 \times 0.05\,\mathrm{m}^3$$
$$= 6.109\,\mathrm{m}^3$$

(4) 支架制作与安装:

托架数 $n_1 = 34$ 个 $\times M$　固定支架数 $n_2 = 2$ 个 $\times M$

清单工程量计算见表6-37。

表 6-37　清单工程量计算表

序号	项目编码	项目名称	项目特征描述	计量单位	工程量
1	031001001001	镀锌钢管	φ133mm×4.5mm,刷两遍红丹漆,膨胀珍珠岩瓦绝热	m	204

序号	项目编码	项目名称	项目特征描述	计量单位	工程量
2	031002001001	管道支吊架	托架	kg	$34 \times M$
3	031002001002	管道支吊架	固定支架	kg	$2 \times M$

项目编码:031001002 项目名称:钢管

【例34】 某管道长 1300m,*DN*100mm,用岩棉管壳保温,外缠玻璃布保护层,保温层厚度为60mm,保护层厚度 $\delta = 10$mm,如图6-44所示,试计算该管道保温工程量。

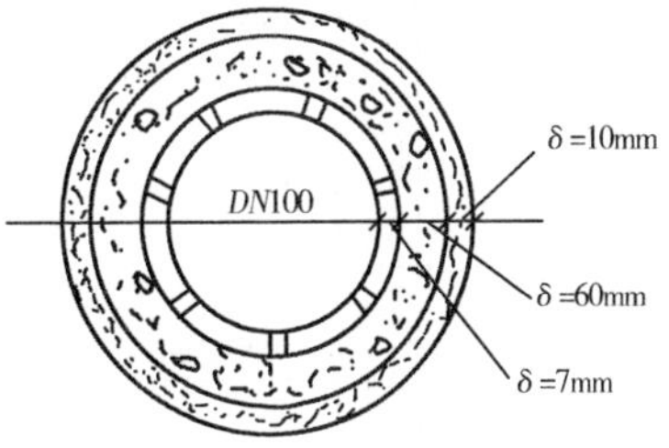

图 6-44 某管道保温示意图

【解】 定额工程量:

1. 管道保温工程量

$$V = \pi \times (D + 1.033\delta) \times 1.033\delta \times L$$

2. 保护层工程量

$$S = \pi \times (D + 2.1\delta + 0.0082) \times L$$

式中 *D*——外直径(m);

1.033、2.1——调整系数;

δ——绝热层厚度或保护层厚度(m);

L——设备简体或管道长(m);

0.0082——捆扎线直径或钢带厚(m)。

$V = 3.14 \times (0.114 + 1.033 \times 0.06) \times 1.033 \times 0.06 \times 1300\text{m}^3 = 44.52\text{m}^3$

$S = 3.14 \times (0.114 + 2 \times 0.06 + 2.1 \times 0.01 + 0.0082) \times 1300\text{m}^2 = 1074.38\text{m}^2$

3. 灰面、布面刷漆工程量

刷一遍沥青漆工程量 $S_1 = 1074.38\text{m}^2$

刷两遍沥青漆工程量 $S_2 = 1074.38\text{m}^2$

刷漆工程量为: $S = S_1 + S_2 = (1074.38 + 1074.38)\text{m}^2 = 2148.76\text{m}^2$

项目编码:031001001   项目名称:镀锌钢管

项目编码:031002001   项目名称:管道支吊架

项目编码:031003001   项目名称:螺纹阀门

项目编码:031003003   项目名称:焊接法兰阀门

项目编码:031005001   项目名称:铸铁散热器

项目编码:031003004   项目名称:带短管甲乙阀门

【例35】 某住宅楼室内采暖平面图,如图6-45、图6-46、图6-47、图6-48分别为该住宅楼一层采暖系统图,二~七层采暖平面图、采暖系统图,系统为单管垂直串联带闭合管的上分式,入户主管设有阀门和循环管,各立管均设阀门,暖气片为铸铁柱型散热器,施工内容包括管道安装、暖气片组对安装、阀门安装、集气罐安装、支架制作安装、除锈刷油和保温等,试计算该工程项目的工程量。

【解】 1. 定额工程量

(1)钢管连接工程量:

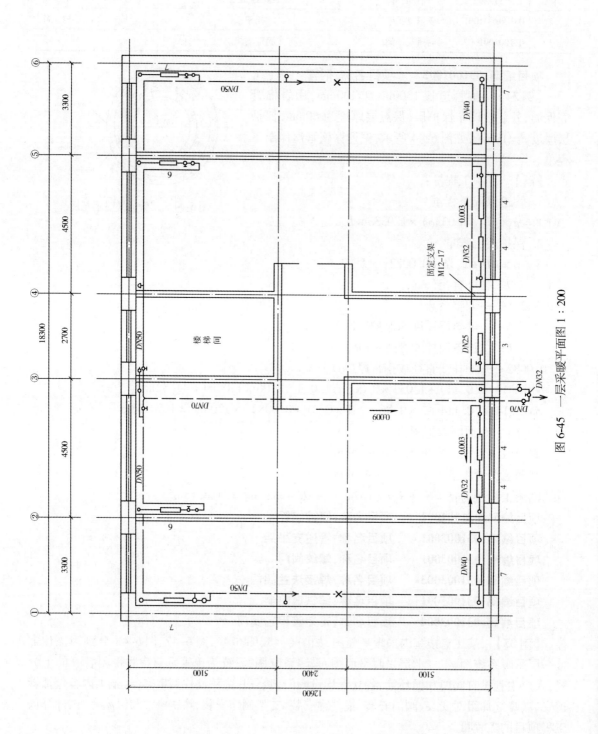

图 6-45 一层采暖平面图 1：200

272

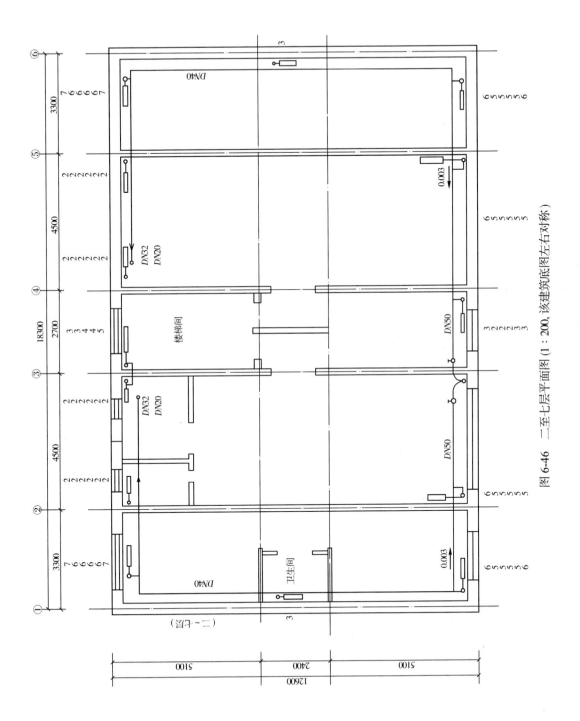

图 6-46 二至七层平面图 (1 : 200，该建筑的底图左右对称)

273

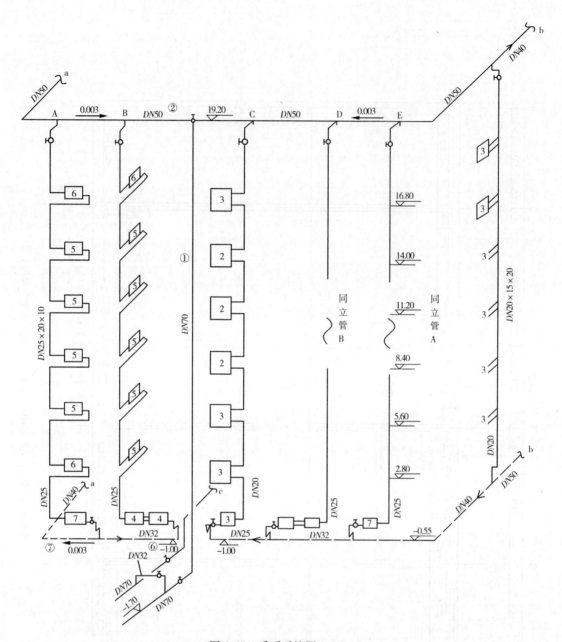

图 6-47 采暖系统图 1:200

计算管段①，DN70，该系统有入户阀门，阀门安装在室内地沟内，入户管应计算到入户阀门处，阀门到外墙皮1.5m。

[1.50 + 0.37 + 0.12 + 0.06(净距) + 0.038(半径) + 20.90(标准差)]m = 22.99m

管段②，DN50，干管变径点为三通节点后200~300mm处。

[4.50 - (0.12 + 0.06 + 0.038) + 3.30 - (0.12 + 0.06 + 0.038) + 5.10 - (0.12 + 0.06 + 0.038) + 2.40 - 1.20 + 0.35 + 0.20 + 0.42]m = 14.42m

管段③，DN40：[5.10 + 0.23 - (0.12 + 0.06 + 0.038) + 3.30 - (0.12 + 0.06 + 0.038) + 0.12 + 0.025 + 0.014 + 0.20 + 0.30]m = 8.85m

274

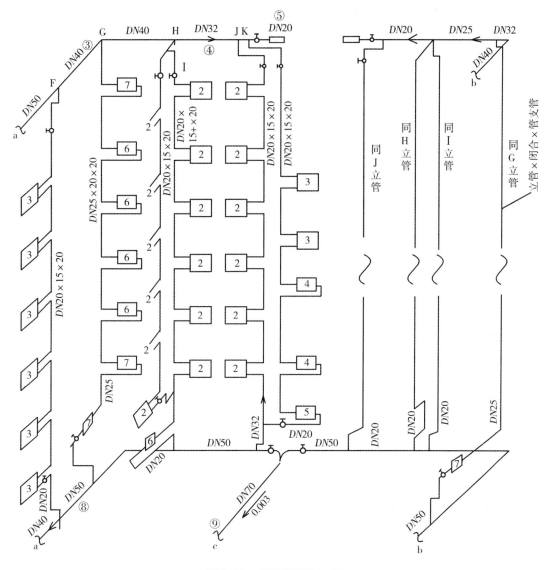

图 6-48 采暖系统图 1:200

管段④,DN32:[4.50 - (0.12 + 0.025 + 0.014 + 0.20 + 0.30) - 0.05 + 0.15 + 0.13]m = 4.07m

管段⑤,DN20:该管段长度主要考虑安装自动排气阀时留有一定的构造长度,一般为 100~150mm,本工程采用 150mm。

管段⑥,DN32:[4.50/2 + 2.24/2 + 0.21 + 3.30/2 - 1.96/2 - 0.21]m = 4.04m

管段⑦,DN40,地沟断面为 1.2m×1m。

(3.30 - 0.46 - 0.98 + 5.10 - 1.17 + 2.40/2 + 0.42 + 0.21 - 0.20)m = 7.42m

管段⑧,DN50:(5.10 - 1.17 + 1.20 - 0.42 - 0.21 + 0.20 + 3.30 - 0.17 + 4.50 - 1.171 - 1)m = 10.16m

管段⑨,DN70:(12.60 - 1.17 + 0.49 + 0.70 + 1.50)m = 14.12m

主立管工程量计算:

主立管计算用供水干管标高减去回水干管的标高,再减去暖气片上下接口中心距离,加上立管中心到回水干管中心距离。

$[19.20-(-1.00)-0.5\times7+0.73]m=17.43m$

用同样的方法计算其他立管。

散热支管计算:

以主立管左边第二根立管七层的散热器支管计算为例,说明散热器支管的计算方法,该窗洞口为1.8m,该组散热器为6片,散热器组对后中心为窗洞口中心,散热器支管的长度满足其构造要求即可,散热器片数超过41个,采用异侧连接。

$M=(0.35\times2+1.68+0.1\times3)m=2.68m$

用同样的方法计算其他散热器支管工程量。

(2)散热器组对工程量计算:

散热器组对安装工程量直接在采暖平面图和系统图上查得,共:$[(6+5+5+5+5+6+7+6+5+5+5+5+5+8)\times2+3+2+2+2+3+3+3\times6+3\times6+(7+6+6+6+6+7+7+2\times6\times3)\times2+3\times2+4\times2+5]$片$=391$片

(3)阀门工程量计算(螺纹连接或法兰连接):

阀门$DN70$(法兰连接):2个

阀门$DN50$(法兰连接):4个

阀门$DN32$:2个

阀门$DN25$:12个

阀门$DN20$:19个

自动排气阀:2个

(4)支架制作安装工程量计算:

支架制作工程量以公斤为计量单位。

总重量$=\sum$(同型号管架个数×单位重量)$=29.9kg$

(5)除锈刷油工程量:

该工程钢管和支架均为除轻锈,采用人工除锈,管道、支架和设备刷油工程量按设计说明要求执行,地沟内管道、支架刷红丹防锈漆两遍,地沟外的管道、支架刷红丹防锈漆两遍,刷银粉漆两遍,散热器刷防锈漆一遍,刷银粉漆两遍。

①钢管除锈刷油工程量计算(D为外径):

$DN70:S_1=\pi LD=3.14\times37.41\times0.0795m^2=9.34m^2$

$DN50:S_2=\pi LD=3.14\times55.4\times0.06m^2=10.437m^2$

$DN40:S_3=\pi LD=3.14\times29.1\times0.048m^2=4.386m^2$

$DN32:S_4=\pi LD=3.14\times18.44\times0.042m^2=2.432m^2$

$DN25:S_5=\pi LD=3.14\times102\times0.0335m^2=10.729m^2$

$DN20:S_6=\pi LD=3.14\times365.9\times0.0268m^2=30.791m^2$

$DN15:S_7=\pi LD=3.14\times30\times0.0213m^2=2.006m^2$

钢管除锈刷油总工程量:$S=70.12m^2$

②支架制作安装。

③散热器按每片实际散热面积计算。

（6）地沟内采暖管道保温工程量计算：

该工程钢管保温采用超细玻璃棉管，外包玻璃皮保护层。

①保温工程量：$V = L \times \pi \times (D + \delta + \delta \times 3.3\%) \times (\delta + \delta \times 3.3\%) = 0.33 \text{m}^3$

②保护层工程量：$S = \pi(D + 2.1\delta + 0.0082) \times L = 8.9 \text{m}^2$

（7）套管工程量：

从采暖施工图中查得，根据管径大小确定数量（厨房、卫生间采用钢套管）。

①钢套管为 0.93m。

②铁皮套管为 86 个。

（8）带短管甲乙阀门安装工程量：

在采暖施工图中查得 2 个。

2. 清单工程量

（1）钢管：

$DN70$：37.41m；$DN32$：18.44m；$DN50$：55.4m；$DN25$：102m；$DN40$：29.1m；$DN20$：365.9m；$DN15$：30m。

（2）管道支架制作安装：29.9kg

（3）阀门：$DN20$：19 个；$DN25$：12 个；$DN32$：2 个；$DN50$：4 个；$DN70$：2 个。

（4）暖气片：共 391 片

（5）带短管甲乙阀门：2 个

清单工程量计算见表6-38。

表6-38　清单工程量计算表

序号	项目编码	项目名称	项目特征描述	计量单位	工程量
1	031001001001	镀锌钢管	$DN70$，地沟内红丹防锈漆两遍	m	37.41
2	031001001002	镀锌钢管	$DN50$，地沟外红丹防锈漆两遍，银粉漆两遍	m	55.4
3	031001001003	镀锌钢管	$DN40$，地沟外红丹防锈漆两遍，银粉漆两遍	m	29.1
4	031001001004	镀锌钢管	$DN32$，地沟外红丹防锈漆两遍，银粉漆两遍	m	18.44
5	031001001005	镀锌钢管	$DN25$，地沟外红丹防锈漆两遍，银粉漆两遍	m	102
6	031001001006	镀锌钢管	$DN20$，地沟外红丹防锈漆两遍，银粉漆两遍	m	365.9
7	031001001007	镀锌钢管	$DN15$，地沟外红丹防锈漆两遍，银粉漆两遍	m	30
8	031003003001	焊接法兰阀门	$DN70$	个	2
9	031003003002	焊接法兰阀门	$DN50$	个	4
10	031003001001	螺纹阀门	$DN32$	个	2
11	031003001002	螺纹阀门	$DN25$	个	12
12	031003001003	螺纹阀门	$DN20$	个	19
13	031003004001	带短管甲乙阀门	带短管甲乙阀门	个	2
14	031002001001	管道支吊架		kg	29.9
15	031005001001	铸铁散热器		片	391

第七章 通风空调工程

项目编码:030702001　项目名称:碳钢通风管道
项目编码:030702008　项目名称:柔性软风管
项目编码:030703007　项目名称:碳钢风口、散流器、百叶窗

【例1】 计算如图7-1所示风管的工程量。

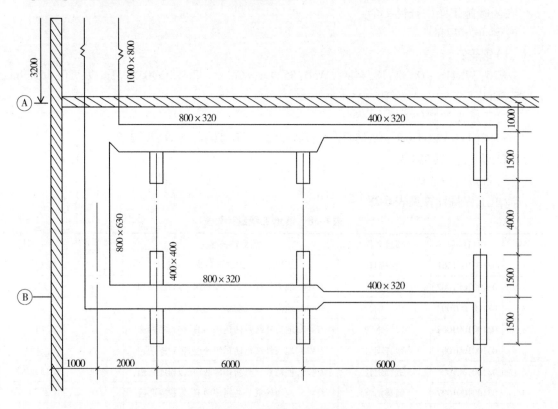

图 7-1　风管平面图

【解】 1. 清单工程量

(1)风管干管(沿A轴向南敷设的风管干管):

①风管(1000mm×800mm)工程量计算:

长度 $L_1 = [3.2 - 0.2(软管长) + 1 + \dfrac{0.8}{2} - \dfrac{0.4}{2}]m = 4.20m$

【注释】 1是图右侧显示的距离,即墙中心线到风管400×320的中心线长,所以(3.2−0.2 +1)是从室外管口到风管400×320中心的长度;因为风管1000×800的中心线与800×320风 管中心线相交,所以再加上(0.8/2−0.4/2),即为风管1000×800的总长。

工程量：$F = (1+0.8) \times 2 \times L_1 = (1+0.8) \times 2 \times 4.20\text{m} = 15.12\text{m}^2$

②风管（800mm×320mm）工程量计算：

长度 $L_2 = [2 - (\dfrac{1.0}{2} - \dfrac{0.8}{2}) + 6 + 0.2]\text{m} = 8.10\text{m}$

$$\begin{aligned}工程量\ F &= (0.8+0.32) \times 2 \times L_2\\ &= (0.8+0.32) \times 2 \times 8.1\text{m}^2\\ &= 18.14\text{m}^2\end{aligned}$$

③风管（400mm×320mm）工程量计算：

长度 $L_3 = (6 - 0.2 - 0.2)\text{m} = 5.60\text{m}$

【注释】 6是中间支管到最后一个支管中心线间的距离，0.2是中间支管的半径，这里应该减去；最后的0.2是中间支管的外壁到变径管右侧的距离。

工程量 $F = (0.4+0.32) \times 2 \times L_3 = (0.4+0.32) \times 2 \times 5.6\text{m}^2 = 8.06\text{m}^2$

④沿A轴向南敷设的第一根风管上的支管（400mm×400mm）工程量计算：

长度 $L_4 = [1.5 + (1.5-0.2) \times 2 (两根相同)]\text{m} = 4.10\text{m}$

【注释】 1.5是沿A轴到最后一个支管的中心线的长度；(1.5-0.2)是沿A轴到第一个支管管口中心到与干管800mm×320mm中心线交点的支管长度，其中0.2是后面风管400mm×320mm管径长度的二分之一，应减去；第二个支管与其相同，所以共为(1.5-0.2)×2。

工程量 $F = (0.4+0.4) \times 2 \times L_4 = 0.8 \times 2 \times 4.1\text{m}^2 = 6.56\text{m}^2$

（2）风管干管（沿B轴方向敷设的风管干管）：

①风管（800mm×630mm）工程量计算：

长度 $L_5 = (1.5 - 0.2 + 4 + 1.5 + 2 + 0.2)\text{m} = 9\text{m}$

【注释】 风管800mm×630mm的长度有两段：一段是沿A轴的风管800mm×320mm的中心线到B轴中心线之间的距离，(1.5-0.2+4+1.5)正是这段长度；另一段与B轴重合，从管道中心线到第一个支管400mm×400mm的外侧，为(2+0.2)。

工程量 $F = (0.8+0.63) \times 2 \times L_5 = 1.43 \times 2 \times 9\text{m}^2 = 25.74\text{m}^2$

②风管（800mm×320mm）工程量计算：

长度 $L_6 = (6 - 0.2 - 0.2 + 0.2 + 0.2)\text{m} = 6\text{m}$

工程量 $F = (0.8+0.32) \times 2 \times L_6 = 1.12 \times 2 \times 6\text{m}^2 = 13.44\text{m}^2$

③风管（400mm×320mm）工程量计算：

长度 $L_7 = (6 - 0.2 - 0.2)\text{m} = 5.60\text{m}$

工程量 $F = (0.4+0.32) \times 2 \times L_7 = (0.4+0.32) \times 2 \times 5.6\text{m}^2 = 8.06\text{m}^2$

④支管（沿B轴方向敷设的风管上的支管）（400mm×400mm）工程量计算：

长度 $L_8 = 1.5 \times 6\text{m} = 9.00\text{m}$

【注释】 每个支管长度是1.5，图中沿B轴方向共有6个。

工程量 $F = (0.4+0.4) \times 2 \times L_8 = 0.8 \times 2 \times 9\text{m}^2 = 14.40\text{m}^2$

（3）帆布软接头的工程量计算：

长度 $L_9 = 0.20\text{m}$

工程量 $L_9 = 0.20\text{m}$

（4）带调节板活动的百叶风口工程量计算：

400mm×400mm 的带调节板的单层百叶风口工程量为 9 个。

清单工程量计算见表 7-1。

表 7-1　清单工程量计算表

序号	项目编码	项目名称	项目特征描述	计量单位	工程量
1	030702001001	碳钢通风管道	矩形,1000mm×800mm	m^2	15.12
2	030702001002	碳钢通风管道	矩形,800mm×320mm	m^2	31.58
3	030702001003	碳钢通风管道	矩形,400mm×320mm	m^2	16.12
4	030702001004	碳钢通风管道	矩形,400mm×400mm	m^2	20.96
5	030702001005	碳钢通风管道	矩形,800mm×630mm	m^2	25.74
6	030702008001	柔性软风管	帆布软管	m	0.20
7	030703007001	碳钢风口、散流器、百叶窗	400mm×400mm 的带调节板的单层百叶风口	个	9

2. 定额工程量

（1）风管工程量计算同清单中工程量的计算。

（2）帆布软接头的工程量计算：

长度 $L_9 = 0.20m$

工程量 $F = 2 \times (1.0 + 0.8) \times 0.2 m^2 = 0.72 m^2$

（3）带调节板活动的百叶风口工程量计算：

查《全国统一安装工程预算定额》第九分册通风空调工程得到每个风口的重量为3.6kg，故工程量为 $3.6 \times 9 kg = 32.40kg$

项目编码:030702001　　项目名称:碳钢通风管道

项目编码:030703007　　项目名称:碳钢风口、散流器、百叶窗

【例2】　计算如图 7-2 所示风管的工程量。

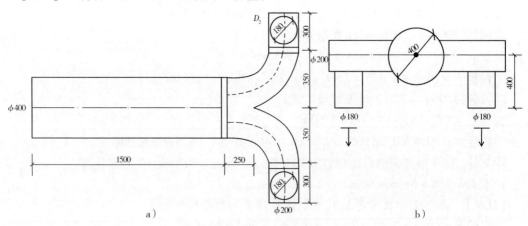

图 7-2　风管平面图

a）平面图　b）立面图

【解】　如图 7-2 所示两根相同的圆形支管 $\phi 200$ 上各连有一圆形散流器 $\phi 180$。

1. 清单工程量

280

（1）$\phi400$ 的风管的工程量计算：

$F = \pi DL = 3.14 \times 0.4 \times 1.5 \text{m}^2 = 1.88 \text{m}^2$

（2）$\phi180$ 的风管的工程量计算：

$F = 2\pi DL = 2 \times 3.14 \times 0.18 \times 0.4 \text{m}^2 = 0.45 \text{m}^2$

（3）$\phi200$ 的风管的工程量计算：

$F = 2\left(\pi DL + \dfrac{1}{4}\pi^2 D^2\right) = 2 \times \left[3.14 \times 0.2 \times (0.25 + 0.3) + \dfrac{1}{4} \times 3.14^2 \times 0.2^2\right]\text{m}^2 = 0.89 \text{m}^2$

【注释】 正三通一个弯头的长度 $L = \pi D \times 1/4$，所以弯头的表面积为 $F = \dfrac{1}{4}\pi^2 D^2$。

（4）$\phi180$ 的圆形散流器的工程量为 1×2 个 $= 2$ 个

清单工程量计算见表 7-2。

表 7-2　清单工程量计算表

序号	项目编码	项目名称	项目特征描述	计量单位	工程量
1	030702001001	碳钢通风管道	圆形，$\phi400$	m²	1.88
2	030702001002	碳钢通风管道	圆形，$\phi180$	m²	0.45
3	030702001003	碳钢通风管道	圆形，$\phi200$	m²	0.89
4	030703007001	碳钢风口、散流器、百叶窗	圆形，$\phi180$ 的直片散流器，4.39kg/个	个	2

2. 定额工程量

（1）定额工程量中风管的工程量同清单工程量的计算。

（2）圆形散流器（$\phi180$）的工程量：

查《新编建筑安装工程量速算手册》中国标准通风部件重量表中图号为 CT211 – 1 的圆形直片散流器，尺寸 $\phi180$ 的圆形直片散流器的重量为 4.39kg/个，故

2 个 $\phi180$ 圆形直片散流器的工程量：$4.39 \times 2\text{kg} = 8.78\text{kg}$

定额工程量见表 7-3。

表 7-3　工程量计算表（定额）

序号	项目名称　规格	单位	工程量	计算式
1	$\phi400$ 的风管	m²	1.88	$3.14 \times 0.4 \times 1.5 = 1.88$
2	$\phi180$ 的风管	m²	0.45	$2 \times 3.14 \times 0.18 \times 0.4 = 0.45$
3	$\phi200$ 的风管	m²	0.89	$2 \times [3.14 \times 0.2 \times (0.25 + 0.3) + \dfrac{1}{4} \times 3.14^2 \times 0.2^2] = 0.89$
4	$\phi180$ 的圆形直片散流器（4.39kg/个，2 个）制作	kg	8.78	$4.39 \times 2 = 8.78$
5	$\phi180$ 的圆形直片散流器（4.39kg/个，2 个）安装	个	2	$1 \times 2 = 2$

项目编码：030702007　　项目名称：复合型风管

项目编码：030703007　　项目名称：碳钢风口、散流器、百叶窗

【例 3】 计算如图 7-3 所示风管的工程量。

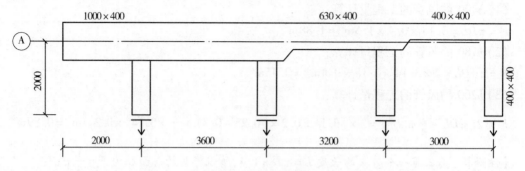

图 7-3　风管示意图

【解】　如图 7-3 所示的沿 A 轴敷设的矩形风管上接出 4 个支管,每个支管上各带一个风口,共 4 个,送风方式采用侧送风。

1. 清单工程量

(1)风管干管(沿 A 轴敷设的风管):

①风管(1000mm×400mm)工程量计算:

长度 $L_1 = (2 + 3.6 + 0.2)m = 5.80m$

【注释】　0.2 是 400×400 风管的半径,应当加上。

工程量 $F = (1 + 0.4) \times 2 \times L_1 = (1 + 0.4) \times 2 \times 5.8m^2 = 16.24m^2$

②风管(630mm×400mm)工程量计算:

长度 $L_2 = (3.2 - 0.4 + 0.4)m = 3.20m$

【注释】　3.2m 是指从左向右第二个支管和第三个支管中心线的距离,0.4m 是指从左向右第二个支管到变径管右端的距离,0.4m 是指从左向右第三个支管到变径管右端的距离。

工程量 $F = (0.63 + 0.4) \times L_2 \times 2 = 1.03 \times 2 \times 3.2m^2 = 6.59m^2$

③风管(400mm×400mm)工程量计算:

长度 $L_3 = (3 - 0.4)m = 2.60m$

【注释】　3m 是最后一个支管到倒数第二个支管间中心线的距离,0.4m 是指倒数第二个支管到变径管右端的距离。

工程量 $F = (0.4 + 0.4) \times 2 \times 2.6m^2 = 4.16m^2$

(2)支管:

风管(400mm×400mm)工程量计算:

长度 $L_4 = (2.0 + 2.0 + 2.0 + \dfrac{1.0}{2} - \dfrac{0.63}{2} + 2.0 + \dfrac{1.0}{2} - \dfrac{0.4}{2})m = 8.49m$

【注释】　干管中连接的支管,其支管的管长是从所连接干管的中心线到支管的末端所具有的长度(为支管的管长)。

工程量 $F = (0.4 + 0.4) \times 2 \times L_4 = 0.8 \times 2 \times 8.49m^2 = 13.58m^2$

(3)方形直片散流器的工程量:

1×4 个 $= 4$ 个

清单工程量计算见表 7-4。

表 7-4　清单工程量计算表

序号	项目编码	项目名称	项目特征描述	计量单位	工程量
1	030702007001	复合型风管	矩形,1000mm×400mm	m²	16.24
2	030702007002	复合型风管	矩形,630mm×400mm	m²	6.59
3	030702007003	复合型风管	矩形,400mm×400mm	m²	17.74
4	030703007001	碳钢风口、散流器、百叶窗	碳钢散流器,方形直片	个	4

2. 定额工程量

(1)定额工程量中风管的工程量同清单工程量的计算。

(2)方形直片散流器(400mm×400mm)的工程量:

查《新编建筑安装工程量速算手册》中国标通风部件重量表中图号 CT211−2 的方形直片散流器,尺寸为 400mm×400mm 的散流器重量为 8.89kg/个,故

有 4 个 400mm×400mm 的方形直片散流器,方形直片散流器(400mm×400mm)的重量为 8.89×4kg=35.56kg

定额工程量见表 7-5。

表 7-5　工程量计算表(定额)

序号	项目名称规格	单位	工程量	计算式
1	1000mm×400mm 的风管	m²	16.24	$(1+0.4)\times5.8\times2=16.24$
2	630mm×400mm 的风管	m²	6.59	$(0.63+0.4)\times2\times3.2=6.59$
3	400mm×400mm 的风管	m²	17.74	$(0.4+0.4)\times2\times(2.0+2.0+2.0+\dfrac{1.0}{2}-\dfrac{0.63}{2}+$ $2.0+\dfrac{1.0}{2}-\dfrac{0.4}{2}+3-0.4)=1.6\times11.09=17.74$
4	400mm×400mm 的方形直片散流器(8.89kg/个)共 4 个制作	kg	35.56	$8.89\times4=35.56$
5	400mm×400mm 的方形直片散流器(8.89kg/个)共 4 个安装	个	4	$1\times4=4$

项目编码:030701003　　项目名称:空调器

项目编码:030702007　　项目名称:复合型风管

项目编码:030703007　　项目名称:碳钢风口、散流器、百叶窗

项目编码:030702008　　项目名称:柔性软风管

【例4】　计算如图 7-4 所示渐缩管的工程量。

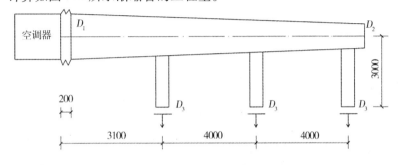

图 7-4　渐缩管示意图

图中所示 $D_1 = 2000\text{mm}, D_2 = 1000\text{mm}, D_3 = 500\text{mm}$;图中所示的风管为圆形风管。

【解】 1. 清单工程量

风管的工程量:

①渐缩形(D_1、D_2)风管工程量计算:

长度 $L_1 = [3.1 - 0.2(软管长) + 4 + 4]\text{m} = 10.90\text{m}$

工程量 $F = \pi L_1 \dfrac{D_1 + D_2}{2} = 3.14 \times 10.9 \times \dfrac{2+1}{2}\text{m}^2 = 51.34\text{m}^2$

【注释】 渐缩形风管直径按两端口直径的平均值。

②风管支管(D_3)的工程量计算:

长度 $L_2 = 3 \times 3(三个支管)\text{m} = 9\text{m}$

工程量 $F = \pi D_3 L_2 = 3.14 \times 0.5 \times 9\text{m}^2 = 14.13\text{m}^2$

③圆形直片散流器的工程量为 1×3 个 $= 3$ 个

④软接管 1 个,长度 $L_3 = 0.20\text{m}$

⑤空调器 1 台

清单工程量计算见表7-6。

表7-6 清单工程量计算表

序号	项目编码	项目名称	项目特征描述	计量单位	工程量
1	030702007001	复合型风管	圆形渐缩管,$D_1 = 2000\text{mm}$,$D_2 = 1000\text{mm}$	m^2	51.34
2	030702007002	复合型风管	圆形风管,$D_3 = 500\text{mm}$	m^2	14.13
3	030703007001	碳钢风口、散流器、百叶窗	圆形直片散流器,$\phi500$,13.07kg/个	个	3
4	030702008001	柔性软风管	软接管	m	0.20
5	030701003001	空调器	制冷量 13.58kW	台	1

2. 定额工程量

(1)定额工程量中风管的工程量同清单工程量的计算。

(2)圆形直片散流器($\phi500$)的工程量:

查《新编建筑安装工程量速算手册》中国标准通风部件重量表中图号为 CT211 - 1 的圆形直片散流器,尺寸为 $\phi500$ 的散流器重量为 13.07kg/个,故:

$\phi500$ 的圆形直片散流器的工程量为:$13.07 \times 3\text{kg} = 39.21\text{kg}$

因为有 3 个 $\phi500$ 的圆形直片散流器。

(3)软接管的工程量计算:

长度 $L = 0.20\text{m}$

工程量 $F = \pi D_1 L = 3.14 \times 2 \times 0.2\text{m}^2 = 1.26\text{m}^2$

(4)空调器的制冷量为 13.58kW(1.167 万 cal/h),共 1 台。

定额工程量见表7-7。

表7-7 工程量计算表(定额)

序号	项目名称规格	单位	工程量	计算式
1	渐缩管(D_1,D_2)	m^2	51.34	$3.14 \times 10.9 \times \dfrac{2+1}{2} = 51.34$
2	风管支管 $\phi500$	m^2	14.13	$3.14 \times (3 \times 3) \times 0.5 = 14.13$

序号	项目名称规格	单位	工程量	计算式
3	$\phi500$ 的圆形直片散流器 13.07kg/个,共计 3 个制作	kg	39.21	$13.07 \times 3 = 39.21$
4	$\phi500$ 的圆形直片散流器 13.07kg/个,共计 3 个安装	个	3	$1 \times 3 = 3$
5	软接管	m²	1.26	$3.14 \times 2 \times 0.2 = 1.26$
6	空调器　制冷量 13.58kW,1 台	台	1	$1 \times 1 = 1$

项目编码:030702001　　项目名称:碳钢通风管道

【例5】　某通风空调系统设计如图 7-5 所示,风管采用碳钢制作安装而成,风管采用天圆地方连接,一端为圆形渐缩风管均匀送风,$D_1 = 500mm$,$D_2 = 1000mm$;另一端连接矩形风管(2000mm × 1500mm),其天圆地方的尺寸依据具体情况而定。一般情况下与所连接的送风管道管径大体相同。计算如图 7-5 所示管道的工程量。

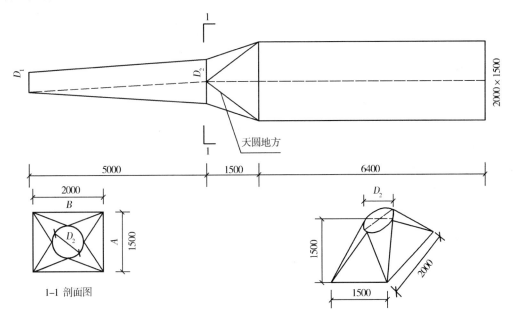

图 7-5　风管示意图

【解】　1. 清单工程量

(1)渐缩形圆形风管(D_1,D_2)的工程量计算:

长度 $L_1 = 5m$

工程量 $F = \dfrac{D_1 + D_2}{2}\pi L_1 = \dfrac{0.5 + 1.0}{2} \times 3.14 \times 5 m^2 = 11.78 m^2$

(2)天圆地方工程量计算:

长度 $L_2 = 1.5m$

工程量 $F = \left(\dfrac{\pi D}{2} + A + B\right)L = \left(\dfrac{1.0 \times 3.14}{2} + 1.5 + 2.0\right) \times 1.5 m^2 = 7.61 m^2$

【注释】　公式中$\left(\dfrac{\pi D}{2} + A + B\right)$是左右两端口周长和的一半。

(3)风管(2000mm×1500mm)的工程量计算:

长度 $L_3 = 6.40m$

工程量 $F = (2.0+1.5) \times 2 \times L_3 = (2.0+1.5) \times 2 \times 6.4m^2 = 44.80m^2$

清单工程量计算见表7-8。

表7-8 清单工程量计算表

序号	项目编码	项目名称	项目特征描述	计量单位	工程量
1	030702001001	碳钢通风管道	圆形渐缩管，$D_1 = 500mm$，$D_2 = 1000mm$	m^2	11.78
2	030702001002	碳钢通风管道	天圆地方管，$D = 1000mm$，$A \times B = 1500mm \times 2000mm$	m^2	7.61
3	030702001003	碳钢通风管道	矩形风管，2000mm×1500mm	m^2	44.80

2. 定额工程量

定额工程量同清单中的工程量。

定额工程量见表7-9。

表7-9 工程量计算表(定额)

序号	项目名称规格	单位	工程量	计算公式
1	渐缩形风管(D_1,D_2)	m^2	11.78	$\frac{0.5+1.0}{2} \times 3.14 \times 5 = 11.78$
2	天圆地方	m^2	7.61	$(\frac{1.0 \times 3.14}{2} + 1.5 + 2.0) \times 1.5 = 7.61$
3	矩形风管 2000mm×1500mm	m^2	44.80	$(2.0+1.5) \times 2 \times 6.4 = 44.80$

项目编码:030108001　　　项目名称:离心式通风机

项目编码:030702008　　　项目名称:柔性软风管

项目编码:030702001　　　项目名称:碳钢通风管道

【例6】　计算如图7-6所示风机的工程量。

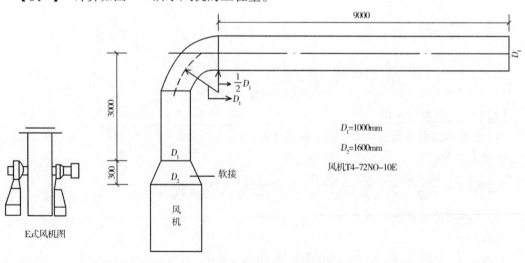

图7-6　风机送风示意图

【解】　1. 清单工程量

286

（1）圆形风管 D_1 的工程量计算：

长度 $L_1 = (9 + 3 - 1)\text{m} = 11\text{m}$

工程量 $F = \pi D_1 L_1 + \dfrac{1}{4}\pi^2 D_1^2$

$$= (3.14 \times 1.0 \times 11 + \dfrac{1}{4} \times 3.14^2 \times 1.0^2)\text{m}^2$$

$$= (34.54 + 2.465)\text{m}^2 = 37.01\text{m}^2$$

（2）软管的工程量计算：

长度 $L_1 = 0.3\text{m}$

（3）离心式风机的工程量计算：

T4－72NO－10E 的风机 1 台

清单工程量计算见表 7-10。

表 7-10 清单工程量计算表

序号	项目编码	项目名称	项目特征描述	计量单位	工程量
1	030702001001	碳钢通风管道	圆形，$D_1 = 1000\text{mm}$	m²	37.01
2	030702008001	柔性软风管	软管，圆形，$D_2 = 1600\text{mm}$	m	0.3
3	030108001001	离心式通风机	T4－72NO－10E	台	1

2. 定额工程量

（1）定额工程量中圆形风管的工程量同清单中的工程量。

（2）软管的工程量计算：

长度 $L_2 = 0.3\text{m}$

工程量 $F = \dfrac{D_1 + D_2}{2}\pi L_2 = \dfrac{1.0 + 1.6}{2} \times 3.14 \times 0.3\text{m}^2 = 1.22\text{m}^2$

（3）风机的工程量计算：

本工程采用一台离心式轴流风机，风机型号为 T4－72NO－10E，为单侧吸入。

定额工程量见表 7-11。

表 7-11 工程量计算表（定额）

序号	项目名称规格	单位	工程量	计算公式
1	圆形风管 $\phi = 1000$	m²	37.01	$(3.14 \times 1.0 \times 11 + \dfrac{1}{4} \times 3.14^2 \times 1.0^2) = 37.01$
2	软接管	m²	1.23	$(\dfrac{1.0 + 1.6}{2} \times 3.14 \times 0.3) = 1.22$
3	风机 T4－72NO－10E	台	1	

项目编码：030702008　　项目名称：柔性软风管

项目编码：030702001　　项目名称：碳钢通风管道

项目编码：030703001　　项目名称：碳钢阀门

项目编码：030701003　　项目名称：空调器

【例7】 计算如图 7-7 所示空调器的工程量

【解】 1. 清单工程量

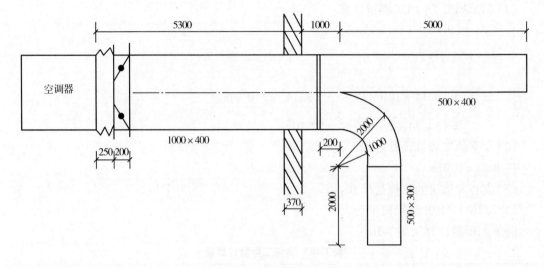

图 7-7　空调器送风示意图

(1)风管(1000mm×400mm)的工程量计算：

长度 $L_1 = [5.3 - 0.25(软管) - 0.2(对开调节阀长) + 1.0]m = 5.85m$

工程量 $F = (1.0 + 0.4) \times 2 \times L_1 = (1.0 + 0.4) \times 2 \times 5.85m^2 = 16.38m^2$

(2)风管(500mm×400mm)的工程量计算：

长度 $L_2 = (5 + 0.2)m = 5.20m$

工程量 $F = (0.5 + 0.4) \times 2 \times L_2 = 0.9 \times 2 \times 5.2m^2 = 9.36m^2$

(3)风管(500mm×300mm)的工程量计算：

长度 $L_3 = 2.0 + 0.2 = 2.2m$

工程量 $F = [(0.5 + 0.3) \times 2 \times L_3 + \pi \dfrac{1.0 + 2.0}{2} \times (0.5 + 0.3)]m^2 = (0.8 \times 2 \times 2.2 + 1.5 \times$

$$3.14 \times 0.8)m^2$$
$$= 7.29m^2$$

(4)软管(1000mm×400mm)的工程量计算：

长度 $L_1 = 0.25m$

(5)对开多叶调节阀(1000mm×400mm)的工程量计算：

长度 $L_2 = 0.20m$，手动密闭式对开多叶调节阀 1 个。

(6)空调器的工程量计算：

JS－6 型空调器 1 台。

清单工程量计算见表 7-12。

表 7-12　清单工程量计算表

序号	项目编码	项目名称	项目特征描述	计量单位	工程量
1	030702001001	碳钢通风管道	矩形 1000mm×400mm	m²	16.38
2	030702001002	碳钢通风管道	矩形 500mm×400mm	m²	9.36
3	030702001003	碳钢通风管道	矩形 500mm×300mm	m²	7.29

288

序号	项目编码	项目名称	项目特征描述	计量单位	工程量
4	030702008001	柔性软风管	软管	m	0.25
5	030703001001	碳钢阀门	手动密闭式对开多叶调节阀，1000mm×400mm，22.4kg/个	个	1
6	030701003001	空调器	JS-6型，重约5200kg/台，制冷量12560.4kJ/h	台	1

2. 定额工程量

（1）定额工程量中风管的工程量同清单工程量。

（2）软管工程量的计算：

长度 $L_4 = 0.25\text{m}$

工程量 $F = (1.0 + 0.4) \times 2 \times 0.25\text{m}^2 = 0.70\text{m}^2$

（3）对开多叶调节阀的工程量计算：

长度 $L_5 = 0.2\text{m}$

手动密闭式对开多叶调节阀1个，此对开阀重量为22.4kg/个。

（4）空调器的工程量计算：

JS-6型空调器1台，其重量约为5200kg/台，制冷量为12560.4kJ/h。

定额工程量计算见表7-13。

表7-13　定额工程量计算表

序号	项目名称　规格	单位	工程量	计算公式
1	矩形风管 1000mm×400mm	m^2	16.38	$(1.0+0.4) \times 2 \times 5.85$
2	矩形风管 500mm×400mm	m^2	9.36	$(0.5+0.4) \times 2 \times 5.2$
3	矩形风管 500mm×300mm	m^2	7.29	$(0.5+0.3) \times 2 \times 2.2 + \dfrac{1.0+2.0}{2} \times 3.14 \times (0.5+0.3)$
4	软风管	m^2	0.70	$(1.0+0.4) \times 2 \times 0.25$
5	手动闭密式对开多叶调节阀安装	个	1	
6	空调器，JS-6，5200kg/台	台	1	

项目编码：030703021　　项目名称：静压箱

项目编码：030702008　　项目名称：柔性软风管

项目编码：030703001　　项目名称：碳钢阀门

项目编码：030702001　　项目名称：碳钢通风管道

【例8】　计算如图7-8所示空调的工程量。

【解】　1. 清单工程量

（1）消声静压箱的工程量计算：

尺寸为2.5m×2.8m×1.1m的消声静压箱1台。

$(2.5 \times 2.8 + 2.8 \times 1.1 + 2.5 \times 1.1) \times 2\text{m}^2 = 25.66\text{m}^2$

（2）软管的工程量计算：

长度 $L_1 = 0.27\text{m}$

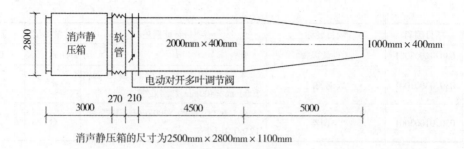

消声静压箱的尺寸为2500mm×2800mm×1100mm

图7-8 空调送风平面图

（3）电动对开式双叶调节阀的工程量计算：

长度 $L_2 = 0.21\text{m}$ 的电动对开式多叶调节阀1个。

（4）风管（2000mm×400mm）的工程量计算：

长度 $L_3 = 4.50\text{m}$

工程量 $F = (2.0 + 0.4) \times L_3 \times 2 = 2.4 \times 4.5 \times 2\text{m}^2 = 21.60\text{m}^2$

（5）渐缩形风管的工程量计算：

长度 $L_4 = 5.0\text{m}$

工程量
$$F = \frac{(2.0 + 0.4) \times 2 + (1.0 + 0.4) \times 2}{2} \times L_4$$
$$= \frac{4.8 + 2.8}{2} \times 5.0\text{m}^2$$
$$= 19.00\text{m}^2$$

清单工程量计算见表7-14。

表7-14 清单工程量计算表

序号	项目编码	项目名称	项目特征描述	计量单位	工程量
1	030703021001	静压箱	碳素钢板制作，$\delta = 1.5\text{mm}$，2.5m×2.8m×1.1m	m^2	25.66
2	030702008001	柔性软风管	软管，矩形，2000mm×400mm	m	0.27
3	030703001001	碳钢阀门	电动对开式多叶调节阀，2000mm×400mm，64.5kg/个	个	1
4	030702001001	碳钢通风管道	矩形风管，2000mm×400mm	m^2	21.60
5	030702001002	碳钢通风管道	渐缩形风管，$A \times B = 2000\text{mm} \times 400\text{mm}$，$a \times b = 1000\text{mm} \times 400\text{mm}$	m^2	19.00

2. 定额工程量

（1）消声静压箱的工程量计算：

静压箱1台，尺寸为2.5m×2.8m×1.1m，碳素钢板支座板厚1.5mm，则静压箱的面积：

$(2.5 \times 2.8 + 2.8 \times 1.1 + 2.5 \times 1.1) \times 2\text{m}^2 = 25.66\text{m}^2$

（2）软管的工程量计算：

长度 $L_1 = 0.27\text{m}$

工程量 $F = (2.0 + 0.4) \times L_1 \times 2 = (2.0 + 0.4) \times 2 \times 0.27 \mathrm{m}^2 = 1.30 \mathrm{m}^2$

（3）电动对开式双叶调节阀的工程量计算：

长度 $L_2 = 0.21 \mathrm{m}$，电工对开式多叶调节阀 $2000 \mathrm{mm} \times 400 \mathrm{mm}$，一个，重量为 $64.5 \mathrm{kg}/$ 个。

（4）定额中风管的工程量同清单中风管的工程量。

项目编码：030703007　　　项目名称：碳钢风口、散流器、百叶窗

项目编码：030703001　　　项目名称：碳钢阀门

项目编码：030702008　　　项目名称：柔性软风管

项目编码：030702001　　　项目名称：碳钢通风管道

项目编码：030703021　　　项目名称：静压箱

【例9】　计算如图7-9所示风管的工程量。

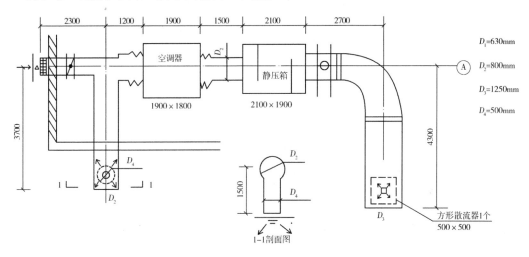

图7-9　风管送风示意图

【解】　1. 清单工程量

（1）风管的工程量计算

①干管

a）风管（$D_1 = 630 \mathrm{mm}$）的工程量：

长度 $L_1 = (2.3 - 0.65)\mathrm{m} = 1.65\mathrm{m}$

【注释】　2.3是进入墙体的风管的长度，0.65是调节阀的长度。

工程量 $F = \pi D_1 L_1 = 3.14 \times 0.63 \times 1.65 \mathrm{m}^2 = 3.26 \mathrm{m}^2$

b）风管（$D_2 = 800 \mathrm{mm}$）的工程量：

长度 $L_2 = [1.2 - 0.2(软接管长) + 1.5 - 0.25(软接管长)]\mathrm{m} = 2.25\mathrm{m}$

【注释】　1.2是从直径为 D_4 的风管中心线到空调器左侧的长度，0.2是软接管的长，1.5是空调器右侧到静压箱左侧的长度，0.25是软接管的长。

工程量 $F = \pi D_2 L_2 = 3.14 \times 0.8 \times 2.25 \mathrm{m}^2 = 5.65 \mathrm{m}^2$

c）风管（$D_3 = 1250 \mathrm{mm}$）的工程量：

长度 $L_3 = (2.7 + 4.3 - 1.49)\mathrm{m} = 5.51\mathrm{m}$

工程量 $F = \pi D_3 L_3 = 3.14 \times 1.25 \times 5.51 \mathrm{m}^2 = 21.63 \mathrm{m}^2$

②支管

a）风管（$D_2 = 800$mm）的工程量：

长度 $L_4 = 3.70$m

工程量 $F = \pi D_2 L_4 = 3.14 \times 0.8 \times 3.7\text{m}^2 = 9.29\text{m}^2$

b）风管（$D_4 = 500$mm）的工程量：

长度 $L_5 = 1.50$m

工程量 $F = \pi D_4 L_5 = 3.14 \times 0.5 \times 1.5\text{m}^2 = 2.36\text{m}^2$

c）风管（500mm×500mm）的工程量：

长度 $L_6 = 1.50$m

【注释】 其长度同风管 D_4 为 500 的长度。

工程量 $F = (0.5 + 0.5) \times 2 \times L_6 = (0.5 + 0.5) \times 2 \times 1.5\text{m}^2 = 3.00\text{m}^2$

（2）风口的工程量计算：

防水百叶（550mm×375mm），1个；

圆形直片散流器（$\phi = 500$mm），1个；

方形散流器（500mm×500mm），1个。

（3）软接管的工程量计算：

长度为 $L_1 = 0.2$m 的圆形（$D = 800$mm）的软接管，

长度为 $L_2 = 0.25$m 的圆形（$D = 800$mm）的软接管。

（4）调节阀的工程量计算：

长度为 $L_3 = 650$mm 的圆形（$D = 630$mm）的调节阀 1 个。

（5）70℃常开的防火阀的工程量计算：

长度为 $L_4 = D + 240\text{mm} = (1.25 + 0.24)\text{m} = 1.49\text{m}$ 的圆形（$D = 1250$mm）防火阀，数量为 1 个。

（6）空调器的工程量计算：

吊顶式定风量空调器：MDK – 0.5，制冷量为：5000m^3/h，台数为 1 台。

（7）静压箱的工程量计算：

尺寸为 2100mm×1900mm×1700mm 的静压箱，工程量为 21.58m^2。

清单工程量计算见表 7-15。

表 7-15　清单工程量计算表

序号	项目编码	项目名称	项目特征描述	计量单位	工程量
1	030702001001	碳钢通风管道	圆形，$D_1 = 630$mm	m^2	3.26
2	030702001002	碳钢通风管道	圆形，$D_2 = 800$mm	m^2	14.94
3	030702001003	碳钢通风管道	圆形，$D_3 = 1250$mm	m^2	21.63
4	030702001004	碳钢通风管道	圆形，$D_4 = 500$mm	m^2	2.36
5	030702001005	碳钢通风管道	矩形，500mm×500mm	m^2	3.00
6	030703007001	碳钢风口、散流器、百叶窗	防水百叶，550mm×375mm，3.59kg/个，T202 – 2	个	1
7	030703007002	碳钢风口、散流器、百叶窗	圆形直片散流器，$\phi = 500$mm，碳钢，CT211 – 2	个	1

序号	项目编码	项目名称	项目特征描述	计量单位	工程量
8	030703007003	碳钢风口、散流器、百叶窗	方形散流器,500mm×500mm,碳钢,CT211−2	个	1
9	030702008001	柔性软风管	软接管,圆形 $D=800$mm	m	0.45
10	030703001001	碳钢阀门	圆形蝶阀,拉链式,$D=630$mm,T302−1,18.55kg/个	个	1
11	030703001002	碳钢阀门	70℃ 常开防火阀,T356−1,$D=1250$mm,12.65kg/个	个	1
12	030701003001	空调器	制冷量115200kJ/h,制热量151200kJ/h,定风量,MDK−05,1900mm×1800mm×1100mm,风量5000m³/h	台	1
13	030703021001	静压箱	尺寸为2100mm×1900mm×1700mm	m²	21.58

2. 定额工程量

(1)定额中风管(包括干管、支管)的工程量同清单中的工程量。

(2)风口的工程量计算

①防水百叶(550mm×375mm)的工程量:

防水百叶(550mm×375mm 的单层百叶风口)1 个,根据查《全国通风部件标准重量表》可知,550mm×375mm 的单层百叶风口的重量为3.59kg/个,其图号为 T202−2(在新风口入口处安装),因图中只有 1 个防水百叶风口,故其工程量为 3.59×1kg=3.59kg。

②圆形直片散流器($\phi=500$mm)的工程量:

圆形直片散流器($\phi=500$mm),图号 CT211−2,1 个;

查《全国通风部件标准重量表》,得出 $\phi=500$mm 的圆形直片散流器的重量为13.07kg/个,因只有 1 个圆形直片散流器,故圆形直片散流器的工程量为13.07×1kg=13.07kg。

③方形散流器(500mm×500mm)的工程量:

方形散流器(500mm×500mm),图号 CT211−2,1 个;

查《全国通风部件标准重量表》,得出 500mm×500mm 的方形散流器的重量为12.23kg/个,因本工程图中只有 1 个,故其重量为 12.23×1kg=12.23kg。

(3)管件的工程量计算

①软接管的工程量

a)软接管(空调器左边的软接管)

长度 $L_7=0.20$m

工程量 $F_1=\pi D_2 L_7=3.14\times0.8\times0.2$m²=0.50m²

b)软接管(空调器右边的软接管)

长度 $L_8=0.25$m

工程量 $F_2=\pi D_2 L_8=3.14\times0.8\times0.25$m²=0.63m²

则软接管的工程量为:

长度 $L=L_7+L_8=(0.2+0.25)$m=0.45m

工程量 $F = F_1 + F_2 = (0.50 + 0.63)\,m^2 = 1.13\,m^2$

②调节阀的工程量：

长度 $L_9 = 650\,mm$

调节阀：圆形蝶阀（拉结、拉链式），尺寸为 $D = 630\,mm$，共 1 个，可参见国家标准图 T302 – 1。$D = 630\,mm$，重量为 18.55kg/个，故调节阀的重量为：$18.55 \times 1\,kg = 18.55\,kg$

③70℃常开的防火阀工程量：

长度 $L = D + 240\,mm = (1.25 + 0.24)\,m = 1.49\,m$

经查阅图纸，共有 1 个 70℃常开的防火阀，可参见国家标准图 T356 – 1。$D = 1250\,mm$，重量为 12.65kg/个，故 70℃常开的防火阀的重量为 $12.65 \times 1\,kg = 12.65\,kg$。

(4)部件的工程量计算

①空调器的工程量：定风量空调器 MDK – 05，1 台，根据浙江某厂生产的空调器，其尺寸为 1900mm × 1800mm × 1100mm，风量为 5000m^3/h，制冷量为 115200kJ/h，制热量为 151200kJ/h。

②静压箱的工程量：静压箱的尺寸为：2100mm × 1900mm × 1700mm，共 1 台，故其工程量为：$F = (2.1 \times 1.9 + 2.1 \times 1.7 + 1.9 \times 1.7) \times 2\,m^2 = 10.79 \times 2\,m^2 = 21.58\,m^2$

项目编码:030702001　　　项目名称:碳钢通风管道
项目编码:030703007　　　项目名称:碳钢风口、散流器、百叶窗

【例10】　计算如图 7-10 所示送风管的工程量。

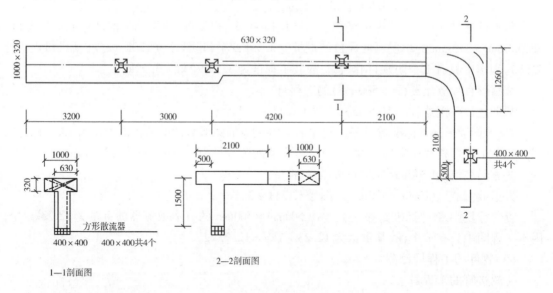

图 7-10　送风管示意图

【解】　1. 清单工程量

(1)干管工程量计算

①风管(1000mm × 320mm)的工程量计算：

长度 $L_1 = (3.2 + 3)\,m = 6.20\,m$

工程量 $F = (1.0 + 0.32) \times 2 \times L_1 = 1.32 \times 2 \times 6.2\,m^2 = 16.37\,m^2$

②风管(630mm × 320mm)的工程量计算：

长度 $L_2 = (4.2 + 2.1 + \dfrac{1.26}{2} + \dfrac{1.26}{2} + 2.1)\text{m} = 9.66\text{m}$

工程量 $F = (0.63 + 0.32) \times 2 \times L_2 = 0.95 \times 2 \times 9.66\text{m}^2 = 18.35\text{m}^2$

（2）支管工程量计算：

风管（400mm × 400mm）的工程量：

长度 $L_3 = 1.5 \times 4\text{m} = 6.00\text{m}$

【注释】 从 2-2 剖面图中可以看出，连接散流器支管的长度为 1.5m，共有 4 个。

工程量 $F = (0.4 + 0.4) \times 2 \times L_3 = 0.8 \times 2 \times 6\text{m}^2 = 9.60\text{m}^2$

（3）风口的工程量计算：

400mm × 400mm 的方形散流器，数量：4 个。

清单工程量计算见表 7-16。

表 7-16 清单工程量计算表

序号	项目编码	项目名称	项目特征描述	计量单位	工程量
1	030702001001	碳钢通风管道	矩形，1000mm × 320mm	m^2	16.37
2	030702001002	碳钢通风管道	矩形，630mm × 320mm	m^2	18.35
3	030702001003	碳钢通风管道	矩形，400mm × 400mm	m^2	9.60
4	030703007001	碳钢风口、散流器、百叶窗	碳钢散流器，方形，400mm × 400mm，T303-2，13.24kg/个	个	4

2. 定额工程量

（1）定额中风管（干管、支管）的工程量同清单中的工程量。

（2）风口的工程量计算：

方形散流器（400mm × 400mm），图号 T303-2，共 4 个，查《全国通风部件标准重量表》，得其重量为 13.24kg/个，因有 4 个，故其重量：13.24 × 4kg = 52.96kg

（3）导流叶片的工程量计算：

$F = 2\pi r \theta b$ 其中 b 为导流叶片宽，θ 为弧度 弧度 = 角度 × 0.01745，则导流单叶片的工程量：$F = 0.114 \times 4\text{m}^2 = 0.46\text{m}^2$

项目编码：030702001 **项目名称：碳钢通风管道**

项目编码：030703007 **项目名称：碳钢风口、散流器、百叶窗**

【例 11】 如图 7-11 所示，计算某百货公司大厅门厅前方门洞空气幕侧送风管的工程量。

说明：空气幕采用从下向上依次均匀送风，风口采用喷口送风，每个喷口的大小 320mm × 160mm，风管截面尺寸从下到上依次为：630mm × 320mm，400mm × 320mm，支管截面尺寸为 320mm × 250mm。

【解】 1. 清单工程量

（1）风管的工程量计算：

①风管（630mm × 320mm）的工程量：

长度 $L_1 = (0.4 + 1.0 + 1.0)\text{m} = 2.40\text{m}$

工程量 $F = (0.63 + 0.32) \times 2 \times L_1 = 0.95 \times 2 \times 2.4\text{m}^2 = 4.56\text{m}^2$

②风管(400mm×320mm)的工程量：

长度 $L_2 = (1.0 + 1.0 + 1.0) \text{m} = 3.00 \text{m}$

工程量 $F = (0.4 + 0.32) \times 2 \times L_2 = 0.72 \times 2 \times 3 \text{m}^2 = 4.32 \text{m}^2$

③支管风管(320mm×250mm)的工程量：

长度 $L_3 = \left[0.4 \times 3 + \left(0.8 - \dfrac{0.4}{2} \right) \times 3 \right] \text{m} = 3.00 \text{m}$

【注释】 0.4是从风管630mm×320mm中心线到支管管口的长度,风管630mm×320mm上共有3个这样的支管;(0.8 - 0.4/2)是从风管400mm×320mm中心线到支管管口的长度,风管400mm×320mm上有3个这样的支管。

工程量 $F = (0.32 + 0.25) \times 2 \times L_3 = 0.57 \times 2 \times 3 \text{m}^2 = 3.42 \text{m}^2$

(2)风口的工程量计算：

喷口(320mm×160mm)的数量为6个;采用单边侧送风。

清单工程量计算见表7-17。

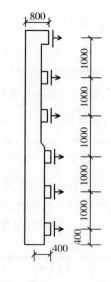

图7-11 空气幕示意图

表7-17 清单工程量计算表

序号	项目编码	项目名称	项目特征描述	计量单位	工程量
1	030702001001	碳钢通风管道	矩形,630mm×320mm	m²	4.56
2	030702001002	碳钢通风管道	矩形,400mm×320mm	m²	4.32
3	030702001003	碳钢通风管道	矩形,320mm×250mm	m²	3.42
4	030703007001	碳钢风口、散流器、百叶窗	喷口风口,320mm×160mm,T210-2,11.32kg/个,单边侧送风	个	6

2. 定额工程量

(1)定额中风管的工程量同清单中风管的工程量。

(2)风口的工程量计算：

风口安装320mm×160mm的喷口,共6个,图号为T210-2,查《全国通风部件标准重量表》,得喷口(320mm×160mm)的重量为11.32kg/个,故风口的工程量:11.32×6kg=67.92kg。

风口采用侧送风且属于单边侧送风。

项目编码:030108001　　　项目名称:离心式通风机

项目编码:030703001　　　项目名称:碳钢阀门

项目编码:030702001　　　项目名称:碳钢通风管道

【例12】 计算如图7-12所示卫生间风机的工程量。

【解】 1. 清单工程量

(1)风管的工程量计算

①风管(400mm×200mm)的工程量：

长度 $L_1 = \left[(0.4 + 1.8) \times 2 (\text{每层两个}) \times 8 (\text{三至十层}) - 0.44 \times 2 \times 8 \right] \text{m} = 28.16 \text{m}$

【注释】 0.4是垂直段的长度;1.8是水平段的长度;0.44是防火阀的长度,其长度 $L = B + 0.24 \text{mm}$, B 是风管高度,风管400mm×200mm的高度是0.2,所以防火阀的长度为0.44。

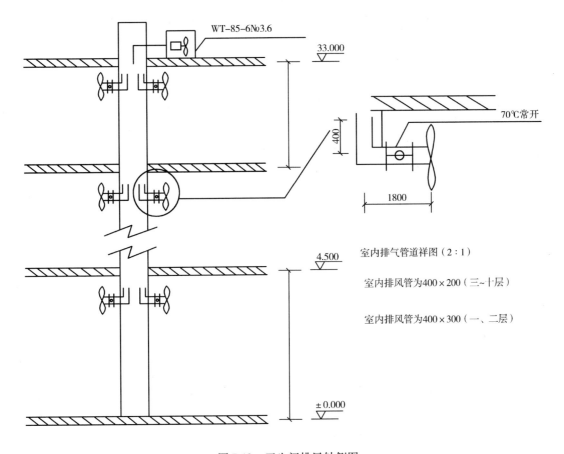

图 7-12　卫生间排风轴侧图

工程量 $F = (0.4 + 0.2) \times L_1 \times 2 = 0.6 \times 28.16 \times 2 \mathrm{m}^2 = 33.79 \mathrm{m}^2$

②风管(400mm×300mm)的工程量:

长度 $L_2 = [(0.4 + 1.8) \times 2(每层两个) \times 2(一至二层) - 0.54 \times 2 \times 2] \mathrm{m} = 6.64 \mathrm{m}$

【注释】　风管 400mm×300mm 的高度是 0.3,所以防火阀的长度为(0.3+0.24),即 0.54。

工程量 $F = (0.4 + 0.3) \times 2 \times L_2 = 0.7 \times 2 \times 6.64 \mathrm{m}^2 = 9.30 \mathrm{m}^2$

(2)阀门的工程量

①70℃常开防火阀(在 400mm×200mm 的管道中安装):

长度 $L_1 = B + 0.24 = (0.2 + 0.24) \mathrm{m} = 0.44 \mathrm{m}$

共有 16 个。

②70℃常开防火阀在 400mm×300mm 的风管上安装:

长度 $L_2 = B(风管高度) + 0.24 = (0.3 + 0.24) \mathrm{m} = 0.54 \mathrm{m}$

共有 4 个。

(3)排气扇的工程量:

经查阅图纸,共有 20 个排气扇,尺寸为 500mm×400mm,均为两叶轮排气扇。

(4)风机的工程量:

297

①经查阅图纸，共有一台 WT－85－6№3.6 的玻璃钢屋顶通风机。

②风机减震台座的工程量：

台座编号为 10# 的支架重量为 722.00kg。

清单工程量计算见表 7-18。

表 7-18　清单工程量计算表

序号	项目编码	项目名称	项目特征描述	计量单位	工程量
1	030108001001	离心式通风机	WT－85－6№3.6,玻璃钢屋顶通风机,680mm×560mm,台座编号 10#,重7.22kg	台	1
2	030702001001	碳钢通风管道	矩形,400mm×200mm	m²	33.79
3	030702001002	碳钢通风管道	矩形,400mm×300mm	m²	9.30
4	030703001001	碳钢阀门	400mm×200mm,70℃常开防火阀,T356－2,5.42kg/个	个	16
5	030703001002	碳钢阀门	400mm×300mm,70℃常开防火阀,T356－2,5.42kg/个	个	4
6	030703007001	碳钢风口、散流器、百叶窗	带两叶轮排气阀风口,3.24kg/个,500mm×400mm	个	20

2. 定额工程量：

（1）定额中风管(400mm×200mm,400mm×300mm)的工程量同清单中相应风管的工程量。

（2）70℃常开防火阀的工程量计算：

①长度 $L_3 = B + 0.24 = (0.2 + 0.24)\text{m} = 0.44\text{m}$

其中 B 为风管的高度。

在三层至十层中风管(400mm×200mm)的管道中安装的 70℃常开防火阀的数量:2(每层两个)×8(三~十层层数)=16 个,每个防火阀的重量根据国家标准图 T356－2,其重量为 5.42kg/个,总重量为:5.42×16kg=86.72kg

②风管(400mm×300mm)的管道中安装的 70℃常开防火阀的工程量：

长度 $L_4 = B + 0.24 = (0.3 + 0.24)\text{m} = 0.54\text{m}$

经查阅图纸,长度为 0.54m 的 70℃常开防火阀共有 4 个,标准图集号为 T356－2,每个重量为5.42kg,总重量:5.42×4kg=21.68kg

合计重量:(86.72+21.68)kg=108.40kg

（3）排气扇工程量计算：

经查阅图纸,共有 20 个排气扇,均为两叶轮排气扇,其每个重量为 3.24kg,总重为64.8kg,尺寸为 500mm×400mm。

（4）风机的工程量计算：

①经查阅图纸和说明,本设计选用的风机为 WT－85－6№3.6 的玻璃钢屋顶通风机,尺寸为 680mm×560mm,数量:1 台。

②风机减震台座的工程量：

应根据设计图纸按实际重量计算。根据国家标准图集,台座编号为 110#,减震支架重量为7.22kg。

项目编码:030703012   项目名称:碳钢风帽

【例 13】 如图 7-13 所示,T609 圆伞形风帽两个,试计算其制作安装工程量。

【解】 1. 清单工程量

尺寸为 $D=500mm$ 的圆伞形风帽两个。

2. 定额工程量

查阅国家标准重量表可知:T609 圆伞形风帽,尺寸 $D=500mm$,每个圆伞形风帽的重量为 13.97kg,本系统中根据说明共有 2 个,因此,圆伞形风帽的工程量:13.97×2kg=27.94kg。

清单工程量计算见表 7-19。

表 7-19　清单工程量计算表

项目编码	项目名称	项目特征描述	计量单位	工程量
030703012001	碳钢风帽	圆伞形,T609,$D=$500mm,13.97kg/个	个	2

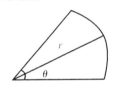

图 7-13　风帽示意图
1—伞形罩　2—支撑　3—固定箍
$D_1=800mm$　$D=500mm$
$H_0=700mm$　$H=350mm$

项目编码:030702001   项目名称:碳钢通风管道

【例 14】 计算如图 7-14 所示的导流叶片的工程量。

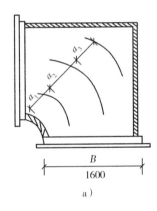

a)

b)

θ 为弧度
弧度=角度×0.01745

图 7-14　导流叶片
a)导流叶片安装图　b)导流叶片局部图

【解】 1. 清单工程量

(1)导流叶片弧长 $=\dfrac{\pi}{180°}ar=0.01745×90×0.2m=0.314m$

a:中心角(90°),r:半径(200mm)

(2)弯头 B 的边长为:$B=1600mm=1.60m$

(3)导流叶片按照规范,可知 B 面尺寸为 1600mm 的导流叶片片数为 10 片,故 320mm×1600mm 矩形弯头的导流叶片的面积=导流叶片弧长×弯头边长(B)×片数=0.314×1.6×10m²=5.02m²,数量为 1 个。

清单工程量计算见表 7-20。

表 7-20 清单工程量计算表

项目编码	项目名称	项目特征描述	计量单位	工程量
030702001001	碳钢通风管道	导流叶片矩形弯头,320mm×1600mm	m²	5.02

2. 定额工程量

定额工程量同清单工程量。

项目编码:030701007 项目名称:挡水板

【例15】 计算如图 7-15 所示的钢制挡水板的工程量。

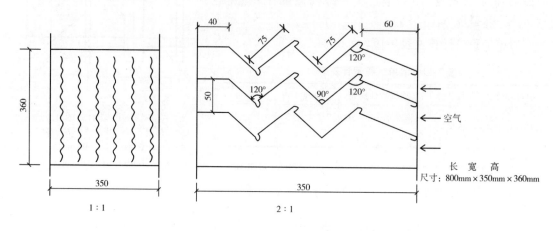

图 7-15 挡水板示意图

【解】 1. 清单工程量

图 7-15 所示的挡水板为钢制挡水板,规格为六折曲板,片距为 50mm,尺寸为 800mm × 350mm × 360mm。

挡水板的曲板工程量为

$$F = (0.04 + 0.04 + 0.075 + 0.04 + 0.075 + \sqrt{0.05^2 + 0.06^2}) \times 0.8 \times 3 \text{m}^2 = 0.84 \text{m}^2$$

【注释】 $\sqrt{0.05^2 + 0.06^2} \times 0.080$ 是最后一段的长度;0.8 是挡风板的长;有 3 片。

挡水板的制作安装按空调器断面面积计算。

清单工程量计算见表 7-21。

表 7-21 清单工程量计算表

项目编码	项目名称	项目特征描述	计量单位	工程量
030701007001	挡水板	钢制,六折曲板,片距 50mm,尺寸为 800mm×350mm×360mm	个	3

2. 定额工程量

定额工程量同清单工程量。

项目编码:030703012 项目名称:碳钢风帽

【例16】 计算如图 7-16 所示风帽的工程量。

【解】 1. 清单工程量

风帽泛水制作安装类型有圆形和矩形两种,其工程量计算根据规格不同,按展开面积

300

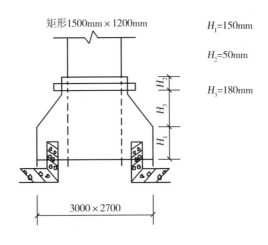

图 7-16　风帽泛水示意图

$H_1 = 150\text{mm}$

$H_2 = 50\text{mm}$

$H_3 = 180\text{mm}$

矩形1500mm × 1200mm

3000 × 2700

来计算。

图 7-16 所示的矩形风帽泛水的展开面积为:

$$F = \left[2(A+B) + 2(A_1+B_1)\right]/2 \times H_3 + 2(A+B)H_2 + 2(A_1+B_1) \times H_1$$

$$= \{\left[2 \times (1.5+1.2) + 2 \times (3.0+2.7)\right] \div 2 \times 0.18 + 2 \times (1.5+1.2) \times 0.05 + 2 \times (3.0 + 2.7) \times 0.15\}\,\text{m}^2$$

$$= 3.49\text{m}^2$$

清单工程量计算见表 7-22。

表 7-22　清单工程量计算表

项目编码	项目名称	项目特征描述	计量单位	工程量
030703012001	碳钢风帽	矩形风帽泛水	个	1

2. 定额工程量

定额工程量同清单工程量。

项目编码:030702001 　**项目名称:碳钢通风管道**

项目编码:030702008 　**项目名称:柔性软风管**

项目编码:030108001 　**项目名称:离心式通风机**

项目编码:030701007 　**项目名称:挡水板**

项目编码:030701012 　**项目名称:风淋室**

【例 17】　计算如图 7-17 所示通风管的工程量。

【解】　1. 清单工程量

(1)软管的工程量计算:

$$L_1 = 200\text{mm} \times 2\,(两个) = 400\text{mm} = 0.40\text{m}$$

【注释】　图中 1 号帆布接头的长度是每个 200mm。

工程量 $F = (1.25 + 0.63) \times 2 \times L_1 = 1.88 \times 2 \times 0.4\,\text{m}^2 = 1.50\text{m}^2$

(2)波形挡水板的工程量:

波形挡水板根据空调器的断面面积来确定其工程量,在此次设计中波形挡水板之间的间距为 30mm,采用钢制材料,三折曲板。

挡水板工程量：$F = 1.3 \times 0.7 \times 2\,\text{m}^2 = 1.82\,\text{m}^2$

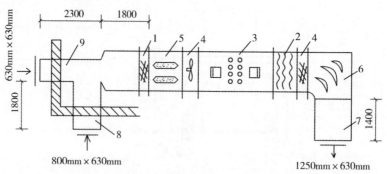

图 7-17　空调器功能段示意图

1—帆布接头　2—波形挡水板　3—喷淋段（对喷）　4—FT35－11№5.6 风机
5—消声器　6—导流叶片　7、8、9—风管道

【注释】　挡风板截面尺寸同喷淋段的截面尺寸，喷淋段的尺寸为 1300mm × 700mm × 2100mm，所以其截面面积为 1.3 × 0.7；挡风板共有 2 片，所以为 1.3 × 0.7 × 2。

（3）喷淋段的工程量

①喷淋段尺寸为：1300mm × 700mm × 2100mm，采用两组对喷的形式，喷嘴的直径为 2mm，网眼尺寸为 0.5mm × 0.6mm。

②溢水盘：根据喷淋段的大小，以及此分段组合式空调器的适用量，根据实际情况计算选用 150 I 型，重量为 14.76kg/个，1 个，其工程量为 14.76 × 1kg = 14.76kg。

（4）风机的工程量计算：

依照图纸说明，本设计选用的风机为轴流式风机，风机型号为 FT35－11№5.6，风量 $L =$ 4300 ～ 11405m³/h，$P = 62$ ～ 217Pa，外形尺寸为 440mm × 710mm × 745mm，风机的重量为 31kg/台，单数为 1 台。

风机减震台的工程量：根据风机的情况及安装位置，本设计采用编号为 CG327 的减震台座，减震支架的重量为 693.5kg/个，工程量为 693.5 × 1kg = 693.5kg。

（5）消声器的工程量计算：

设计图中选用的是编号为 T701－6 的阻抗复合式消声器，尺寸为 1500mm × 1400mm，根据国家通风部件标准重量表可知，此类消声器的重量为 214.32kg/个，数量为 1 个，故其总重量为 214.32 × 1kg = 214.32kg。

（6）风管的工程量计算

①风管 7（1250mm × 630mm）的工程量：

长度 $L_2 = \left[\dfrac{1.5}{2}(导流叶片边长) + 1.4 + 1.8 - 0.2\right]\text{m} = 3.75\text{m}$

工程量 $F = (0.63 + 1.25) \times 2 \times L_2 = 1.88 \times 2 \times 3.75\,\text{m}^2 = 14.10\,\text{m}^2$

②风管 8（800mm × 630mm）的工程量：

长度 $L_3 = \left[1.8 + \dfrac{0.63}{2}(管径的中心线距离)\right]\text{m} = 2.115\text{m}$

工程量 $F = (0.8 + 0.63) \times 2 \times L_3 = 1.43 \times 2 \times 2.115\,\text{m}^2 = 6.05\,\text{m}^2$

③风管 9（630mm × 630mm）的工程量：

长度 $L_4 = 2.30m$

工程量 $F = (0.63 + 0.63) \times 2 \times L_4 = 1.26 \times 2 \times 2.3 m^2 = 5.80 m^2$

清单工程量计算见表 7-23。

表 7-23 清单工程量计算表

序号	项目编码	项目名称	项目特征描述	计量单位	工程量
1	030702008001	柔性软风管	1250mm×630mm,软管	m	0.40
2	030701007001	挡水板	三折曲线,波形,钢制,间距为30mm	个	2
3	030701008001	滤水器、溢水盘	150 I 型溢水盘,14.76kg/个	个	1
4	030108003001	轴流通风机	CG327,支架重 693.5kg/个,支架尺寸 16B 轴流式,FT35 – 11 №5.6,台座编号	台	1
5	030703020001	消声器	T701 – 6,阻抗复合式消声器	个	1
6	030702001001	碳钢通风管道	矩形,1250mm×630mm	m²	14.10
7	030702001002	碳钢通风管道	矩形,800mm×630mm	m²	6.05
8	030702001003	碳钢通风管道	矩形,630mm×630mm	m²	5.80

2. 定额工程量

(1)软管的工程量计算:

长度 $L_1 = 0.2m$ 的(1250mm×630mm)的软管两个,工程量为 0.4m。

(2)波形挡水板的工程量计算:

间距为 30mm 的三折曲板波形挡水板的工程量为 $1.3 \times 0.7 \times 2 m^2 = 1.82 m^2$,由钢制材料制成。

(3)喷淋段的工程量计算:

清单中喷淋段溢水盘的工程量同定额中的工程量。

(4)风机的工程量计算:

型号为:FT35 – 11№5.6 的轴流风机 1 台,693.5kg。

(5)消声器的工程量计算:

编号为 T701 – 6 的阻抗复合式消声器 1 个,总重量为 214.32kg。

(6)导流叶片的工程量计算:

导流叶片的管口尺寸为 1250mm×630mm。

根据风管的高度可查出导流叶片的表面积为 $0.216 m^2$,香蕉形双叶片的数目为 8,故导流叶片面积为:

$0.216 \times 8 m^2 = 1.73 m^2$

(7)风管的工程量计算:

定额中风管的工程量同清单中的工程量。

项目编码:030701004   项目名称:风机盘管

【例18】 计算如图 7-18 所示风机盘管的工程量。

【解】 1. 清单工程量

303

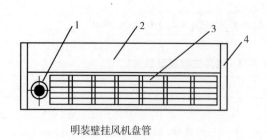
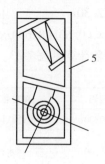

明装壁挂风机盘管

图 7-18　风机盘管示意图

1—机组　2—外壳顶板　3—出风口　4—外壳右侧板　5—保温层

根据图纸的说明,风机盘管为明装壁挂式,其型号为 FP5,制冷量 7950 ~ 10800kJ/h,风量 300 ~ 500m³/h,功率 40W,每台的重量为 35 ~ 48kg。尺寸 847mm ×452mm ×375mm,1 台。

清单工程量计算见表 7-24。

表 7-24　清单工程量计算表

项目编码	项目名称	项目特征描述	计量单位	工程量
030701004001	风机盘管	明装壁挂式,FP5	台	1

2. 定额工程量

定额工程量同清单工程量。

项目编码:030703007　　项目名称:碳钢风口、散流器、百叶窗

项目编码:030702008　　项目名称:柔性软风管

项目编码:030702001　　项目名称:碳钢通风管道

项目编码:030701006　　项目名称:密闭门

项目编码:030701003　　项目名称:空调器

项目编码:030703020　　项目名称:消声器

【例 19】　计算如图 7-19 所示风管的工程量。

【解】　1. 清单工程量

(1)风口的工程量计算

①风管(900mm ×630mm)的管道中代号为①的防水百叶的工程量:

单层百叶尺寸为 550mm ×375mm,图号为 T202 – 2,每个单层百叶(550mm ×375mm)的重量为3. 59kg,因图中只有 1 个,故其重量为 3. 59 ×1kg = 3. 59kg

②风管(1000mm ×500mm)的管道中代号为②的活动算板式回风口的工程量:

活动算板式回风口,编号 T261,尺寸为 895mm ×400mm,每个的重量为 5. 42kg,因图中只有 1 个,故其重量为 5. 42 ×1kg = 5. 42kg

③风管(1000mm ×400mm)的管道中代号为③的活动算板式回风口的工程量:

活动算板式回风口编号为 T261,尺寸为 775mm ×400mm,每个的重量为 4. 75kg,因图中只有 1 个,故其重量为 4. 75 ×1kg = 4. 75kg

(2)风管的工程量计算

①风管(900mm ×630mm)的工程量:

长度 $L_1 = 1.40$ m

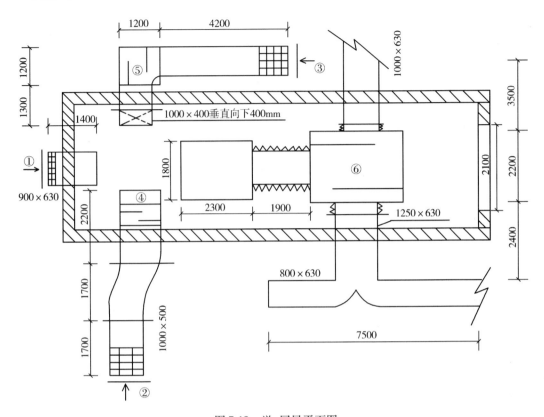

图 7-19 送、回风平面图

工程量 $F = (0.9 + 0.63) \times 2 \times L_1 = 1.53 \times 2 \times 1.4 \text{m}^2 = 4.28 \text{m}^2$

②风管（1000mm×400mm）的工程量：

长度 $L_2 = (1.3 + \dfrac{1.2}{2} + \dfrac{1.2}{2} + 4.2 + 0.4) \text{m} = 7.10 \text{m}$

工程量 $F = (1.0 + 0.4) \times 2 \times L_2 = 1.4 \times 2 \times 7.1 \text{m}^2 = 19.88 \text{m}^2$

③风管（1000mm×500mm）的工程量：

长度 $L_3 = (2.2 - 0.8 + 1.7 + 1.7) \text{m} = 4.80 \text{m}$

【注释】 图中④表示的是消声器，其长度是0.8，计算风管长度时应当减去。

工程量 $F = (1.0 + 0.5) \times 2 \times L_3 = 1.5 \times 2 \times 4.8 \text{m}^2 = 14.40 \text{m}^2$

④风管（1000mm×630mm）的工程量：

长度 $L_4 = (3.50 - 0.2) \text{m} = 3.3 \text{m}$

【注释】 0.2是软管的长度。

工程量 $F = (1.0 + 0.63) \times 2 \times L_4 = 1.63 \times 2 \times 3.3 \text{m}^2 = 10.76 \text{m}^2$

⑤风管（1250mm×630mm）的工程量：

长度 $L_5 = (2.4 + \dfrac{0.8}{2} - 0.2) \text{m} = 2.60 \text{m}$

【注释】 风管（1250mm×630mm）的长度是从软管南面到风管（800mm×630mm）中心线

之间的长度,0.2是软管的长度。

工程量 $F = (1.25 + 0.63) \times 2 \times L_5 = 1.88 \times 2 \times 2.6 \text{m}^2 = 9.78 \text{m}^2$

⑥风管(800mm×630mm)的工程量:

长度 $L_6 = 7.50 \text{m}$

工程量 $F = (0.8 + 0.63) \times 2 \times L_6 = 1.43 \times 2 \times 7.5 \text{m}^2 = 21.45 \text{m}^2$

(3)消声器的工程量计算

①代号为⑤的消声器的工程量:

代号为⑤的消声器为弧形声流式消声器,长度 $L_7 = 1.2 \text{m}$,尺寸为800mm×800mm,其重量为629kg/个,经查阅图纸,此消声器只有1个,故其重量为 $629 \times 1 \text{kg} = 629.00 \text{kg}$。

②代号为④的消声器为阻抗复合式消声器,编码为T701−6,尺寸为1000mm×600mm,长度为 $L_8 = 800 \text{mm}$,其重量为120.56kg/个,经查阅图纸,此消声器仅有1个,故其重量为 $120.56 \times 1 \text{kg} = 120.56 \text{kg}$。

③代号为⑥的消声器为阻抗复合式消声器,编码为T701−6,尺寸为2000mm×1500mm,长度为 $L_9 = 2100 \text{mm}$,其重量为347.65kg/个,经查阅图纸,此消声器只有1个,故其重量为 $347.65 \times 1 \text{kg} = 347.65 \text{kg}$。

(4)软管的工程量计算

①长度 $L_{10} = 1.9 \text{m}$

工程量: $(1.0 + 0.8) \times 2 \times L_{10} = 1.8 \times 2 \times 1.9 \text{m}^2 = 6.84 \text{m}^2$

②长度 $L_{11} = 0.2 \text{m}$(消声器⑥北面)

工程量: $(1.0 + 0.63) \times 2 \times L_{11} = 1.63 \times 2 \times 0.2 \text{m}^2 = 0.65 \text{m}^2$

③长度 $L_{12} = 0.2 \text{m}$(消声器⑥南面)

工程量: $(1.25 + 0.63) \times 2 \times L_{12} = 1.88 \times 2 \times 0.2 \text{m}^2 = 0.75 \text{m}^2$

(5)空调器的工程量计算:

图中所示空调器的尺寸为1800mm×2300mm×1300mm,其型号规格为ZK6,风量为30000m³/h,制冷量为628000kJ/h,制热量为754000kJ/h,安装形式为落地式安装,其重量为542.87kg/台,图中所示的空调器共1台,故其重量为 $542.87 \times 1 \text{kg} = 542.87 \text{kg}$。

(6)密闭门的工程量计算:

密闭门的尺寸为2100mm×2100mm,带一个视孔800mm×500mm,视孔距本层楼面的距离为1700mm,数量为1个,材质为钢制,采用无中横档的门框。

清单工程量计算见表7-25。

表7-25　清单工程量计算表

序号	项目编码	项目名称	项目特征描述	计量单位	工程量
1	030702001001	碳钢通风管道	矩形,900mm×630mm	m²	4.28
2	030702001002	碳钢通风管道	矩形,1000mm×400mm	m²	19.88
3	030702001003	碳钢通风管道	矩形,1000mm×500mm	m²	14.40
4	030702001004	碳钢通风管道	矩形,1000mm×630mm	m²	10.76
5	030702001005	碳钢通风管道	矩形,1250mm×630mm	m²	9.78
6	030702001006	碳钢通风管道	矩形,800mm×630mm	m²	21.45

序号	项目编码	项目名称	项目特征描述	计量单位	工程量
7	030703007001	碳钢风口、散流器、百叶窗	单层防水百叶风口,550mm×375mm,T202-2,3.59kg/个	个	1
8	030703007002	碳钢风口、散流器、百叶窗	活动箅板式回风口,T261,895mm×400mm,5.42kg/个	个	1
9	030703007003	碳钢风口、散流器、百叶窗	活动箅板式回风口,T261,775mm×400mm,4.75kg/个	个	1
10	030703020001	消声器	弧形声流式,800mm×800mm,629kg/个	个	1
11	030703020002	消声器	阻抗复合式,T701-6,1000mm×600mm,120.56kg/个	个	1
12	030703020003	消声器	阻抗复合式,T701-6,2000mm×1500mm,347.65kg/个	个	1
13	030702008001	柔性软风管	管径为1000mm×800mm	m	1.90
14	030702008002	柔性软风管	管径为1000mm×630mm	m	0.20
15	030702008003	柔性软风管	管径为1250mm×630mm	m	0.20
16	030701003001	空调器	落地安装式,ZK6,1800mm×2300mm×1300mm,542.87kg/台	台	1
17	030701006001	密闭门	钢制,2100mm×2100mm,带一个视孔(800mm×500mm),无中横档门框	个	1

2. 定额工程量

定额工程量同清单工程量。

项目编码:030702003　　项目名称:不锈钢板通风管道

项目编码:030703008　　项目名称:不锈钢风口、散流器、百叶窗

项目编码:030108001　　项目名称:离心式通风机

项目编码:030703001　　项目名称:碳钢阀门

【例20】　计算如图7-20所示的楼梯电梯前室通风图中通风管件及部件的工程量。

本题说明:此楼层共十二层,每隔一层接一个通风管道,即双数层中安装通风管道,以保证楼梯与电梯合用前室有5~10Pa的正压。

【解】　1. 清单工程量

(1)风管的工程量计算:

长度 $L_1 = 0.8 \times 6$(共6层有) $\times 2$(每层有2个电梯合用前室)m

　　　　 $= 9.60$m

工程量 $F = (0.32 + 0.32) \times 2 \times L_1 = 0.64 \times 2 \times 9.6m^2 = 12.29$m^2

(2)防火阀的工程量计算:

长度: $L = B + 240$mm $= (320 + 240)$mm $= 0.56$m　　(单个长)

尺寸:320mm×320mm

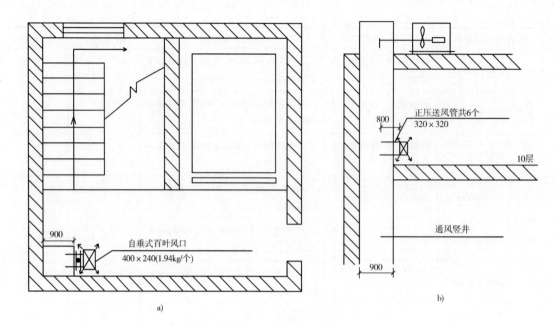

图 7-20 送风示意图

a)楼梯与电梯合用前室加压送风平面图　b)合用前室正压送风轴测图

数量:12 个

(3)风口的工程量计算:

自垂式单层百叶　尺寸:400mm ×240mm;数量:12 个

(4)风机的工程量计算

①屋顶通风机,型号为 WT – 4 – 72 – №7;数量:1 台

②风机减震台座的工程量:

采用编号为 CG37、尺寸为 8D 的减震台座;数量:1 个

2. 定额工程量

(1)清单中风管(320mm ×320mm)的工程量同定额中的工程量。

(2)防火阀的工程量计算:

在图中安装的是 70℃ 常开型的防火阀。

长度 $L = B + 240$mm,B 为风管高度,则

防火阀的工程量为:

$L_2 = B + 240$mm $= (320 + 240)$mm $= 0.56$m

这种尺寸的防火阀编号为 T356 – 2,重量为 5.42kg/个,共有防火阀的数量为:6(共 6 层有风管)×1(个)×2(每层有两个电梯合用前室)= 12 个,故其总重量为 5.42 ×12kg = 65.04kg

(3)风口的工程量计算

①经查阅图纸,可知正压送风口安装的是图号为 T202 – 2 的单层百叶风口,形式是自垂式,按国家标准重量表查阅可知,400 ×240 尺寸的单层百叶风口的重量为 1.94kg/个。

②风口的数量:

6 ×1 ×2 个 = 12 个

因此,风口的总重量为

$1.94 \times 12kg = 23.28kg$

(4)风机的工程量计算

①依据图纸,此风机为屋顶通风机,型号为 WT - 4 - 72 - №7,风量为 $23300 \sim 5350m^3/h$,尺寸为 $50 \times B_4 \times 280$,风机 + 电机的重量为 $(425 + 141)kg$,1 台。

②风机减震台座的工程量:

根据国家规范标准重量表查得,编号为 CG37,尺寸为 $8D$ 的减震台座重量为 310.10kg/个,故风机减震台总重量为 $310.10 \times 1kg = 310.10kg$

清单工程量计算见表 7-26。

表 7-26 清单工程量计算表

序号	项目编码	项目名称	项目特征描述	计量单位	工程量
1	030702003001	不锈钢通风管道	矩形,320mm×320mm	m^2	12.29
2	030703001001	碳钢阀门	70℃常开防火阀,T356-2,5.42kg/个	个	12
3	030703007001	不锈钢风口、散流器、百叶窗	自垂式单层百叶,T202-2,1.94kg/个	个	12
4	030108001001	离心式通风机	屋顶通风机,WT-4-72-№7,台座编号 CG37,尺寸 80	台	1

项目编码:030702001   项目名称:**碳钢通风管道**

项目编码:030703001   项目名称:**碳钢阀门**

项目编码:030703007   项目名称:**碳钢风口、散流器、百叶窗**

项目编码:030108001   项目名称:**离心式通风机**

【例 21】 计算如图 7-21 所示的地下车库排风平面图中通风管道及部件的工程量。

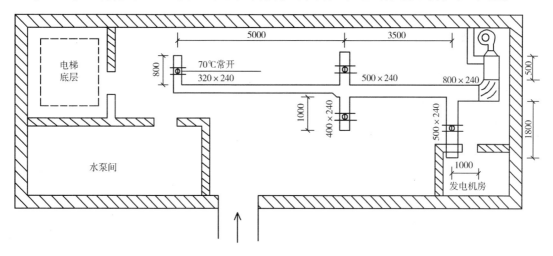

图 7-21 地下车库排风平面图

【解】 1. 清单工程量

(1)风管的工程量计算

①风管(320mm×240mm)工程量:

长度 $L_1 = (0.8 + \frac{0.32}{2} + 5.0 - 0.48)\text{m} = 5.48\text{m}$

【注释】 0.8 是从管口到与其垂直的管道内侧弯折处的距离;0.32/2 是从内侧弯折处到水平管中心线的距离;5 是水平管中心线的长;防火阀的长度是 0.48,由(0.24 + 0.24)所得,前面的 0.24 是与防火阀连接的管道的高度,后一个 0.24 是规定需要加上的长度。

工程量 $F = (0.32 + 0.24) \times 2 \times L_1 = 0.56 \times 2 \times 5.48\text{m}^2 = 6.14\text{m}^2$

②风管(400mm × 240mm)工程量:

长度 $L_2 = (1.0 + \frac{0.5}{2} + 1.0 + \frac{0.5}{2} - 0.48 \times 2)\text{m} = 1.54\text{m}$

【注释】 南北各有一段出风管,长度均为(1.0 + 0.5/2),减去两个防火阀的长度0.48 × 2,即为所求风管的长度。

工程量 $F = (0.4 + 0.24) \times 2 \times L_2 = 0.64 \times 2 \times 1.54\text{m}^2 = 1.97\text{m}^2$

③风管(500mm × 240mm)工程量:

长度 $L_3 = 3.50\text{m}$

工程量 $F = (0.5 + 0.24) \times 2 \times L_3 = 0.74 \times 2 \times 3.5\text{m}^2 = 5.18\text{m}^2$

④风管(800mm × 240mm)的工程量:

长度 $L_4 = (1.0 + 0.5)\text{m} = 1.50\text{m}$

工程量 $F = (0.8 + 0.24) \times 2 \times L_4 = 1.04 \times 2 \times 1.5\text{m}^2 = 3.12\text{m}^2$

⑤风管(500mm × 240mm)工程量:

长度 $L_5 = (1.8 + \frac{0.8}{2} - 0.48)\text{m} = 1.72\text{m}$

工程量 $F = (0.5 + 0.24) \times 2 \times L_5 = 0.74 \times 2 \times 1.72\text{m}^2 = 2.55\text{m}^2$

(2)阀门的工程量计算:

长度为 $L = B + 240 = 480\text{mm} = 0.48\text{m}$

个数:4 个

70℃常开防火阀的尺寸分别为 320mm × 240mm(1 个),400mm × 240mm(2 个),500mm × 240mm(1 个)。

(3)风口的工程量计算:

活动算板式回风口,尺寸:235mm × 200mm;数量 1 个;

活动算板式回风口,尺寸:415mm × 200mm;数量 2 个;

活动算板式回风口,尺寸:505mm × 250mm;数量 1 个。

(4)软接管的工程量计算:

长度 $L = 0.2\text{m}$ 形式:矩形(240mm × 400mm,800mm × 240mm)

(5)风机的工程量计算:

离心式通风机,风机型号为:T4 - 72 - No2 - 20

台数:1 台。

2. 定额工程量

(1)清单中风管的工程量同定额中风管的工程量。

(2)阀门的工程量计算:

经查阅图纸,70℃常开防火阀共有 4 个,依据国家规范标准重量表查得,图号为 T356 - 2、尺寸在 320 ~ 500mm 之间的防火阀,重量为 5.42kg/个,故其总重量为 5.42 × 4kg = 21.68kg。

（3）风口的工程量计算:

①活动箅板式回风口,尺寸为 235mm × 200mm,图号为 T261,经查阅图纸共有 1 个,根据国家规范标准重量表可知,其重量为 1.06kg/个,重量为 1.06 × 1kg = 1.06kg。

②经查阅图纸,415mm × 200mm 的活动箅板式回风口共有两个,根据国家规范标准重量表查得,图号为 T261 的 415mm × 200mm 的风口重量为 1.73kg/个,故其总重量为 1.73 × 2kg = 3.46kg。

③发电机房有一个尺寸为 505mm × 250mm 的活动箅板式回风口,根据国家规范标准重量表查得,图号为 T261 的此风口重量为 2.36kg/个,重量为 2.36 × 1kg = 2.36kg。

（4）导流叶片的工程量计算:

导流叶片的边长为 800mm,共有 7 个单叶片,故其导流叶片的面积为 $F = 0.314 × 0.8 × 7m^2 = 1.76m^2$。

【注释】 0.314 是导流叶片的弧长,$0.314 = 0.01745\theta r$,$\theta = 90°$ 是叶片的中心角度,$r = 200mm$ 是弧形叶片的半径。

（5）软接管的工程量计算:

长度 $L = 0.2m$ 矩形软接管（240mm × 400mm,800mm × 240mm）工程量:

$$F = \left[\left(\frac{0.24 + 0.4}{2} \right) × 2 + \left(\frac{0.8 + 0.24}{2} \right) × 2 \right] × L$$

$$= (0.64 + 1.04) × 0.2m^2 = 0.34m^2$$

（6）风机的工程量计算:

①本设计中采用的是离心式通风机,风机的型号为 T4 - 72 - No2 - 20,风量为 111400 ~ 22860m³/h,风压为 284 ~ 785Pa,风机和电机的重量为（5663 + 1007）kg,1 台。

②风机减震台的工程量:

风机减震台座图号 CG327,尺寸为 10C,其单个重量为 399.50kg/个,故其重量为 399.5 × 1kg = 399.50kg。

清单工程量计算见表 7-27。

表 7-27 清单工程量计算表

序号	项目编码	项目名称	项目特征描述	计量单位	工程量
1	030702001001	碳钢通风管道	矩形,320mm × 240mm	m²	6.14
2	030702001002	碳钢通风管道	矩形,400mm × 240mm	m²	1.97
3	030702001003	碳钢通风管道	矩形,500mm × 240mm	m²	7.73
4	030702001004	碳钢通风管道	矩形,800mm × 240mm	m²	3.12
5	030703001001	碳钢阀门	70℃常开防火阀,T356 - 2,320mm × 240mm	个	1
6	030703001002	碳钢阀门	70℃常开防火阀,T356 - 2,400mm × 240mm	个	2
7	030703001003	碳钢阀门	70℃常开防火阀,T356 - 2,500mm × 240mm	个	1

序号	项目编码	项目名称	项目特征描述	计量单位	工程量
8	030703007001	碳钢风口、散流器、百叶窗	活动算板式回风口，235mm×200mm，T261，1.06kg/个	个	1
9	030703007002	碳钢风口、散流器、百叶窗	活动算板式回风口，415mm×200mm，T261，1.73kg/个	个	2
10	030703007003	碳钢风口、散流器、百叶窗	活动算板式回风口，505mm×250mm，T261，2.36kg/个	个	1
11	030702008001	柔性软风管	矩形软连管，（240mm×400mm，800mm×240mm）	m	0.2
12	030108001001	离心通风机	离心式，T4-72-No2-20，台座图号CG327，尺寸10C	台	1

项目编码:**030702005**   项目名称:**塑料通风管道**
项目编码:**030703005**   项目名称:**塑料阀门**
项目编码:**030703009**   项目名称:**塑料风口、散流器、百叶窗**
【**例22**】 计算如图7-22所示的工程量。

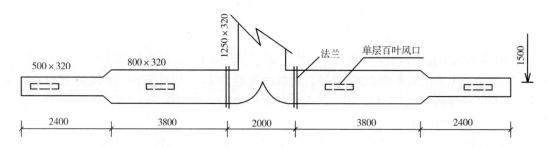

图7-22 塑料风管送风平面图

【**解**】 1.清单工程量(按塑料风管来计算)
(1)风管的工程量计算:
①风管(1250mm×320mm)的工程量:
长度 L_1 = (1.5+2)m = 3.5m
工程量 F = [1.25-0.016(风管壁厚)+0.32-0.016]×2×L_1
　　　　 = 1.538×2×3.5m^2
　　　　 = 10.77m^2
②风管(800mm×320mm)的工程量:
长度 L_2 = 3.8×2m = 7.60m
工程量 F = [0.8-0.01(壁厚)+0.32-0.01(壁厚)]×2×L_2
　　　　 = 1.1×2×7.6m^2
　　　　 = 16.72m^2
③风管(500mm×320mm)的工程量:

长度 $L_3 = 2.4 \times 2\mathrm{m} = 4.80\mathrm{m}$

工程量 $F = [0.5 - 0.008(壁厚) + 0.32 - 0.008(壁厚)] \times 2 \times L_3$

$\qquad = 0.804 \times 2 \times 4.8\mathrm{m}^2 = 7.74\mathrm{m}^2$

说明:塑料风管的工程量是按照风管的内径来计算的,不同管径,塑料风管的壁厚有所不同,注如以上风管的壁厚分别为:500mm×320mm 的壁厚为 8.0mm;800mm×320mm 的壁厚为 10.0mm;1250mm×320mm 的壁厚为 16.0mm。

(2)塑料风管阀门的工程量计算:

塑料蝶阀(拉链式),个数:4 个

图号:T354 - 2,尺寸:500mm×500mm

(3)风口的工程量计算:

单层百叶风口:数量:4 个;图号:T202 - 2;尺寸:200mm×150mm

清单工程量计算见表 7-28。

表 7-28　清单工程量计算表

序号	项目编码	项目名称	项目特征描述	计量单位	工程量
1	030702005001	塑料通风管道	矩形,1250mm×320mm	m²	10.77
2	030702005002	塑料通风管道	矩形,800mm×320mm	m²	16.72
3	030702005003	塑料通风管道	矩形,500mm×320mm	m²	7.72
4	030703005001	塑料阀门	拉链式塑料方形蝶阀,T354 - 2,500mm×500mm,10.72kg/个	个	4
5	030703009001	塑料风口、散流器、百叶窗	T202 - 2,单层百叶风口,200mm×150mm,0.88kg/个	个	4

2. 定额工程量

(1)定额中风管的工程量同清单中风管的工程量。

(2)塑料风管阀门的工程量计算:

经查阅图纸,共有 4 个拉链式塑料蝶阀,根据国家规范标准重量表查得,图号为 JT354 - 2,尺寸为 500mm×500mm 的蝶阀,其重量为 10.72kg/个,故其总重量为 10.72×4kg = 42.88kg。

(3)风口的工程量计算:

经查阅图纸,共有 4 个图号为 T202 - 2 的单层百叶风口,根据国家规范标准重量表查得,尺寸为 200mm×150mm 的风口,其重量为 0.88kg/个,故其总重量为 0.88×4kg = 3.52kg

项目编码:030701004　　项目名称:风机盘管

项目编码:031003013　　项目名称:水表

项目编码:031005005　　项目名称:暖风机

【例 23】　计算如图 7-23 所示风机盘管的工程量。

【解】　1. 清单工程量

(1)风机的工程量计算:

FP - 14,尺寸为 1480mm×765mm×432mm 的风机盘管,数量为 5 台,采用侧送风方式。

(2)阀件的工程量计算:

①止回阀:数量为 5 个,其中 DN20 止回阀 4 个;DN30 止回阀 1 个。

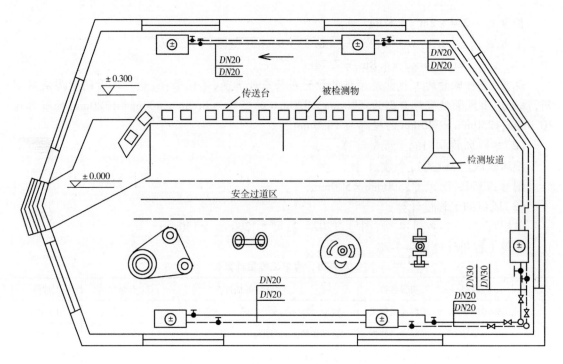

图 7-23 某车间空调送热风示意图

②放气阀的工程量:

DN20 放气阀 4 个;DN30 放气阀 1 个。

③闸阀的工程量:

DN20 闸阀 2 个;DN30 闸阀 2 个。

④水表的工程量:

螺翼式水表,型号为 LSX – 32,公称直径为 32mm,其数量为 1 组。

(3)暖风机的工程量计算:

暖风机:GS 型轴流暖风机,风机的型号规格为 4GS,进出水温度分别为 15℃/80℃,其数量为 3 台,安装方式为可活动的立柱式。

2. 定额工程量

(1)风机盘管的工程量计算:

①风机盘管的型号:FP – 14,尺寸为 1480mm × 765mm × 432mm,其重量为 58kg/台,整机输入功率为 200W,风量(中等)为 1250m³/h,制冷量为 23620kJ/h,制热量为 34630kJ/h。采用侧送风方式。

②经查阅图纸型号 FP – 14 的风机盘管共有 5 台,故其总重量为 58kg/台 × 5 台 = 290.00kg

(2)风机盘管管线中阀件的工程量计算

①止回阀:数量为 5 个,其中 DN20 止回阀 4 个;DN30 止回阀 1 个。其中所有的止回阀采用螺纹连接。

②放气阀的工程量:

均采用螺纹连接,其中 DN20 放气阀 4 个;DN30 放气阀 1 个(供回水最高点处各安装一个)。

③水表的工程量：

螺翼式水表，型号为 LSX - 32，公称直径 DN32mm，额定流量为 3.2m³/h，其每组的重量为 4.2kg。经查阅图纸，其水表的数量为 1 组，故其重量为 4.2×1kg = 4.20kg。

④闸阀的工程量：

$DN$20 闸阀 2 个；$DN$30 闸阀 2 个。

（3）暖风机的工程量计算：

暖风机为 GS 型轴流暖风机，风机的型号规格为 4GS，进、出水温度分别为 15℃/80℃，制热量为 50650kJ/h，风量为 1500m³/h，其每台的重量为 82kg，经查阅图纸，共有 3 台此型号的暖风机，故其总重量为 82×3kg = 246.00kg。

清单工程量计算见表 7-29。

表 7-29　清单工程量计算表

序号	项目编码	项目名称	项目特征描述	计量单位	工程量
1	030701004001	风机盘管	FP - 14，尺寸为：1480mm×765mm×432mm，侧送风方式，58kg/台	台	5
2	031003001001	螺纹阀门	止回阀，$DN$20	个	4
3	031003001002	螺纹阀门	止回阀，$DN$30	个	1
4	031003001003	螺纹阀门	放气阀，$DN$20	个	4
5	031003001004	螺纹阀门	放气阀，$DN$30	个	1
6	031003001005	螺纹阀门	闸阀，$DN$20	个	2
7	031003001006	螺纹阀门	闸阀，$DN$30	个	2
8	031003013001	水表	螺翼式，LSX - 32，DN = 32mm	组	1
9	031005005001	暖风机	GS 型轴流暖风机，可活动立柱式安装	台	3

项目编码:030702001　项目名称:碳钢通风管道的制作安装

项目编码:030703007　项目名称:碳钢风口、散流器、百叶窗

【例 24】　计算如图 7-24 所示风管的工程量。

【解】　1. 清单工程量

（1）风管的工程量计算

①干管的工程量

a）风管（1250mm×800mm）的工程量：

长度 L_1 = (2.0 + 2.0 + 2.0)m = 6.00m

工程量 F = (1.25 + 0.8)×2×L_1 = 2.05×2×6.0m² = 24.60m²

b）风管（1250mm×500mm）的工程量：

长度 L_2 = (2.0 + 2.0 + 2.0 + 2.0 + 1.4)m = 9.40m

工程量 F = (1.25 + 0.5)×2×L_2 = 1.75×2×9.4m² = 32.90m²

②支管的工程量：

长度 L_3 = 0.35×16m = 5.60m

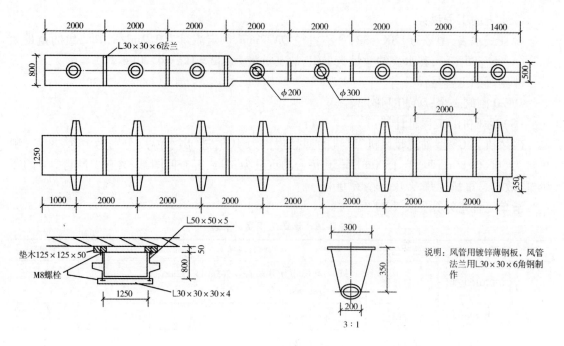

图 7-24　送风平面图

工程量 $F = \dfrac{0.3 + 0.2}{2}\pi L_3 = 0.25 \times 3.14 \times 5.6\,\mathrm{m}^2 = 4.40\,\mathrm{m}^2$

（2）法兰的工程量计算：

管外径 $D = 1250\,\mathrm{mm}$ 的风管法兰阀 L36×4 制作，配用 M8×25 的螺栓安装，其数量为 7 副，用钢制作。

（3）风口的工程量计算：

圆形直板散流器，尺寸为 $\phi180$，数量为 16 个。

2. 定额工程量

（1）定额中风管的工程量同清单中风管的工程量。

（2）阀件的工程量计算：

法兰的工程量：

风管外径 $D = 1250\,\mathrm{mm}$，风管法兰用 L36×4，配用 M8×25 的螺栓制作而成，法兰重 8.75kg/副，经查阅图纸，共有 7 副法兰，故其总重量为 8.75×7kg = 61.25kg。

（3）风口的工程量计算：

风口采用圆形直片散流器，图号为 CT211-2，风口尺寸为 $\phi180$，风口的重量为 4.39kg/个，经查阅图纸，共有 16 个此型号的风口，故其总重量为：4.39×16kg = 70.24kg。

清单工程量计算见表 7-30。

表 7-30　清单工程量计算表

序号	项目编码	项目名称	项目特征描述	计量单位	工程量
1	030702001001	碳钢通风管道	矩形，1250mm×800mm	m²	24.60
2	030702001002	碳钢通风管道	矩形，1250mm×500mm	m²	32.90

序号	项目编码	项目名称	项目特征描述	计量单位	工程量
3	030702001003	碳钢通风管道	矩形,300mm×200mm	m²	4.40
4	031003011001	法兰	L36×4,M8×25 的螺栓连接	副	7
5	030703007001	碳钢风口、散流器、百叶窗	圆形直板散流器,ϕ180	个	16

项目编码:030702001　项目名称:碳钢通风管道

项目编码:030703001　项目名称:碳钢阀门

项目编码:030703007　项目名称:碳钢风口、散流器、百叶窗

【例25】　计算如图7-25所示风管的工程量

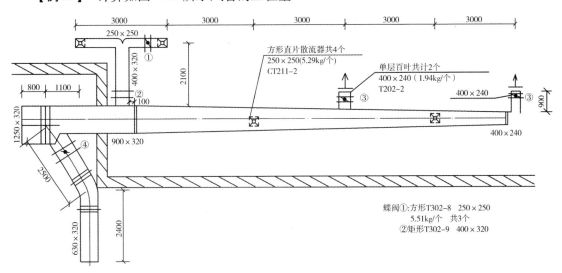

图7-25　门厅通送风平面图

【解】　1. 清单工程量

(1)风管的工程量计算:

①风管(1250mm×320mm)的工程量:

长度 $L_1 = 0.8$m

工程量 $F = (1.25 + 0.32) \times 2 \times L_1 = 1.57 \times 2 \times 0.8 \text{m}^2 = 2.51 \text{m}^2$

②风管(900mm×320mm)的工程量:

长度 $L_2 = (1.1 + \dfrac{3.0}{2} + \dfrac{0.4}{2} + 0.1)\text{m} = 2.90\text{m}$

工程量 $F = (0.9 + 0.32) \times 2 \times L_2 = 1.22 \times 2 \times 2.90 \text{m}^2 = 7.08 \text{m}^2$

③风管(400mm×320mm)的工程量:

长度 $L_3 = (2.1 + \dfrac{0.9}{2})\text{m} = 2.55\text{m}$

工程量 $F = (0.4 + 0.32) \times 2 \times L_3 = 0.72 \times 2 \times 2.55 \text{m}^2 = 3.67 \text{m}^2$

④风管(630mm×320mm)的工程量:

长度 $L_4 = (2.5 + 2.4)\text{m} = 4.9\text{m}$

工程量 $F = (0.63 + 0.32) \times 2 \times L_4 = 0.95 \times 2 \times 4.9 \text{m}^2 = 9.31 \text{m}^2$

⑤渐缩风管的工程量：

长度 $L_5 = (\frac{3.0}{2} - \frac{0.4}{2} - 0.1 + 3.0 + 3.0 + 3.0 + 3.0)\text{m} = 13.20\text{m}$

工程量 $F = (\frac{0.9 + 0.32}{2} + \frac{0.4 + 0.24}{2}) \times 2 \times L_5 = 0.93 \times 2 \times 13.20\text{m}^2 = 24.55\text{m}^2$

⑥风管(400mm×240mm)的工程量：

长度 $L_6 = 0.9 \times 2\text{m} = 1.8\text{m}$

工程量 $F = (0.4 + 0.24) \times 2 \times L_6 = 0.64 \times 2 \times 1.8\text{m}^2 = 2.30\text{m}^2$

⑦风管(250mm×250mm)的工程量：

长度 $L_7 = [3.0 + (\frac{0.32}{2} + 0.2) \times 2(两个向下的风管)]\text{m} = (3.0 + 0.72)\text{m} = 3.72\text{m}$

工程量 $F = (0.25 + 0.25) \times 2 \times L_7 = 0.5 \times 2 \times 3.72\text{m}^2 = 3.72\text{m}^2$

(2)阀门的工程量计算：

蝶阀：方形，尺寸为250mm×250mm，图号为T302 - 8，数量3个；

蝶阀：矩形钢制，尺寸为400mm×320mm，图号为T302 - 9，数量1个；

蝶阀：矩形钢制，尺寸为400mm×240mm，图号为T302 - 9，数量1个；

蝶阀：矩形钢制，尺寸为630mm×320mm，图号为T302 - 9，数量1个。

(3)风口的工程量计算：

①方形直片散流器，尺寸为250mm×250mm，图号为CT211 - 2，数量4个；

②单层百叶风口，尺寸为400mm×250mm，图号为T202 - 2，数量2个。

2. 定额工程量

(1)定额中风管的工程量同清单中的工程量。

(2)阀门的工程量计算：

①经查阅图纸，代号为①的蝶阀共有3个，根据图号T302 - 8查全国规范标准重量表可知，方形蝶阀250mm×250mm重量为5.51kg/个，故其总重量为5.51×3kg = 16.53kg。

②经查阅图纸，尺寸为400mm×320mm 的矩形钢制蝶阀，仅有1个，根据国家规范标准重量表查得，图号为T302 - 9 的此尺寸蝶阀，重量为12.13kg/个，故其重量为12.13 × 1kg = 12.13kg。

③经查阅图纸，尺寸为400mm×240mm 的矩形钢制蝶阀只有1个，根据国家规范标准重量表查得，其重量为7.12kg/个，故其总重量为7.12 × 1kg = 7.12kg。

④经查阅图纸，尺寸为630mm×320mm 的矩形钢制蝶阀仅有1个，根据国家规范标准重量表查得，图号为T302 - 9 的蝶阀，其重量为17.11kg/个，故其总重量为17.11 × 1kg = 17.11kg。

(3)风口的工程量计算

①方形直片散流器，尺寸为250mm×250mm，经查阅图纸共有4个，根据国家规范标准重量表查得，图号为CT211 - 2 的此尺寸风口，其重量是5.29kg/个，故其总重量为5.29kg/个 × 4 个 = 21.16kg。

②单层百叶风口，尺寸为400mm×240mm，经查阅图纸共有2个，根据国家规范标准重量表查得，图号为T202 - 2 的单层百叶风口，其重量为1.94kg/个，故其总重量为1.94 × 2kg = 3.88kg。

清单工程量计算见表7-31。

表7-31 清单工程量计算表

序号	项目编码	项目名称	项目特征描述	计量单位	工程量
1	030702001001	碳钢通风管道	矩形,1250mm×320mm	m²	2.51
2	030702001002	碳钢通风管道	矩形,900mm×320mm	m²	7.08
3	030702001003	碳钢通风管道	矩形,400mm×320mm	m²	3.67
4	030702001004	碳钢通风管道	矩形,630mm×320mm	m²	9.31
5	030702001005	碳钢通风管道	渐缩风管,900mm×320mm,400mm×240mm	m²	24.55
6	030702001006	碳钢通风管道	矩形,400mm×240mm	m²	2.30
7	030702001007	碳钢通风管道	矩形,250mm×250mm	m²	3.72
8	030703001001	碳钢阀门	蝶阀,方形,250mm×250mm,T302-8	个	3
9	030703001002	碳钢阀门	蝶阀,矩形钢制,400mm×320mm,T302-9	个	1
10	030703001003	碳钢阀门	蝶阀,矩形钢制,400mm×240mm,T302-9	个	1
11	030703001004	碳钢阀门	蝶阀,矩形钢制,630mm×320mm,T302-9	个	1
12	030703007001	碳钢风口、散流器、百叶窗	单层百叶风口,400mm×250mm,T202-2,1.94kg/个	个	2
13	030703007002	碳钢风口、散流器、百叶窗	方形直片散流器,250mm×250mm,CT211-2,5.29kg/个	个	4

项目编码:030703001　　项目名称:碳钢阀门
项目编码:030702008　　项目名称:柔性软风管
项目编码:030701003　　项目名称:空调器
项目编码:030701004　　项目名称:风机盘管
项目编码:030702001　　项目名称:碳钢通风管道
项目编码:030703007　　项目名称:碳钢风口、散流器、百叶窗

【例26】 计算如图7-26所示风管的工程量。

【解】 1. 清单工程量

(1)风管的工程量计算:

①沿C轴敷设的风管(大会议室采用新风加回风):

干管:

a)风管(800mm×400mm)的工程量:

长度 $L_1 = [2.1 - 0.21(密闭式对开多叶调节阀的长度) - 0.2(软接管长度)]m = 1.69m$

工程量 $F = (0.8 + 0.4) \times 2 \times L_1 = 1.2 \times 2 \times 1.69m^2 = 4.06m^2$

b)风管(1000mm×630mm)的工程量:

长度 $L_2 = [2.6 - 0.87(矩形防火阀的长度)]m = 1.73m$

【注释】 矩形防火阀的长度0.87=与其相连接的风管的高度(0.63)+规定的长度(0.24)。

工程量 $F = (1.0 + 0.63) \times 2 \times L_2 = 1.63 \times 2 \times 1.73m^2 = 5.64m^2$

c)风管(900mm×630mm)的工程量:

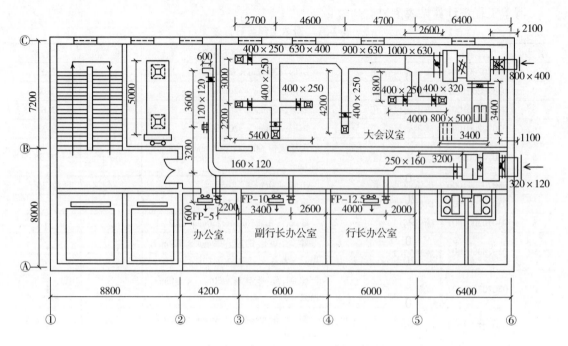

图 7-26　送风平面图

长度 $L_3 = 4.70\text{m}$

工程量 $F = (0.9 + 0.63) \times 2 \times L_3 = 1.53 \times 2 \times 4.7\text{m}^2 = 14.38\text{m}^2$

d) 风管(630mm×400mm)的工程量:

长度 $L_4 = 4.60\text{m}$

工程量 $F = (0.63 + 0.4) \times 2 \times L_4 = 1.03 \times 2 \times 4.6\text{m}^2 = 9.48\text{m}^2$

支管(大会议室一次回风系统):

e) 风管(400mm×250mm)的工程量:

长度 $L_5 = [2.7 + 3.0 + 2.2 + 2.7 \times 2 + 4.2 + 4.0 - 7 \times (0.25 + 0.24)]\text{m} = 18.07\text{m}$

【注释】　风管(400mm×250mm)上共有 7 个矩形防火阀,每个防火阀的长度(0.25 + 0.24)为与其连接的风管高度与规定的长度之和。

工程量 $F = (0.4 + 0.25) \times 2 \times L_5 = 0.65 \times 2 \times 18.07\text{m}^2 = 23.49\text{m}^2$

f) 风管(400mm×320mm)的工程量:

长度 $L_6 = \left(1.8 + \dfrac{1.0}{2}\right)\text{m} = 2.30\text{m}$

【注释】　风管(400mm×320mm)的长度是其垂直方向的两个风管中心线之间的距离。

工程量 $F = (0.4 + 0.32) \times 2 \times L_6 = 0.72 \times 2 \times 2.3\text{m}^2 = 3.31\text{m}^2$

回风管(大会议室中采用新风加回风的全空气系统):

g) 风管(800mm×500mm)的工程量:

长度 $L_7 = \left[3.4 - \dfrac{0.8}{2} + 3.4 - 0.2(\text{软接管长})\right]\text{m} = 6.20\text{m}$

【注释】　(3.4 - 0.8/2 + 3.4)是风管中心线的长度;0.2 是软接管的长度,这里应当减去。

工程量 $F = (0.8 + 0.5) \times 2 \times L_7 = 1.3 \times 2 \times 6.2\text{m}^2 = 16.12\text{m}^2$

320

②新风机组中所连接的风管的工程量

a)新风入口处风管(320mm×120mm)的工程量:

长度 $L_1 = [1.1 - 0.21(对开多叶调节阀) - 0.22(软管长度)]m = 0.67m$

工程量 $F = (0.32 + 0.12) \times 2 \times L_1 = 0.44 \times 2 \times 0.67m^2 = 0.59m^2$

b)风管(250mm×160mm)的工程量:

长度 $L_2 = [3.2 + 2.0 - 0.40(防火阀长度)]m = 4.80m$

【注释】 防火阀长度0.40,是与其连接的风管高度(0.16)与规定需要加上的长度(0.24)的和。

工程量 $F = (0.25 + 0.16) \times 2 \times L_2 = 0.41 \times 2 \times 4.80m^2 = 3.94m^2$

c)风管(160mm×120mm)的工程量:

长度 $L_3 = (4.0 + 2.6 + 3.4 + 2.2)m = 12.20m$

工程量 $F = (0.16 + 0.12) \times 2 \times L_3 = 0.28 \times 2 \times 12.2m^2 = 6.83m^2$

d)风管(120mm×120mm)的工程量:

长度 $L_4 = [3.6 + 3.2 + 1.6 \times 3(3个短支管) + 0.6 \times 2(2个短支管)]m = 12.80m$

工程量 $F = (0.12 + 0.12) \times 2 \times L_4 = 0.24 \times 2 \times 12.8m^2 = 6.14m^2$

(2)软管的工程量计算:

①长度 $L_1 = 0.20m$ 尺寸:1000mm×630mm;

②长度 $L_2 = 0.20m$ 尺寸:800mm×400mm;

③长度 $L_3 = 0.20m$ 尺寸:800mm×500mm;

④长度 $L_4 = 0.44m$ 尺寸:320mm×120mm。

(3)对开多叶调节阀的工程量计算:

密闭式对开多叶调节阀:

①尺寸:250mm×400mm   长度 $L = 210mm$ 数量:1个;

②尺寸:320mm×160mm   长度 $L = 210mm$ 数量:1个。

(4)蝶阀的工程量计算:

①矩形蝶阀(拉链式)   尺寸:250mm×400mm   图号:保温T302-6   数量:7个;

②方形蝶阀(拉链式)   尺寸:120mm×120mm   图号:保温T302-3   数量:5个。

(5)风机盘管的工程量计算:

①FP-20的高静压型风机盘管,数量:1台;

②FP-5的风机盘管,数量:1台;

③FP-10的风机盘管,数量:1台;

④FP-12.5的风机盘管,数量:1台。

(6)风口的工程量计算:

①单层百叶风口   尺寸:400mm×240mm   数量:7个;

②方形直片散流器   尺寸:120mm×120mm   数量:5个;

③活动箅板式回风口   尺寸:755mm×300mm   数量:2个。

(7)空调器的工程量计算:

①型号为:ACU-8.5的吊顶式空调机组,数量:1台;

②型号为:XKT-20的吊顶式新风机组,数量:1台。

(8)静压箱的工程量计算:

阻抗复合式静压箱,尺寸:2000mm×1500mm,数量:1台;

聚酯泡沫管式消声器,尺寸:300mm×500mm,数量:1台。

2. 定额工程量

(1)定额中风管的工程量同清单中的工程量。

(2)软接管的工程量计算

①空调机组左边软接管的工程量:

长度 $L_1 = 0.20m$

工程量 $F = (1.0 + 0.63) \times 2 \times L_1 = 1.63 \times 2 \times 0.2m^2 = 0.65m^2$

②空调机组右边软接管的工程量:

长度 $L_2 = 0.20m$

工程量 $F = (0.8 + 0.4) \times 2 \times L_2 = 1.2 \times 2 \times 0.2m^2 = 0.48m^2$

③空调器与回风管连接处软接管的工程量:

长度 $L_3 = 0.20m$

工程量 $F = (0.8 + 0.5) \times 2 \times L_3 = 1.3 \times 2 \times 0.2m^2 = 0.52m^2$

④新风机组左右两侧软接管的工程量:

长度 $L_4 = 0.22 \times 2m = 0.44m$

工程量 $F = (0.32 + 0.12) \times 2 \times L_4 \times 2m^2 = 0.44 \times 2 \times 0.44m^2 = 0.39m^2$

(3)对开调节阀的工程量计算

经查阅图纸,共有两个密闭式对开多叶调节阀,尺寸为 800mm×400mm,重量为19.10kg/个;尺寸为320mm×120mm,重量为8.90kg/个。合计重量为(19.10×1+8.90×1)kg=28.00kg

(4)蝶阀的工程量计算

①经查阅图纸,尺寸为400mm×250mm 的矩形蝶阀(拉链式),图号为保温 T302-6,数量为 7 个,重量为 7.51kg/个,故其总重量为 7.51×7kg=52.57kg

②尺寸为120mm×120mm 的方形蝶阀(拉链式),图号为保温 T302-6,数量为 5 个,重量为 3.2kg/个,故其总重量为 3.2×5kg=16.00kg。

合计总重量:(52.57+16)kg=68.57kg

(5)风机盘管的工程量计算

①FP-20 的风机盘管:采用高静压形式,连接两个垂直向下的风口,风量为2000m³/h,制冷量为 37670kJ/h,制热量为 56510kJ/h,整机输入功率为 100W,重量为 40kg/台,1 台。

附加的薄钢板工程量为:

长度 $L = 5m$

工程量 $F = (1.125 + 0.12) \times 2 \times L = 1.245 \times 2 \times 5m^2 = 12.45m^2$

②FP-5 的风机盘管:侧送风,中档风量为 400m³/h,制冷量为 9450kJ/h,制热量为 12600kJ/h,整机输入功率为 40W,重量为 42kg/台,1 台。

③FP-10 的风机盘管:采用侧送风,中档风量为 800m³/h,制冷量为 18250kJ/h,制热量为 24080kJ/h,整机输入的功率为 95W,重量为 58kg/台,1 台。

④FP-12.5 的风机盘管:采用侧送风,中档风量为 1000m³/h,制冷量为 20160kJ/h,制热量为 28980kJ/h,整机输入功率为 150W,单位重量为 58kg/台,1 台。

合计总重量:(40+42+58+58)kg=198kg

(6)风口的工程量计算:

①尺寸为 400mm×250mm 的单层百叶风口,经查阅图纸共有 7 个,图号为 T202-2,依据国家规范标准重量表查得其重量为 1.94kg/个,故其总重量为 1.94×7kg=13.58kg。

②尺寸为 120mm×120mm 的方形直片散流器,经查阅图纸共有 5 个,图号为 CT211-2,依据国家规范标准重量表查得其重量为 2.34kg/个,故其总重量为 2.34×5kg=11.70kg。

合计总重量:(13.58+11.7)kg=25.28kg

③回风口的工程量:尺寸为 755mm×300mm 为活动算板式回风口,共两个,重量为 3.70kg/个,故总重量为 3.70×2kg=7.4kg。

(7)空调器的工程量计算

①空调机组:空调机组采用定风量空调机组,采用新风加回风的一次回风送风形式。空调机组的型号规格为 ACU-8.5,风量为 8000m³/h,制冷量为 355680kJ/h,制热量为 355680kJ/h,为吊顶式安装,重量为 1800kg/台。

②新风机组:新风机组的型号规格为 XKT-20,风量为 30000m³/h,制冷量为 921600kJ/h,制热量为 1256400kJ/h,为吊顶式安装,重量为 1050kg/台。

(8)静压箱的工程量计算:

经查阅图纸,总共有两个静压箱,静压箱为阻抗复合式,图号为 T701-6,一台尺寸为 2000mm×1500mm,重量为 347.56kg/台;另一台尺寸为 300mm×500mm,为聚酯泡沫管式消声器,图号为 T701-3,重量为 23kg/台。

合计重量:(347.56+23)kg=370.56kg

清单工程量计算见表 7-32。

表 7-32 清单工程量计算表

序号	项目编码	项目名称	项目特征描述	计量单位	工程量
1	030702001001	碳钢通风管道	矩形,800mm×400mm	m²	4.06
2	030702001002	碳钢通风管道	矩形,1000mm×630mm	m²	5.64
3	030702001003	碳钢通风管道	矩形,900mm×630mm	m²	14.38
4	030702001004	碳钢通风管道	矩形,630mm×400mm	m²	9.48
5	030702001005	碳钢通风管道	矩形,400mm×250mm	m²	23.49
6	030702001006	碳钢通风管道	矩形,400mm×320mm	m²	3.31
7	030702001007	碳钢通风管道	矩形,800mm×500mm	m²	16.12
8	030702001008	碳钢通风管道	矩形,320mm×120mm	m²	0.59
9	030702001009	碳钢通风管道	矩形,250mm×160mm	m²	3.94
10	030702001010	碳钢通风管道	矩形,160mm×120mm	m²	6.83
11	030702001011	碳钢通风管道	矩形,120mm×120mm	m²	6.14
12	030702008001	柔性软风管	矩形,1000mm×630mm	m	0.20
13	030702008002	柔性软风管	矩形,800mm×400mm	m	0.20
14	030702008003	柔性软风管	矩形,800mm×500mm	m	0.20
15	030702008004	柔性软风管	矩形,320mm×120mm	m	0.44
16	030703001001	碳钢阀门	密闭式对开多叶调节阀,800mm×400mm,$L=210mm$	个	1

序号	项目编码	项目名称	项目特征描述	计量单位	工程量
17	030703001002	碳钢阀门	密闭式对开多叶调节阀，320mm×120mm，$L=210$mm	个	1
18	030703001003	碳钢阀门	拉链式蝶阀，矩形，250mm×400mm，保温 T302 - 6	个	7
19	030703001004	碳钢阀门	拉链式蝶阀，方形，120mm×120mm，保温 T302 - 6	个	5
20	030701004001	风机盘管	高静压，连接两个垂直向下的风口，40kg/台	台	1
21	030701004002	风机盘管	FP - 5，侧送风，42kg/台	台	1
22	030701004003	风机盘管	FP - 10，侧送风，58kg/台	台	1
23	030701004004	风机盘管	FP - 12.5，侧送风，58kg/台	台	1
24	030703007001	碳钢风口、散流器、百叶窗	单层百叶风口，400mm×240mm，T202 - 2，1.94kg/个	个	7
25	030703007002	碳钢风口、散流器、百叶窗	活动算板式回风口，755mm×300mm，3.70kg/个	个	2
26	030703007003	碳钢风口、散流器、百叶窗	方形直片散流器，120mm×120mm，CT211 - 2，2.34kg/个	个	5
27	030701003001	空调器	定风量空调机组，ACU - 8.5，吊顶式安装，1800kg/台	台	1
28	030701003002	空调器	XKT - 20，吊顶式安装，1050kg/台	台	1
29	030703021001	静压箱	阻抗复合式，T701 - 6，2000mm×1500mm，347.56kg/台	台	1
30	030703021002	静压箱	聚酯泡沫管式，T701 - 3，300mm×500mm，23kg/台	台	1

项目编码:**030701001**　　项目名称:**空气加热器(冷却器)**

项目编码:**030108001**　　项目名称:**离心式通风机**

项目编码:**030701006**　　项目名称:**密闭门**

项目编码:**030701010**　　项目名称:**过滤器**

项目编码:**030702001**　　项目名称:**碳钢通风管道**

项目编码:**030702008**　　项目名称:**柔性软风管**

项目编码:**030703001**　　项目名称:**碳钢阀门**

项目编码:**030703007**　　项目名称:**碳钢风口、散流器、百叶窗**

项目编码:**030703020**　　项目名称:**消声器**

项目编码:**030704001**　　项目名称:**通风工程检测、调试**

【例 27】 计算如图 7-27 所示风管的工程量。

【解】 1. 清单工程量

(1)风管的工程量计算

①一次回风口风管(1000mm×630mm)的工程量:

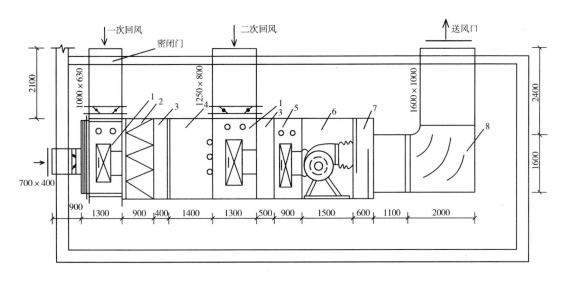

图 7-27 二次回风平面图

1—混合式 2—过滤器 3—空气加热器 4—淋水室

5—中间室 6—风机 7—消声器 8—导流叶片

长度 $L_1 = [2.1 - 0.21(\text{对开调节阀长度})]\text{m} = 1.89\text{m}$

工程量 $F = (1.0 + 0.63) \times 2 \times L_1 = 1.63 \times 2 \times 1.89\text{m}^2 = 6.16\text{m}^2$

②二次回风口风管(1250mm×800mm)的工程量：

长度 $L_2 = [2.1 - 0.21(\text{对开调节阀长度})]\text{m} = 1.89\text{m}$

工程量 $F = (1.25 + 0.8) \times 2 \times L_2 = 2.05 \times 2 \times 1.89\text{m}^2 = 7.75\text{m}^2$

③新风口风管(700mm×400mm)的工程量：

长度 $L_3 = (0.9 - 0.21(\text{对开调节阀长度}))\text{m} = 0.69\text{m}$

工程量 $F = (0.7 + 0.4) \times 2 \times L_3 = 1.1 \times 2 \times 0.69\text{m}^2 = 1.52\text{m}^2$

④送风口风管(1600mm×1000mm)的工程量：

长度 $L_4 = \left(1.1 + \dfrac{2.0}{2} + \dfrac{1.6}{2} + 2.4\right)\text{m} = 5.30\text{m}$

工程量 $F = (1.6 + 1.0) \times 2 \times L_4 = 2.6 \times 2 \times 5.30\text{m}^2 = 27.56\text{m}^2$

(2)调节阀的工程量计算：

①手动密闭式对开多叶调节阀,图号为 T308-1

尺寸:800mm×400mm,数量:1 个

尺寸:1000mm×630mm,数量:1 个

尺寸:1250mm×800mm,数量:1 个

②法兰的工程量：

风管尺寸:2000mm×1250mm,数量:2 副(配用 M8×25 的螺栓,ϕ5×10 的铆钉,L40×4 的角钢)

(3)混合室的工程量计算：

经查阅图纸共有 3 个混合室,混合室用碳钢钢板制作而成,其尺寸为 2000mm×1250mm×1300mm,故其工程量为 $F = [(2.0 \times 1.25 + 1.25 \times 1.3 + 2.0 \times 1.3) \times 2 \times 1(1 \text{ 个})]\text{m}^2 = (2.50 + $

1.63 + 2.6) × 2m² = 13.46m²,1 台。

（4）过滤器的工程量计算：

尺寸为 2000mm × 1250mm × 900mm,采用无纺布滤料组成的干式纤维空气过滤器,共 1 台。

（5）空气加热器的工程量计算：

空气加热器采用 U 型空气热交换器,是由铜管、绕铜片的散热管组成,有两台,其尺寸分别为 2000mm × 934mm × 400mm、2000mm × 934mm × 500mm。

（6）淋水室、中间室的工程量计算：

淋水室的尺寸为 2000mm × 1250mm × 1400mm,采用单侧喷淋形式,工程量为 F = (2.0 × 1.25 + 1.25 × 1.4 + 2.0 × 1.4) × 2m² = 14.10m²,1 台。

中间室采用碳钢板制作,其尺寸为 2000mm × 1250mm × 900mm,工程量为 F = (2.0 × 1.25 + 1.25 × 0.9 + 2.0 × 0.9) × 2m² = 10.85m²,1 台。

（7）风机的工程量计算：

风机的型号为 4 – 72 – 12№3.2 的离心式通风机,共 1 台。

（8）消声静压箱的工程量计算：

阻抗复合式消声器重量 347.65kg,尺寸为 2000mm × 1500mm。

（9）密闭门的工程量计算：

密闭门的尺寸为 2100mm × 1800mm,带有观测孔,尺寸为 300mm × 400mm,用钢板制作而成,1 个。

2. 定额工程量

（1）定额中风管的工程量同清单中风管的工程量：

（2）调节阀的工程量计算：

①手动密闭式对开多叶调节阀,图号为 T308 – 1：

尺寸:700mm × 400mm   数量:1 个   单位重量:19.10kg/个

尺寸:1000mm × 630mm   数量:1 个   单位重量:37.9kg/个

尺寸:1250mm × 800mm   数量:1 个   单位重量:52.10kg/个

故,其合计总重量为:30kg 以下为 19.10kg;30kg 以上为(37.90 + 52.10)kg = 90.00kg

②法兰的工程量：

风管规格:2000mm × 1250mm,故法兰用 M8 × 25 的配用螺栓,φ5 × 10 的配用铆钉,角钢规格为 L40 × 4。重量为 14.53kg/副,经查阅图纸,共计有 2 副此类型的法兰,故其总重量为 14.53 × 2kg = 29.06kg。

（3）混合室的工程量计算：

混合室的工程量同清单中的工程量。

（4）过滤器的工程量计算：

过滤器采用干式纤维空气过滤器,其尺寸为 2000mm × 1250mm × 900mm,工程量为 F = 2.0 × 1.25 × 0.9m³ = 2.25m³。滤料采用无纺布滤料组成,型号为中效滤料 WZ – CP,重量是 350g/m³,故其总重量为 2.25 × 0.35kg = 0.79kg。

（5）空气加热器的工程量计算：

空气加热器采用 U 形空气热交换器,是由铜管、绕铜片的散热管组成,为双回路空气交换器,其宽度为 934mm,故其尺寸为 2000mm × 934mm × 400mm,另一个尺寸为 2000mm × 934mm ×

500mm,2 台。

（6）淋水室的工程量计算：

清单中淋水室、中间室的工程量同清单中的工程量。

（7）风机的工程量计算：

风机的型号为 4 - 72 - 12 №3.2 的离心式通风机,风机的风量:1975 ~ 3640m³/h,风压为
785 ~ 1245Pa,传动方式为 A 式,风机 + 电机的重量为(19.90 + 22.00)kg,1 台。

（8）消声静压箱的工程量计算：

消声静压箱采用阻抗复合式消声器,图号为 T701 - 6,尺寸为 2000mm × 1500mm,重量为
347.65kg/个,其数量为 1 个,故其重量为 347.65kg/个 × 1 个 = 347.65kg。

（9）导流叶片的工程量计算：

导流叶片的边长为 1600mm,其导流叶片的片数为 10 片,故其导流叶片的面积为 0.314 ×
10 × 1.6m² = 5.02m²,数量为 1 个。

（10）密闭门的工程量计算：

清单中密闭门的工程量同清单中的工程量。

（11）测定孔的工程量计算：

测定孔有三个分别在一次回风,二次回风及送风管道上安装,其尺寸分别为 300mm ×
300mm、300mm × 450mm、400mm × 500mm。

清单工程量计算见表 7-33。

表 7-33　清单工程量计算表

序号	项目编码	项目名称	项目特征描述	计量单位	工程量
1	030702001001	碳钢通风管道	一次回风口风管,1000mm × 630mm	m²	6.16
2	030702001002	碳钢通风管道	二次回风口风管,1250mm × 800mm	m²	7.75
3	030702001003	碳钢通风管道	新风口风管,700mm × 400mm	m²	1.52
4	030702001004	碳钢通风管道	送风口风管,1600mm × 1000mm	m²	27.56
5	030703001001	碳钢阀门	手动密闭式对开多叶调节阀,T308 - 700mm × 400mm,19.10kg/个	个	1
6	030703001002	碳钢阀门	手动密闭式对开多叶调节阀,T308 - 1,1000mm × 630mm,37.9kg/个	个	1
7	030703001003	碳钢阀门	手动密闭式对开多叶调节阀,T308 - 1,1250mm × 800mm,52.10kg/个	个	1
8	031003011001	法兰	M8 × 25 的配用螺栓,φ5 × 10 的配用铆钉,角钢规格 L40 × 4,14.53kg/个	副	2
9	030701012001	风淋室	混合室 2000mm × 1250mm × 1300mm,碳钢板制作	台	1
10	030701010001	过滤器	干式纤维空气过滤器,中效滤料 WZ - CP	台	1
11	030701001001	空气加热器(冷却器)	U 形空气热交换器,双回路,2000mm × 934mm × 400mm	台	1
12	030701001002	空气加热器(冷却器)	U 形空气热交换器,双回路,2000mm × 934mm × 500mm	台	1

序号	项目编码	项目名称	项目特征描述	计量单位	工程量
13	030701012002	风淋室	单侧喷淋,2000mm×1250mm×1400mm	台	1
14	030701012003	风淋室	混合室,碳钢板制作,2000mm×1250mm×900mm	台	1
15	030108001001	离心式通风机	4-72-12No3.2,A式传动方式	台	1
16	030703020001	消声器	阻抗复合式消声器,T701-6,2000mm×1500mm,347.65kg/个	个	1
17	030701006001	密闭门	2100mm×1800mm,带观测孔(300mm×400mm),钢板制作	个	1

项目编码:030702006   项目名称:玻璃钢通风管道

【例28】 计算如图 7-28 所示圆形弯头的工程量。

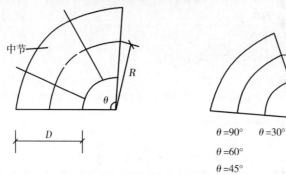

图 7-28　圆形弯头示意图

【解】 1. 清单工程量

$$F = \frac{R\pi^2 \theta D}{180°} = 0.05483 RD\theta \ (其中\ \pi = 3.1415926)$$

当 $R = 1.5D, \theta = 90°$ 时,则 $F_{圆90°} = 7.402D^2$

当 $R = 1.5D, \theta = 60°$ 时,则 $F_{圆60°} = 4.935D^2$

2. 定额工程量

定额中的工程量同清单中的工程量。

项目编码:030702007   项目名称:复合型风管

【例29】 计算如图 7-29 所示变径正三通的工程量。

【解】 1. 清单工程量

圆形管变径正三通的展开面积:

$h \geqslant 5D$ 时,$F = \pi(D+d)h$

　　　　　$= 3.14 \times (0.3 + 0.1) \times 1.6 \text{m}^2$

　　　　　$= 2.01 \text{m}^2$

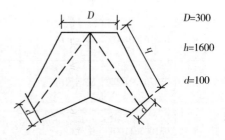

$D=300$

$h=1600$

$d=100$

图 7-29　变径正三通示意图

清单工程量计算见表 7-34。

表 7-34　清单工程量计算表

项目编码	项目名称	项目特征描述	计量单位	工程量
030702007001	复合型风管	圆形变径管正三通制作安装,$h \geqslant 5D$,$D = 300$mm,$h = 1600$mm,$d = 100$mm	m²	2.01

2. 定额工程量

定额中圆形管变径正三通的工程量同清单中的工程量。

项目编码:030702005　　项目名称:塑料通风管道

【例 30】 计算如图 7-30 所示斜插三通的工程量。

D
θ
h_1
h_2
d_1
d
D=250
h_1=1400
h_2=1200
d=120
d_1=100

图 7-30　斜插三通示意图

【解】 1. 清单工程量

圆形管径变径斜插三通展开面积:

$\theta = 30°, 45°, 60°, h_1 \geqslant 5D$ 时,

$$F = (\frac{D+d}{2})\pi h_1 + (\frac{D+d_1}{2})\pi h_2$$

塑料风管计算工程量时,管径用的是内管径,若管径长度不是内管径长度,应减去壁厚再进行计算,图中所表示的管径按内管径计算,则工程量为

$$F = [(\frac{0.25+0.12}{2}) \times 3.14 \times 1.4 + (\frac{0.25+0.1}{2}) \times 3.14 \times 1.2]\text{m}^2$$

$$= (0.81326 + 0.6594)\text{m}^2$$

$$= 1.47\text{m}^2$$

清单工程量计算见表 7-35。

表 7-35　清单工程量计算表

项目编码	项目名称	项目特征描述	计量单位	工程量
030702005001	塑料通风管道	圆形管径变径斜插三通	m^2	1.47

2. 定额工程量

定额工程量同清单工程量。

项目编码:030702004　　项目名称:铝板通风管道

【例 31】 计算如图 7-31 所示斜插三通的工程量。

【解】 1. 定额工程量

斜插板三通展开面积:

$\theta = 30°, 45°, 60°, h_1 \geqslant 5D$,

$$F = \pi D h_1 + \pi d h_2$$

$$= 3.14 \times [(0.4 \times 2.0 + 0.15 \times 2.1)]\text{m}^2$$

$$= 3.14 \times (0.8 + 0.315)\text{m}^2$$

$$= 3.50\text{m}^2$$

h_2
θ
h_1
D
D=400
d=150
h_1=2000
h_2=2100

图 7-31　斜插三通示意图

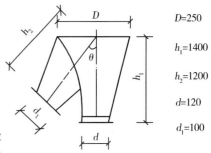

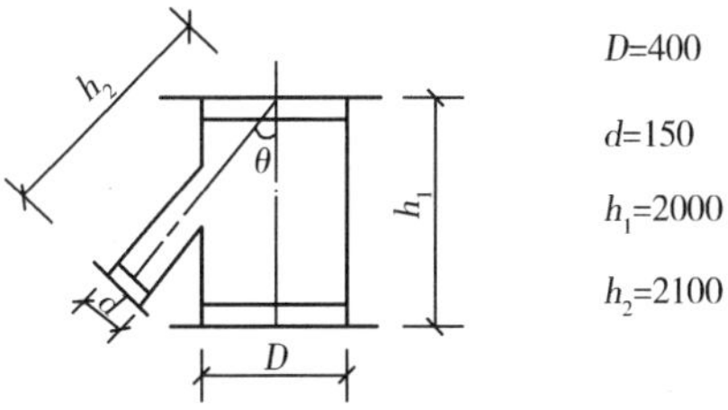

2. 清单工程量

清单中的工程量同定额中的工程量。

清单工程量计算见表 7-36。

表 7-36　清单工程量计算表

项目编码	项目名称	项目特征描述	计量单位	工程量
030702004001	铝板通风管道	斜插板三通,$D=400$mm,$d=150$mm	m^2	3.50

项目编码:030702003　　　项目名称:不锈钢板通风管道

【例 32】　计算如图 7-32 所示正插三通的工程量。

【解】　1. 清单工程量

正插三通展开面积:

$$F = \pi d_1 h_1 + \pi d_2 h_2$$

$$= (3.14 \times 0.9 \times 1.9 + 3.14 \times 0.32 \times 1.1)\,\mathrm{m}^2$$

$$= (5.37 + 1.11)\,\mathrm{m}^2$$

$$= 6.48\,\mathrm{m}^2$$

2. 定额工程量

定额中的工程量同清单中的工程量。

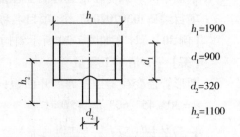

$h_1 = 1900$

$d_1 = 900$

$d_2 = 320$

$h_2 = 1100$

图 7-32　正插三通示意图